Vicent B. Espert Alemany
Jorge García-Serra García
Javier Soriano Olivares
Roberto del Teso March
María Elvira Estruch Juan

Problemas resueltos de automatización oleohidráulica

edUPV

Universitat Politècnica de València

Colección Académica http://tiny.cc/edUPV_aca

Para referenciar esta publicación utilice la siguiente cita:

Espert Alemany, Vicent B.; García-Serra García, Jorge; Soriano Olivares, Javier; del Teso March, Roberto; Estruch Juan, María Elvira (2025). *Problemas resueltos de automatización oleohidráulica.* edUPV.

© 2025, edUPV (Editorial Universitat Politècnica de València)
Venta: www.lalibreria.upv.es / Ref.: 0317_09_01_01
ISBN: 978-84-1396-305-1
Depósito Legal: V-617-2025

Maquetación: Enrique Mateo, *Triskelion Diseño Editorial*
Imprime: Byprint Percom, S.L.

Si el lector detecta algún error en el libro o bien quiere contactar con los autores, puede enviar un correo a edicion@editorial.upv.es

edUPV se compromete con la ecoimpresión y utiliza papeles de proveedores que cumplen con los estándares de sostenibilidad medioambiental, https://editorialupv.webs.upv.es/compromiso-medioambiental

Impreso en España

Presentación

La presente publicación contiene una selección de problemas resueltos de automatización oleohidráulica, la mayor parte de los cuales se basa en el contenido de diferentes problemas de examen propuestos en las asignaturas de Oleohidráulica y Neumática impartidas entre los años 1995 y 2021 en las Escuelas de Ingeniería Industrial y de Ingeniería del Diseño, ambas de la Universitat Politècnica de València. La razón que nos ha movido a preparar esta publicación es facilitar a nuestros estudiantes un material de estudio adaptado al programa de las asignaturas impartidas respecto de esta materia, a la vez que dar a conocer todo un conjunto de problemas de examen, casi todos originales, que de otra manera quedarían almacenados o, en el peor de los casos, olvidados.

Como el lector podrá observar, el planteamiento y resolución de estos problemas es muy repetitivo, pues están adaptados a los objetivos de las asignaturas impartidas y al nivel de conocimientos exigible a los alumnos. Entre estos objetivos destaca que los alumnos sean capaces de diseñar circuitos oleohidráulicos sencillos, que conozcan el funcionamiento y misión de los diferentes componentes de estos circuitos, y desarrollen la habilidad de seleccionar dichos componentes a partir de la correspondiente información de catálogo.

Respecto de la denominación asignada a cada problema, ésta podría hacer referencia bien a la misión del circuito en cuestión (por ejemplo, movimientos de elevación y descenso del brazo de una grúa), o bien a los componentes principales que forman parte del circuito (por ejemplo, cilindro, válvula de secuencia y bomba compensada en presión). En nuestro caso se ha preferido utilizar la segunda denominación, pues siendo ésta una publicación docente, entendemos que es más importante atender a los componentes del sistema, y a su funcionamiento, que a la misión del propio circuito.

Para la resolución de los problemas se asumen las siguientes aproximaciones:

- Respecto de las presiones, el kp/cm^2 y el bar son equivalentes. Ello es así, por una parte, porque la diferencia entre estas unidades es relativamente pequeña, y por otra, porque la incertidumbre en los datos de casos reales haría tal diferencia irrelevante.

- Respecto del cálculo de cilindros, cuando el vástago tenga que vencer esfuerzos de compresión su diámetro se selecciona para evitar los efectos de pandeo. En estos casos se hace uso de la fórmula de Euler de pandeo, mayorando el esfuerzo a vencer con un coeficiente de seguridad s cuyo valor oscila entre 2 y 5 dependiendo de la aplicación del cilindro. En nuestros problemas este factor de seguridad toma en todos los casos el valor $s = 2,5$.

- En todos los cilindros el material del vástago es acero, cuyo módulo de elasticidad vale $E = 2,1 \cdot 10^6$ kp/cm^2. Para el caso de trabajar a tracción, el diámetro de este vástago se calcula con una tensión máxima de trabajo de 1600 kp/cm^2.

3

- Respecto de las pérdidas de carga, solamente se consideran las pérdidas de presión en los componentes del circuito, despreciándose las que puedan producirse en las tuberías por las que circula el aceite. El cálculo de estas últimas pérdidas exigiría disponer como datos las longitudes, diámetros y rugosidades de las tuberías, así como la viscosidad cinemática del aceite, datos que no forman parte del enunciado de los problemas.

- En los problemas en los que los componentes del circuito se seleccionan mediante catálogo, las pérdidas de presión de dichos componentes se obtienen de las curvas características que facilita el fabricante. Estas curvas corresponden a la temperatura, densidad relativa y viscosidad cinemática del aceite que se indican en las correspondientes hojas de catálogo, sin considerar los cambios que puedan producirse por el uso de otros aceites y/o con otras temperaturas de trabajo.

- Las pérdidas de presión en los componentes del sistema, tomadas de catálogo, poseen la incertidumbre propia de la apreciación de valores leídos sobre representaciones gráficas. Se da el caso en muchos problemas que el orden de magnitud del error de lectura de pérdidas grandes en unos componentes (por ejemplo, válvulas limitadoras de presión), es bastante mayor que el valor leído para las pérdidas pequeñas en otros componentes (por ejemplo, válvulas distribuidoras). En estos casos, aunque en buena práctica ingenieril las pérdidas pequeñas pueden ser despreciables frente a las grandes (o incluso frente a las pérdidas en tuberías, las cuales sí se están despreciando), unas y otras se tienen en cuenta para dar coherencia a la solución del problema.

Indicar que, en la sección Referencias de catálogos, se ha incluido copia de las hojas de catálogo utilizadas para la selección de componentes de los circuitos a los que se refieren los problemas propuestos. Para cada una de estas hojas, en la correspondiente referencia se incluye la denominación del catálogo y la dirección de correo electrónico donde se puede encontrar dicho catálogo. De esta manera, nuestros estudiantes podrán localizar fácilmente esta información, en caso de que deseen conocer con mayor detalle el funcionamiento de los componentes seleccionados.

Somos conscientes de que los componentes incluidos en la sección Referencias de catálogos no son los únicos que existen en el mercado, ni tampoco los fabricantes de estos componentes. Tan solo hemos incluido en dicha sección aquellos catálogos que, a nuestro entender, presentan una información suficientemente completa para llevar a cabo la elección de componentes en la solución de los problemas, y que además sean de acceso libre al estar publicados en Internet a la hora de redactar la presente publicación. Cualquier cambio posterior en el contenido de estos catálogos, o incluso su desaparición de la página web del fabricante, no invalida la solución de los problemas aquí propuestos, aunque habría que adaptarla a la nueva información disponible.

Por último, agradecer a las empresas Bosch Rexroth, Stauff, Diprax y Vivolo por su amable autorización para reproducir algunas de sus hojas de catálogo respecto de componentes oleohidráulicos. Agradecimiento que se extiende también a la empresa Roquet, la cual nos facilitó información para confeccionar nuestra propia tabla de Factores de carrera de los cilindros hidráulicos.

Valencia, enero de 2025

Los autores

Índice

Problemas

Problema 1. Cilindro con bomba convencional

El esquema de la Figura 1.1 se ha diseñado para conseguir el avance y retroceso del vástago de un cilindro. En la carrera de avance el vástago debe mover una carga de 12 000 kp a una distancia de 75 cm en un tiempo de 10 s, siendo el retroceso en vacío. El diámetro del cilindro será de 125 mm y el diámetro del vástago de 90 mm. Las fuerzas de rozamiento del cilindro, tanto en avance como en retroceso, son de 120 kp. El filtro a instalar en la línea de retorno tendrá una malla de 20 μm.

Con ello, determinar:

a)   Caudal que debe proporcionar la bomba y tiempo de retroceso del vástago.

b)   Presión a la que trabajará la bomba durante las carreras de avance y de retroceso.

c)   Potencia nominal del motor eléctrico de accionamiento de la bomba, si el rendimiento de la bomba es del 80 % y el del motor del 96 %.

d)   Potencia de accionamiento de la bomba con la válvula distribuidora en posición de reposo.

Resolver el problema en las condiciones más desfavorables, las cuales corresponden al filtro completamente colmatado y todo el caudal que se descarga a tanque pasando por el antirretorno. Indicar los elementos de catálogo que se eligen, en base al caudal máximo que deberá circular por cada uno de ellos.

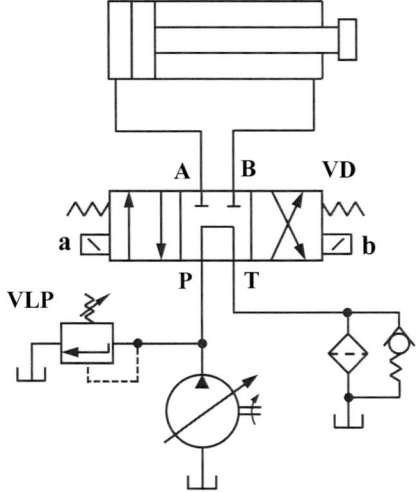

Figura 1.1. Cilindro con bomba convencional.

Solución

Apartado a)

Habiendo seleccionado ya el cilindro, y fijando el tiempo de avance del vástago, los movimientos de avance y retroceso del vástago y la presión en las cámaras anterior y posterior del cilindro se indican en la Figura 1.2.

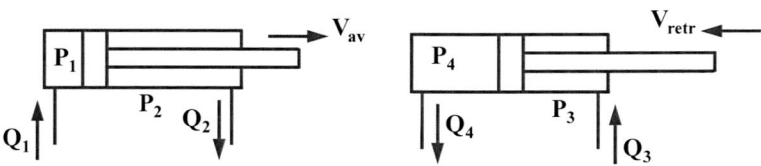

Figura 1.2. Movimientos de avance y retroceso del vástago del cilindro.

De aquí tendremos:

- Movimiento de avance del vástago (señal eléctrica a):

$$V_{av} = \frac{L_c}{T_{av}} = \frac{75}{10} = 7,5 \ cm/s$$

$$Q_1 = \frac{\pi \cdot D_c^2}{4} \cdot V_{av} = \frac{\pi \cdot 12,5^2}{4} \cdot 7,5 = 920,39 \ cm3/s = 55,22 \ l/min$$

$$Q_2 = \frac{\pi \cdot \left(D_c^2 - D_v^2\right)}{4} \cdot V_{av} = \frac{\pi \cdot \left(12,5^2 - 9^2\right)}{4} \cdot 7,5 = 443,26 \ cm3/s = 26,60 \ l/min$$

El caudal de bomba será $Q_b = Q_1 = 55,22$ l/min.

- Movimiento de retroceso del vástago (señal eléctrica b):

$$Q_3 = Q_b = 55,22 \ l/min$$

$$V_{retr} = \frac{4 \cdot Q_3}{\pi \cdot \left(D_c^2 - D_v^2\right)} = \frac{4 \cdot 920,39}{\pi \cdot \left(12,5^2 - 9^2\right)} = 15,57 \ cm/s$$

$$Q_4 = \frac{\pi \cdot D_c^2}{4} \cdot V_{retr} = \frac{\pi \cdot 12,5^2}{4} \cdot 15,57 = 1.911,11 \ cm3/s = 114,67 \ l/min$$

El tiempo de retroceso del vástago será:

$$T_{retr} = \frac{L_c}{V_{retr}} = \frac{75}{15,57} = 4,82 \ s$$

Apartado b)

Para determinar las presiones de bomba en avance y retroceso del vástago necesitamos conocer las pérdidas en cada componente, según la información de catálogo. Por ello, los componentes seleccionados serán:

- Válvula distribuidora *VD* para caudal $Q_4 = 114,67$ l/min. Se selecciona la válvula distribuidora tipo *WE* presentada en la Referencia [12], de cuatro orificios, tres posiciones de trabajo, centro tipo *G* y caudal máximo 160 l/min.

- Filtro de retorno para caudal $Q_4 = 114,67$ l/min. Se selecciona el filtro *RF 030* de la Referencia [1], con antirretorno en paralelo y caudal máximo 125 l/min. Para el cálculo, las pérdidas en el filtro serán las correspondientes al antirretorno trabajando en *by-pass*, ya que en las condiciones más desfavorables todo el caudal de retorno circula por este antirretorno cuando el cartucho del filtro está totalmente colmatado. Para este filtro la presión de apertura del antirretorno es de 3 bar, considerándose este valor como pérdidas en dicho antirretorno para cualquier caudal que lo atraviese.

- Válvula limitadora de presión *VLP*, para caudal $Q_b = 55,22$ l/min. Se selecciona la válvula limitadora de presión *ZDB* de la Referencia [15], tamaño nominal 6 con caudal máximo 60 l/min.

A partir de la información de catálogo presentada en las Referencias [1] y [12], la presión de bomba en el movimiento de avance del vástago será:

$$P_2 = \Delta P_{BT}(Q_2) + \Delta P_{ArF}(Q_2) = 1 + 3 = 4 \ kp/cm^2$$

$$P_1 \cdot \frac{\pi \cdot D_c^2}{4} = P_2 \cdot \frac{\pi \cdot \left(D_c^2 - D_v^2\right)}{4} + F_{av} + F_{roz}$$

$$P_1 \cdot \frac{\pi \cdot 12,5^2}{4} = 4 \cdot \frac{\pi \cdot \left(12,5^2 - 9^2\right)}{4} + 12.000 + 120 \quad ; \qquad P_1 = 100,69 \ kp/cm^2$$

$$P_{b \ av} = P_1 + \Delta P_{PA}(Q_1) = 100,69 + 2 = 102,69 \ kp/cm^2$$

A su vez, la presión de bomba en el movimiento de retroceso del vástago será:

$$P_4 = \Delta P_{AT}(Q_4) + \Delta P_{ArF}(Q_4) = 16,8 + 3 = 19,8 \ kp/cm^2$$

$$P_3 \cdot \frac{\pi \cdot \left(D_c^2 - D_v^2\right)}{4} = P_4 \cdot \frac{\pi \cdot D_c^2}{4} + F_{roz}$$

$$P_3 \frac{\pi \cdot \left(12,5^2 - 9^2\right)}{4} = 19,8 \frac{\pi \cdot 12,5^2}{4} + 120 \quad ; \qquad P_3 = 43,14 \ kp/cm^2$$

$$P_{b \ retr} = P_3 + \Delta P_{PB}(Q_3) = 43,14 + 2 = 45,14 \ kp/cm^2$$

Apartado c)

La presión máxima a la que trabajará la bomba es cuando, finalizada la carrera de avance o de retroceso del vástago, se mantiene la señal eléctrica que ha provocado dicho movimiento. En este caso todo el caudal de bomba se descargará a tanque a través de la válvula limitadora de presión.

La presión de tarado de la válvula limitadora de presión deberá ser mayor que la presión de trabajo máxima de la bomba, en este caso $P_{T\,VLP} > P_{b\,av} = 102,69$ kp/cm^2. Se adopta $P_{T\,VLP} = 120$ kp/cm^2, la cual proporcionará para esta válvula una curva característica interpolada entre las correspondientes a la presión de tarado de 100 y de 200 kp/cm^2, Referencia [15]. De acuerdo con esta curva característica, la válvula limitadora de presión descargará a tanque el caudal impulsado por la bomba a la presión $P_{b\,máx} = 135$ kp/cm^2.

De esta manera, la potencia eléctrica máxima de accionamiento de la bomba será:

$$P_{el\,máx} = \frac{Q_b \cdot P_{b\,máx}}{\eta_b \cdot \eta_{el}} = \frac{55,22 \cdot 135}{0,80 \cdot 0,96} \cdot \frac{9,81}{6.000} = 15,87\ kW$$

Se instalará un motor de potencia nominal 20 kW.

Apartado d)

Con la válvula distribuidora en posición de reposo todo el caudal de bomba se derivará a tanque través del paso *P-T* de dicha válvula. En este caso, y asimilando la curva de pérdidas del paso *P-T* del centro *G* a las del centro *H* de la Referencia [12], la presión de bomba será:

$$P_{b\,P-T} = \Delta P_{PT}(Q_b) + \Delta P_{ArF}(Q_b) = 1,5 + 3 = 4,5\ kp/cm^2$$

Y la potencia eléctrica de accionamiento de la bomba,

$$P_{el\,acc\,b} = \frac{Q_b \cdot P_{b\,P-T}}{\eta_b \cdot \eta_{el}} = \frac{55,22 \cdot 4,5}{0,80 \cdot 0,96} \cdot \frac{9,81}{6.000} = 0,53\ kW$$

Problema 2. Cilindro con bomba compensada en presión

Se desea diseñar el circuito oleohidráulico de la Figura 2.1 para desplazar en horizontal una carga que ejerce una resistencia de 6500 kp, siendo el movimiento de retroceso del vástago en vacío. La longitud de carrera del vástago es de 90 cm, el tiempo de avance de unos 6 s, y la fuerza de rozamiento en el movimiento del vástago de 120 kp.

Con todo ello, determinar:

a) Elección del cilindro a instalar y caudal nominal de la bomba, si suponemos que ésta tiene un rendimiento volumétrico del 97 %. En el avance, el cilindro trabajará con unas presiones del orden de 100 kp/cm². Suponer que el cilindro se fija a la bancada por medio de patas, y que la cabeza del vástago se mueve apoyada sobre una guía no rígida.

b) Presión a la salida de la bomba para los movimientos de avance y retroceso del vástago. Presión de tarado de la bomba.

c) Potencia nominal del motor de arrastre de la bomba si suponemos para ésta un rendimiento global del 85 %.

Realizar los cálculos suponiendo el filtro sucio y que el caudal de retorno pasa todo por el antirretorno. Módulo de elasticidad del acero del vástago, $E = 2,1 \cdot 10^6$ kp/cm².

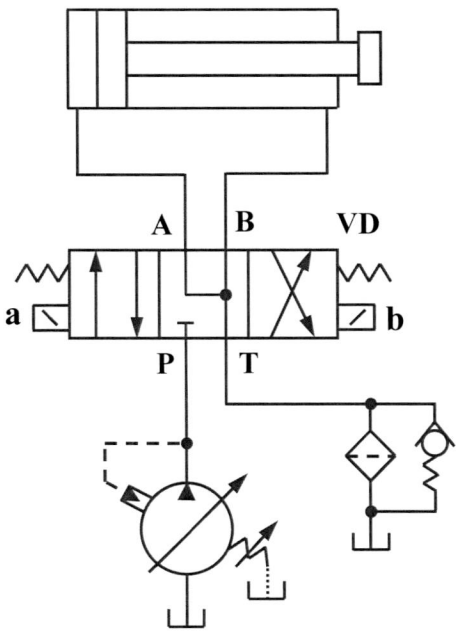

Figura 2.1. Cilindro con bomba compensada en presión.

Solución

Apartado a)

Para elegir el cilindro a instalar, su diámetro se calculará a partir del esfuerzo a vencer en el movimiento de avance del vástago, y de la presión de trabajo aproximada,

$$F_{av} + F_{roz} = \frac{\pi D_c^2}{4} \cdot P_t \quad ; \qquad 6.500 + 120 = \frac{\pi D_c^2}{4} \cdot 100$$

de donde se obtiene D_c=9,18 cm. Haciendo uso de la información de catálogo disponible respecto de las características de los cilindros diferenciales, Referencia [6], se elegirá un cilindro de diámetro nominal 100 mm.

El cilindro de DN 100 se fabrica con vástagos de 45, 56 y 70 mm. Para la elección del vástago se tendrá en cuenta el factor de carrera el cual, a partir de los valores indicados en la Referencia [7], vale $K = 2$ (cilindro fijado a la bancada por medio de patas, con la cabeza del vástago moviéndose sobre guía no rígida).

El vástago, para evitar los efectos del pandeo, deberá cumplir la ecuación

$$D_v \geq \sqrt[4]{\frac{64 \cdot s \cdot F_{av} \cdot (K \cdot L_c)^2}{\pi^3 \cdot E}} = \sqrt[4]{\frac{64 \cdot 2,5 \cdot 6.500 \cdot (2 \cdot 90)^2}{\pi^3 \cdot 2,1 \cdot 10^6}} = 4,77 \ cm$$

siendo s un factor de seguridad cuyo valor oscila entre 2 y 5.

Por ello se adopta un vástago de 56 mm.

El caudal impulsado por la bomba será:

$$Q_b = \frac{\pi \cdot D_c^2}{4} \cdot \frac{L_c}{T_{av}} = \frac{\pi \cdot 10^2}{4} \cdot \frac{90}{6} = 1.178,10 \ cm3/s = 70,69 \ l/min$$

y el caudal teórico de bomba,

$$Q_{tb} = \frac{Q_b}{\eta_{vb}} = \frac{70,69}{0,97} = 72,87 \ l/min$$

Apartado b)

En la Figura 2.2 se representan los movimientos de avance y retroceso del vástago, a partir de los cuales podremos calcular los caudales circulantes por los conductos del sistema.

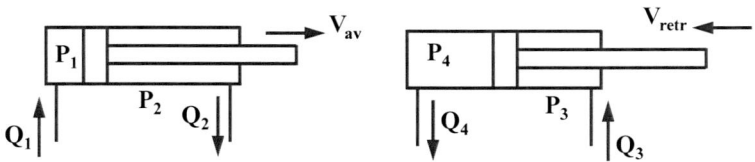

Figura 2.2. Movimientos de avance y retroceso del vástago del cilindro.

Caudales para el movimiento de avance del vástago (señal eléctrica b):

$$Q_1 = Q_b = 70,69 \ l/min$$

$$Q_2 = \frac{D_c^2 - D_v^2}{D_c^2} \cdot Q_1 = \frac{10^2 - 5,6^2}{10^2} \cdot 70,69 = 48,52 \ l/min$$

Caudales para el movimiento de retroceso del vástago (señal eléctrica a):

$$Q_3 = Q_b = 70,69 \ l/min$$

$$Q_4 = \frac{D_c^2}{D_c^2 - D_v^2} \cdot Q_3 = \frac{10^2}{10^2 - 5,6^2} \cdot 70,69 = 102,99 \ l/min$$

Elección de componentes. La elección de componentes del circuito se realizará a partir de la información de catálogo disponible. En este caso tendremos:

- Válvula distribuidora *VD*, para caudal $Q_4 = 102,99$ l/min. Se selecciona la válvula distribuidora tipo *WE* presentada en la Referencia [12], de cuatro orificios, tres posiciones de trabajo, centro tipo *J* y caudal máximo 160 l/min.

- Filtro con antirretorno, para caudal $Q_4 = 102,99$ l/min. Se selecciona el filtro *RF 030* de la Referencia [1], con antirretorno en paralelo y caudal máximo 125 l/min. La presión de apertura del antirretorno es de 3 bar.

Presión de bomba en el movimiento de avance del vástago:

$$P_2 = \Delta P_{BT}(Q_2) + \Delta P_{ArF}(Q_2) = 2,8 + 3 = 5,8 \ kp/cm^2$$

$$P_1 \cdot \frac{\pi \cdot D_c^2}{4} = P_2 \cdot \frac{\pi \cdot \left(D_c^2 - D_v^2\right)}{4} + F_{av} + F_{roz}$$

$$P_1 \cdot \frac{\pi \cdot 10^2}{4} = 5,8 \cdot \frac{\pi \cdot \left(10^2 - 5,6^2\right)}{4} + 6.500 + 120 \ ; \qquad P_1 = 88,27 \ kp/cm^2$$

$$P_{b \ av} = P_1 + \Delta P_{PA}(Q_1) = 88,27 + 3 = 91,27 \ kp/cm^2$$

Presión de bomba en el movimiento de retroceso del vástago:

$$P_4 = \Delta P_{AT}(Q_4) + \Delta P_{ArF}(Q_4) = 9 + 3 = 12 \ kp/cm^2$$

$$P_3 \cdot \frac{\pi \cdot \left(D_c^2 - D_v^2\right)}{4} = P_4 \cdot \frac{\pi \cdot D_c^2}{4} + F_{roz}$$

$$P_3 \frac{\pi \cdot \left(10^2 - 5,6^2\right)}{4} = 12 \frac{\pi \cdot 10^2}{4} + 120 \ ; \qquad P_3 = 19,71 \ kp/cm^2$$

$$P_{b \ retr} = P_3 + \Delta P_{PB}(Q_3) = 19,71 + 3 = 22,71 \ kp/cm^2$$

La presión de tarado de la bomba deberá ser mayor que $P_{b \ av} = 91,27$ l/min. Por ejemplo, $P_{Tb} = 105$ kp/cm².

Apartado c)

Al instalar una bomba compensada en presión, la potencia máxima consumida por dicha bomba será la que corresponde al instante en que entra en la zona de compensación, bien porque al final del movimiento de avance o retroceso del vástago se mantiene la señal eléctrica que da origen a este movimiento, o bien porque la válvula distribuidora toma la posición de reposo. Así, tendremos:

$$P_{máx\,accb} = \frac{Q_b \cdot P_{T\,b}}{\eta_b} = \frac{70,69 \cdot 105}{0,85} \cdot \frac{9,81}{6.000} = 14,28 \; kW$$

Se seleccionará un motor de potencia nominal unos 18 kW.

Problema 3. Cilindro, antirretorno pilotado y bomba convencional

Se pretende diseñar el circuito oleohidráulico de la Figura 3.1 para elevar una carga entre un nivel inferior y otro superior. Para ello en el extremo del vástago se dispone una plataforma donde se deposita la carga a elevar. Una vez elevada la carga, y con el vástago parado, se retira esta carga. A continuación se hace descender la plataforma, en vacío, para recibir una nueva carga.

Los datos de la instalación son:

- Carga a elevar: $F_c = 32$ Tm
- Peso de la plataforma: $F_p = 1,2$ Tm
- Fuerza de rozamiento en el cilindro: $F_{roz} = 50$ kp
- Longitud de carrera del vástago: $L_c = 4$ m
- Cilindro fijado mediante brida delantera y extremo de vástago articulado con guía rígida
- Tiempo aproximado de elevación: $T_{elev} = 24$ s
- Presión aproximada para la elevación de la carga: $P_t = 120$ kp/cm^2

Para este circuito, y con el filtro de paso de malla 10 μm limpio, determinar:

a) Dimensiones del cilindro y caudal de bomba necesario.

b) Elegir los componentes del sistema a partir de la información de catálogo disponible.

c) Presión de tarado de la válvula limitadora de presión.

d) Presión de pilotaje x del antirretorno pilotado durante la carrera de descenso del vástago.

e) Potencia nominal del motor de arrastre de la bomba, si esta tiene un rendimiento del 80 %.

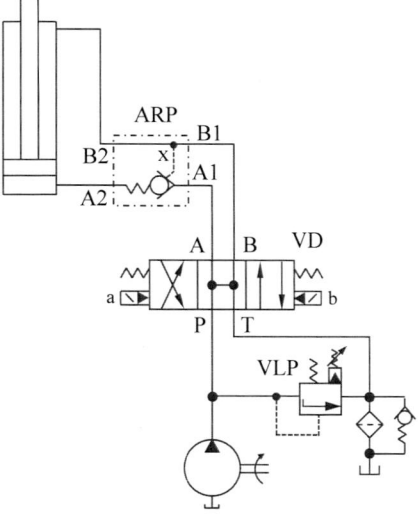

Figura 3.1. Cilindro para elevación de carga.

Solución

Apartado a)

Para elegir el cilindro a instalar, su diámetro se calcula mediante la expresión

$$F_c + F_p + F_{roz} = \frac{\pi D_c^2}{4} \cdot P_t \quad ; \qquad 32.000 + 1.200 + 50 = \frac{\pi D_c^2}{4} \cdot 120$$

de donde se obtiene $D_c = 18,78$ cm. Haciendo uso de la información de catálogo respecto de las características de los cilindros comerciales, Referencia [6], se elegirá un cilindro de diámetro nominal 200 mm.

El cilindro de DN 200 se fabrica con vástagos de 90, 110 y 140 mm de diámetro. Para la elección del vástago se tendrá en cuenta el factor de carrera el cual, a partir de los valores indicados en la Referencia [7], vale $K = 0,7$.

El vástago, para evitar los efectos del pandeo, deberá cumplir la condición

$$D_v \geq \sqrt[4]{\frac{64 \cdot s \cdot \left(F_c + F_p\right) \cdot (K \cdot L_c)^2}{\pi^3 \cdot E}} = \sqrt[4]{\frac{64 \cdot 2,5 \cdot (32.000 + 1.200) \cdot (0,7 \cdot 400)^2}{\pi^3 \cdot 2,1 \cdot 10^6}} = 8,94 \; cm$$

Por ello se adopta un vástago de diámetro 90 mm.

En la Figura 3.2 se representan los movimientos de elevación y descenso del vástago, a partir de los cuales se obtienen los correspondientes caudales.

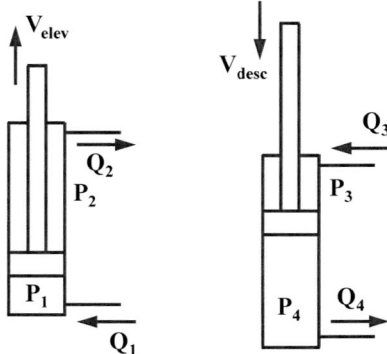

Figura 3.2. Movimientos de elevación y descenso del vástago del cilindro.

Movimiento de elevación del vástago (señal eléctrica b):

$$Q_1 = \frac{\pi \cdot D_c^2}{4} \cdot \frac{L_c}{T_{elev}} = \frac{\pi \cdot 20^2}{4} \cdot \frac{400}{24} = 5.239,99 \; cm3/s = 314,16 \; l/min$$

$$Q_2 = \frac{D_c^2 - D_v^2}{D_c^2} Q_1 = \frac{20^2 - 9^2}{20^2} 314,16 = 250,54 \; l/min$$

El caudal de bomba será $Q_b = Q_1 = 314,16$ l/min.

Movimiento de descenso del vástago (señal eléctrica *a*):

$$Q_3 = Q_b = 314{,}16 \; l/min$$

$$Q_4 = \frac{D_c^2}{D_c^2 - D_v^2} Q_3 = \frac{20^2}{20^2 - 9^2} 314{,}16 = 393{,}93 \; l/min$$

Admitiendo que la bomba tiene un rendimiento volumétrico del 95 % y que va a girar a una velocidad de rotación de 1450 rpm, la cilindrada necesaria será

$$c_b = \frac{Q_b}{\eta_{vb} \cdot N_b} = \frac{314{,}16 \cdot 1.000}{0{,}95 \cdot 1.450} = 228{,}07 \; cm^3/rev$$

Apartado b)

Selección de componentes del sistema:

- Bomba. Se selecciona una bomba de pistones axiales de eje inclinado y caudal constante, Referencia [5], girando a 1450 rpm y cuyo tamaño nominal será o bien 180 o bien 250. Con el tamaño nominal 180 el caudal bombeado será menor que el deseado, y el tiempo de elevación de la carga mayor. A su vez, si se elige el de tamaño nominal 250 el caudal bombeado será mayor que el deseado, y el tiempo de elevación de la carga menor. En principio podemos aceptar un tiempo de elevación de la carga mayor que el deseado, para reducir las aceleraciones de arranque y parada del vástago, por lo que se elegirá el tamaño nominal 180 cuya cilindrada es de 180 cm³/rev.

  Con esta bomba, los caudales del sistema serán:

$$Q_b = Q_1 = Q_3 = c_b \cdot N_b \cdot \eta_{vb} = \frac{180 \cdot 1.450 \cdot 0{,}95}{1.000} = 247{,}95 \; l/min = 4.132{,}50 \; cm^3/s$$

$$Q_2 = \frac{D_c^2 - D_v^2}{D_c^2} Q_1 = \frac{20^2 - 9^2}{20^2} 247{,}95 = 197{,}74 \; l/min$$

$$Q_4 = \frac{D_c^2}{D_c^2 - D_v^2} Q_3 = \frac{20^2}{20^2 - 9^2} 247{,}95 = 310{,}91 \; l/min$$

y el tiempo de elevación de la carga,

$$T_{elev} = \frac{\pi \cdot D_c^2}{4} \cdot \frac{L_c}{Q_1} = \frac{\pi \cdot 20^2}{4} \cdot \frac{400}{4.132{,}50} = 30{,}41 \; s$$

algo mayor que el tiempo de 24 s indicado en el enunciado.

- Válvula distribuidora *VD*. Se selecciona con el caudal $Q_4 = 310{,}91$ l/min, y será del tipo *H-4WEH* indicado en la Referencia [13], de cuatro orificios y tres posiciones de trabajo, tamaño nominal 25 con caudal máximo 650 l/min. La posición central de esta válvula será tipo *H*, según la misma referencia.

- Antirretorno pilotado *ARP*. Se selecciona con el caudal $Q_4 = 310{,}91$ l/min, y será del tipo *Z2S 22 A* (tamaño nominal 22, equivalente al 25), con caudal máximo 450 l/min indicado en la Referencia [25]. Se adopta una presión de apertura de 3 bar para flujo directo $A1 \rightarrow A2$ (curva 1). La apertura del antirretorno mediante la señal de pilotaje x se realiza por acción de una corredera de mando, siendo las pérdidas para flujo inverso ($A2 \rightarrow A1$) las indicadas por la curva 7. Al estar el antirretorno insertado en placa intermedia, las pérdidas a caudal libre por el conducto $B1$-$B2$ vienen dadas por la curva 5.

- Válvula limitadora de presión *VLP*. Se selecciona con el caudal de bomba $Q_b = 247{,}95$ l/min, y será del tipo *DB*, tamaño nominal 16 y caudal máximo 250 l/min indicado en la Referencia [16].

- Filtro. Se selecciona con el caudal $Q_4 = 310{,}91$ l/min, y será del modelo *RF-090* indicado en la Referencia [1]. El caudal máximo de este filtro es de 330 l/min, con paso de malla 10 μm, cartucho del filtro *RE-090-A*, y con presión de apertura del antirretorno 3 bar.

Apartado c)

Presiones de funcionamiento del sistema.

Movimiento de elevación del vástago con carga:

$$P_2 = \Delta P_{B2-B1}(Q_2) + \Delta P_{BT}(Q_2) + \Delta P_{carcF}(Q_2) + \Delta P_{cartF}(Q_2) =$$
$$= 2{,}5 + 1{,}9 + 0{,}07 + 0{,}13 = 4{,}6 \; kp/cm^2$$

$$P_1 \cdot \frac{\pi \cdot D_c^2}{4} = P_2 \cdot \frac{\pi \cdot \left(D_c^2 - D_v^2\right)}{4} + F_c + F_p + F_{roz}$$

$$P_1 \cdot \frac{\pi \cdot 20^2}{4} = 4{,}6 \cdot \frac{\pi \cdot \left(20^2 - 9^2\right)}{4} + 32.000 + 1.200 + 50 \; ; \qquad P_1 = 109{,}51 \; kp/cm^2$$

$$P_{b\,elev} = P_1 + \Delta P_{ARP}(Q_1) + \Delta P_{PA}(Q_1) = 109{,}51 + 7 + 1{,}6 = 118{,}11 \; kp/cm^2$$

Movimiento de descenso del vástago sin carga:

$$P_4 = \Delta P_{ARP\,x}(Q_4) + \Delta P_{AT}(Q_4) + \Delta P_{carcF}(Q_4) + \Delta P_{cartF}(Q_4) =$$
$$= 9{,}5 + 2{,}9 + 0{,}11 + 0{,}21 = 12{,}72 \; kp/cm^2$$

$$P_3 \cdot \frac{\pi \cdot \left(D_c^2 - D_v^2\right)}{4} + F_p = P_4 \cdot \frac{\pi \cdot D_c^2}{4} + F_{roz}$$

$$P_3 \frac{\pi \cdot \left(20^2 - 9^2\right)}{4} + 1.200 = 12{,}72 \cdot \frac{\pi \cdot 20^2}{4} + 50 \; ; \qquad P_3 = 11{,}36 \; kp/cm^2$$

$$P_{b\,desc} = P_3 + \Delta P_{B1-B2}(Q_3) + \Delta P_{PB}(Q_3) = 11{,}36 + 4{,}5 + 1{,}6 = 17{,}46 \; kp/cm^2$$

La presión de tarado de la válvula limitadora de presión deberá ser mayor que la presión de bomba en el movimiento de elevación, $P_{T\,VLP} > P_{b\,elev} = 118,11\ kp/cm^2$. Así, $P_{T\,VLP} = 130\ kp/cm^2$

Apartado d)

Durante el movimiento de descenso del vástago, sin carga, la señal de presión x mantendrá abierto el antirretorno pilotado *ARP*. Esta señal tendrá un valor de presión intermedio entre la de los puntos *B1* y *B2* de la Figura 3.1, de manera que podríamos decir

$$P_{x\,desc} \approx P_3 + \frac{\Delta P_{B1-B2}(Q_3)}{2} = 11,36 + \frac{4,5}{2} = 13,61\ kp/cm^2$$

Admitimos que esta presión es suficiente para mantener abierto el antirretorno pilotado durante el movimiento de descenso del vástago.

Apartado e)

La presión máxima a la que trabajará la bomba se alcanza cuando, finalizada la carrera de elevación o descenso del vástago, se mantiene la señal eléctrica que ha provocado dicho movimiento. En este caso todo el caudal de bomba (247,95 l/min), se descargará a tanque a través de la válvula limitadora de presión. Así, tendremos:

$$P_{b\,máx} = \Delta P_{VLP}(Q_b) + \Delta P_{carcF}(Q_b) + \Delta P_{cartF}(Q_b) =$$
$$= 137 + 0,09 + 0,17 = 137,26\ kp/cm^2$$

De esta manera, la potencia máxima de accionamiento de la bomba será:

$$P_{máx\,accb} = \frac{Q_b \cdot P_{b\,máx}}{\eta_b} = \frac{247,95 \cdot 137,26}{0,8} \cdot \frac{9,81}{6.000} = 69,56\ kW$$

Se instalará un motor de potencia nominal 85 kW.

Consideraciones finales:

En este ejercicio un problema que puede tener el funcionamiento del circuito, tal y como está diseñado, es el que se refiere al movimiento de descenso del vástago con carga, en caso de que se pueda producir esta circunstancia.

Si con el vástago elevado y cargado la válvula distribuidora adopta la posición de reposo, la carga se sostiene al conectar el pilotaje x con tanque y cerrarse el antirretorno pilotado. En estas condiciones la presión en la cámara posterior del cilindro, o presión sostenedora, será

$$P_s = \frac{4 \cdot \left(F_c + F_p\right)}{\pi \cdot D_c^2} = \frac{4 \cdot (32.000 + 1.200)}{\pi \cdot 20^2} = 105,68\ kp/cm^2$$

Pero si a partir de esta posición se pretende hacer descender la carga activando la señal eléctrica a, cuando la presión P_3 alcance un valor determinado, la señal x abrirá el antirretorno, conectando la cámara posterior del cilindro con tanque. En estas condiciones no habrá presión P_4 suficiente para sostener la carga, la cual caerá de golpe.

Para evitar la caída de la carga cuando se pretenda hacerla descender se debería sustituir el antirretorno pilotado por una válvula de secuencia, tarada a una presión superior a la presión sostenedora. Esta situación se contempla en diferentes ejercicios que se presentan más adelante.

Problema 4. Cilindros, antirretornos pilotados y bomba compensada en presión

Se pretende diseñar el circuito oleohidráulico de la Figura 4.1 para elevar dos cargas diferentes, $F_A = 8500$ kp y $F_B = 15\,000$ kp, ambas a una altura de 2,50 m. Esta elevación se producirá al activar la señal eléctrica a, con un tiempo de salida de cada vástago de 15 s. Posteriormente, y una vez se retiren las dos cargas de sus correspondientes plataformas de elevación, la señal eléctrica b provocará el descenso en vacío de los vástagos, para situar el automatismo en la posición inicial y repetir la secuencia con dos nuevas cargas.

Para conseguir el mismo tiempo de elevación de cada carga, así como para reducir las exigencias de material de repuesto, los cilindros A y B a utilizar deberán ser iguales. La fuerza de rozamiento en cada uno de ellos, tanto para la carrera de avance como para la de retroceso, se estima en 150 kp. Ambos cilindros se sujetarán a la bancada mediante brida delantera, con cabeza de vástago articulada y guía rígida.

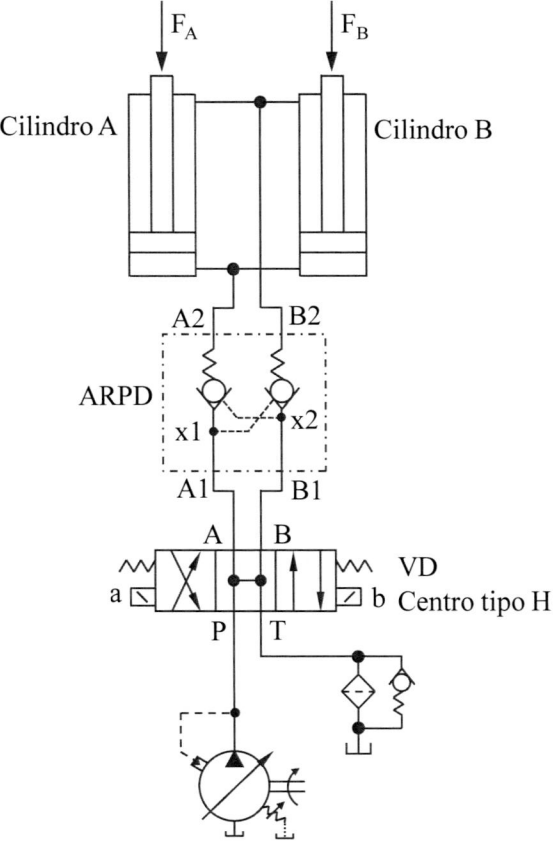

Figura 4.1. Cilindros para elevación de dos cargas diferentes.

Siendo el peso de cada una de las plataformas de elevación de $F_p = 400$ kp, y suponiendo que el filtro en la línea de retorno a tanque se encuentra colmatado, determinar:

a) Secuencia de movimientos que se obtiene al activar la señal eléctrica *b*, y posteriormente la *a*. Justificar la respuesta.

b) Elección de cilindros a instalar, si se admite una presión de trabajo del orden de 150 kp/cm^2.

c) Punto de funcionamiento de la bomba en los movimientos de elevación y descenso de los vástagos.

d) Presión de tarado de la bomba y presiones de pilotaje *x* de los antirretornos pilotados.

e) Potencia de accionamiento de la bomba en sus distintos puntos de funcionamiento, y potencia nominal del motor de accionamiento de la bomba, si su rendimiento global es del 87 %.

Solución

Apartado a)

Al activar la señal eléctrica *b* la válvula distribuidora *VD* adopta la posición de trabajo de flechas paralelas, circulando el caudal bombeado hacia la cámara posterior de ambos cilindros a través del antirretorno pilotado *A1-A2*. En estas condiciones, al aumentar la presión de bomba se abrirá el antirretorno pilotado *B1-B2* por acción de la señal de pilotaje *x1*, lo que provocará el avance del vástago con menor carga, que en este caso es el *A*. Una vez el vástago *A* fuera, aumentará la presión de bomba hasta alcanzar el valor suficiente para hacer salir el vástago más cargado, el *B*. Y durante estos movimientos el aceite de la cámara anterior de ambos cilindros se evacuará a tanque a través del antirretorno pilotado *B1-B2* abierto por la señal *x1*.

Una vez las cargas elevadas y retiradas de sus correspondientes plataformas, al activar la señal eléctrica *a* la válvula distribuidora *VD* adoptará la posición de flechas cruzadas, con lo que el caudal bombeado se dirige hacia la cámara anterior de los cilindros a través del antirretorno pilotado *B1-B2*. Y al aumentar la presión de bomba la señal de pilotaje *x2* abrirá el antirretorno pilotado *A1-A2*. En este caso, y como en los dos cilindros se ha de vencer el mismo esfuerzo, ambos vástagos retrocederán simultáneamente. Durante este movimiento el aceite de la cámara posterior de ambos cilindros se evacuará a tanque a través del antirretorno pilotado *A1-A2*, abierto por la señal *x2*.

Y si en cualquier momento de la secuencia de movimientos se elimina la señal eléctrica activa, la válvula distribuidora adoptará la posición de reposo, los pilotajes *x1* y *x2* se conectarán con tanque, y los antirretornos pilotados se cerrarán. A partir de este momento, si los dos vástagos están cargados, o al menos uno de ellos, la carga mayor comenzará a descender y la carga menor a ascender, pasando aceite de una cámara posterior a la otra. Este movimiento continuará hasta que el vástago más cargado termine por entrar o el vástago menos cargado termine por salir, dependiendo de la posición de ambos vástagos en el instante en que se eliminó la señal eléctrica activa. Y si los dos vástagos están descargados, ambos se detendrán en la posición en que estaban.

En definitiva, la secuencia de movimientos será:

$$señal\,b \;\rightarrow\; A+,\;\; B+$$
$$señal\,a \;\rightarrow\; \left\{ \begin{matrix} A- \\ B- \end{matrix} \right\}$$

Apartado b)

La elección de los cilindros se realizará a partir de las condiciones de funcionamiento del que tiene que elevar mayor carga, en este caso el *B*. Tendremos:

$$F_B + F_p + F_{roz} = \frac{\pi D_c^2}{4}\cdot P_t \quad ; \qquad 15.000 + 400 + 150 = \frac{\pi D_c^2}{4}\cdot 150$$

de donde se obtiene D_c=11,49 cm. Haciendo uso de la información de catálogo respecto de las características de los cilindros comerciales, Referencia [6], se elegirá un cilindro de diámetro nominal 125 mm.

Para la elección del vástago se tendrá en cuenta el factor de carrera, Referencia [7]. En nuestro caso, para cilindro sujeto mediante brida delantera con cabeza de vástago articulada y guía rígida, el factor de carrera vale $K=0,7$.

El vástago, para evitar los efectos del pandeo, deberá cumplir e condición

$$D_v \geq \sqrt[4]{\frac{64\cdot s\cdot\left(F_B+F_p\right)\cdot\left(K\cdot L_c\right)^2}{\pi^3\cdot E}} = \sqrt[4]{\frac{64\cdot 2,5\cdot\left(15.000+400\right)\cdot\left(0,7\cdot 250\right)^2}{\pi^3\cdot 2,1\cdot 10^6}} = 5,83\; cm$$

Por ello se adopta un vástago de diámetro 70 mm, que es uno de los diámetros de vástago del cilindro de DN 125 mm.

Apartado c)

En la Figura 4.2 se representan los caudales y las presiones en los movimientos de elevación y descenso de los vástagos de los cilindros *A* y *B*.

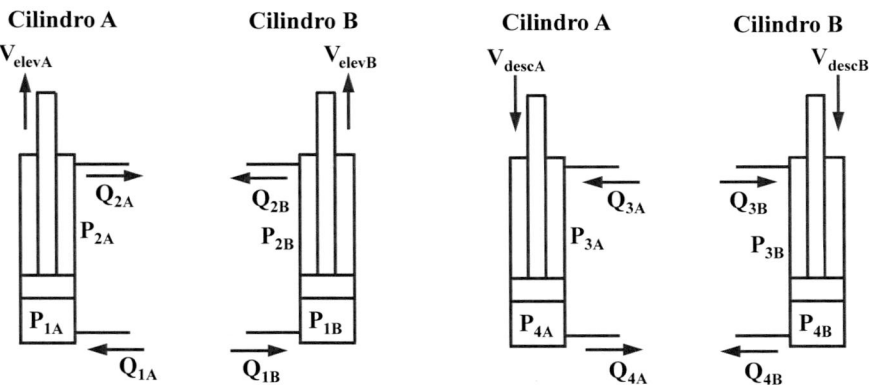

Figura 4.2. Movimientos de elevación y descenso del vástago de los cilindros A y B.

Para el movimiento de elevación de las cargas los caudales circulantes serán:

$$Q_{1A} = Q_{1B} = \frac{\pi \cdot D_c^2}{4} \cdot \frac{L_c}{T_{elev}} = \frac{\pi \cdot 12{,}5^2}{4} \cdot \frac{250}{15} = 2.045{,}31 \; cm^3/s = 122{,}72 \; l/min$$

$$Q_{2A} = Q_{2B} = \frac{D_c^2 - D_v^2}{D_c^2} \cdot Q_{1A} = \frac{12{,}5^2 - 7^2}{12{,}5^2} \cdot 122{,}72 = 84{,}23 \; l/min$$

El caudal de bomba será

$$Q_b = Q_{1A} = Q_{1B} = 122{,}72 \; l/min$$

Admitiendo que la velocidad de rotación de la bomba es de 1450 rpm, y que ésta tenga un rendimiento volumétrico del 95 %, la cilindrada necesaria será

$$c_b = \frac{Q_b}{\eta_{vb} \cdot N_b} = \frac{122{,}72 \cdot 1.000}{0{,}95 \cdot 1.450} = 89{,}09 \; cm^3/rev$$

Se elegirá una bomba de paletas compensada en presión, tamaño 100, cilindrada 118 cm³/rev y presión máxima de salida 160 bar, cuyas características se indican en la Referencia [3]. La bomba del tamaño nominal 63 y cilindrada 94 cm³/rev, indicada en la misma referencia, no es adecuada al tener una presión máxima de salida de 80 bar. A la bomba elegida, girando a 1450 rpm, se le reducirá la cilindrada hasta un valor del orden de 89,09 cm³/rev, con lo que se obtendrá el caudal de bomba deseado.

Para el movimiento de descenso del vástago de los cilindros, los caudales circulantes serán:

$$Q_{3A} = Q_{3B} = \frac{Q_b}{2} = \frac{122{,}72}{2} = 61{,}36 \; l/min$$

$$Q_{4A} = Q_{4B} = \frac{D_c^2}{D_c^2 - D_v^2} \cdot Q_{3A} = \frac{12{,}5^2}{12{,}5^2 - 7^2} \cdot 61{,}36 = 89{,}39 \; l/min$$

siendo el tiempo de descenso de

$$T_{desc} = \frac{\pi \cdot \left(D_c^2 - D_v^2\right)}{4} \cdot \frac{L_c}{Q_{3A}} = \frac{\pi \cdot \left(12{,}5^2 - 7^2\right)}{4} \cdot \frac{250 \cdot 60}{61{,}36 \cdot 1.000} = 20{,}59 \; s$$

Selección de componentes del sistema:

- Válvula distribuidora *VD*. Se selecciona con el caudal $Q_{4A} + Q_{4B} = 178{,}78$ l/min, y será del tipo *H-4WEH* indicado en la Referencia [13], de cuatro orificios y tres posiciones de trabajo, tamaño nominal 16 y caudal máximo 300 l/min. La posición central de esta válvula será tipo *H*, según la misma referencia.

- Antirretorno pilotado doble *ARPD*. Se selecciona con el caudal $Q_{4A} + Q_{4B} = 214{,}56$ l/min, y será del tipo *Z2S 22*, tamaño nominal 22 (equivalente al tamaño nominal 25) y caudal máximo 450 l/min. Las características de este antirretorno se indican en la Referencia [25]. Se adopta una presión de apertura de 3 bar para flujo directo (curva 1). La apertura de cada antirretorno mediante la correspondiente señal de pilotaje *x* se realiza por acción de una corredera de mando, siendo las pérdidas para flujo inverso en cada antirretorno las indicadas por la curva 7.

Para este antirretorno pilotado doble no se selecciona el tamaño nominal 16, Referencia [24], por falta de información sobre la curva de pérdidas para flujo inverso en cada antirretorno.

- Filtro con antirretorno, para caudal $Q_{4A} + Q_{4B} = 214{,}56$ l/min. Se selecciona el filtro *RF 070* de la Referencia [1], con antirretorno en paralelo y caudal máximo 250 l/min. La presión de apertura del antirretorno es de 3 bar.

Presión de bomba para el movimiento $A+$:

$$P_{2A} = \Delta P_{ARP\,B\,x1}(Q_{2A}) + \Delta P_{BT}(Q_{2A}) + \Delta P_{arF}(Q_{2A}) = 1 + 0{,}9 + 3 = 4{,}9\ kp/cm^2$$

$$P_{1A} \cdot \frac{\pi \cdot D_c^2}{4} = P_{2A} \cdot \frac{\pi \cdot \left(D_c^2 - D_v^2\right)}{4} + F_A + F_p + F_{roz}$$

$$P_{1A} \cdot \frac{\pi \cdot 12{,}5^2}{4} = 4{,}9 \cdot \frac{\pi \cdot \left(12{,}5^2 - 7^2\right)}{4} + 8.500 + 400 + 150 \quad ; \qquad P_{1A} = 77{,}11\ kp/cm^2$$

$$P_{b\,A+} = P_{1A} + \Delta P_{ARP\,A}(Q_{1A}) + \Delta P_{PA}(Q_{1A}) = 77{,}11 + 3{,}7 + 0{,}8 = 81{,}61\ kp/cm^2$$

Presión de bomba para el movimiento $B+$, siendo $Q_{2A} = Q_{2B}$:

$$P_{2B} = \Delta P_{ARP\,B\,x1}(Q_{2B}) + \Delta P_{BT}(Q_{2B}) + \Delta P_{arF}(Q_{2B}) = 1 + 0{,}9 + 3 = 4{,}9\ kp/cm^2$$

$$P_{1B} \cdot \frac{\pi \cdot D_c^2}{4} = P_{2B} \cdot \frac{\pi \cdot \left(D_c^2 - D_v^2\right)}{4} + F_B + F_p + F_{roz}$$

$$P_{1B} \cdot \frac{\pi \cdot 12{,}5^2}{4} = 4{,}9 \cdot \frac{\pi \cdot \left(12{,}5^2 - 7^2\right)}{4} + 14.000 + 400 + 150 \quad ; \qquad P_{1B} = 121{,}93\ kp/cm^2$$

$$P_{b\,B+} = P_{1B} + \Delta P_{ARP\,A}(Q_{1B}) + \Delta P_{PA}(Q_{1B}) = 121{,}93 + 3{,}7 + 0{,}8 = 126{,}43\ kp/cm^2$$

Presión de bomba para los movimientos simultáneos $A-$ y $B-$:

$$P_{4A} = P_{4B} = \Delta P_{ARP\,A\,x2}(2 \cdot Q_{4A}) + \Delta P_{AT}(2 \cdot Q_{4A}) + \Delta P_{arF}(2 \cdot Q_{4A}) = 3{,}7 + 4 + 3 = 10{,}7\ kp/cm^2$$

$$P_{3A} \cdot \frac{\pi \cdot \left(D_c^2 - D_v^2\right)}{4} + F_p = P_{4A} \cdot \frac{\pi \cdot D_c^2}{4} + F_{roz}$$

$$P_{3A} \cdot \frac{\pi \cdot \left(12{,}5^2 - 7^2\right)}{4} + 400 = 10{,}7 \cdot \frac{\pi \cdot 12{,}5^2}{4} + 150 \quad ; \qquad P_{3A} = P_{3B} = 12{,}62 \ kp/cm^2$$

$$P_{b\,A-B-} = P_{3A} + \Delta\,P_{ARP\,B}\left(2 \cdot Q_{3A}\right) + \Delta\,P_{PB}\left(2 \cdot Q_{3A}\right) = 12{,}62 + 3{,}7 + 0{,}8 = 17{,}12 \ kp/cm^2$$

Apartado d)

La presión de tarado de la bomba deberá ser mayor de $P_{b\,B+} = 126{,}43$ kp/cm². Por ejemplo,

$$P_{Tb} = 140 \ kp/cm^2$$

La presión de pilotaje de los antirretornos pilotados será

$$P_{x1\,A+} = P_{b\,A+} - \Delta\,P_{PA}\left(Q_{1A}\right) = 81{,}61 - 0{,}8 = 80{,}81 \ kp/cm^2$$

$$P_{x1\,B+} = P_{b\,B+} - \Delta\,P_{PA}\left(Q_{1B}\right) = 126{,}43 - 0{,}8 = 125{,}63 kp/cm^2$$

$$P_{x2\,A-B-} = P_{b\,A-B-} - \Delta\,P_{PB}\left(2 \cdot Q_{3A}\right) = 17{,}12 - 0{,}8 = 16{,}32 kp/cm^2$$

Se admite que, con estas presiones de pilotaje, especialmente la P_{x2A-B-}, la secuencia de movimientos se realizará según lo previsto.

Apartado e)

La potencia de accionamiento de la bomba en los distintos puntos de trabajo será:

$$P_{accb\,A+} = \frac{Q_b \cdot P_{b\,A+}}{\eta_b} = \frac{122{,}72 \cdot 81{,}61}{0{,}87} \cdot \frac{9{,}81}{6{.}000} = 18{,}82 \ kW$$

$$P_{accb\,B+} = \frac{Q_b \cdot P_{b\,B+}}{\eta_b} = \frac{122{,}72 \cdot 126{,}43}{0{,}87} \cdot \frac{9{,}81}{6{.}000} = 29{,}16 \ kW$$

$$P_{accb\,A-B-} = \frac{Q_b \cdot P_{b\,A-B-}}{\eta_b} = \frac{122{,}72 \cdot 17{,}12}{0{,}87} \cdot \frac{9{,}81}{6{.}000} = 3{,}95 \ kW$$

En caso de que las señales eléctricas a y b estén desactivadas, la válvula distribuidora *VD* se encontrará en la posición de reposo, con el caudal de bomba descargando directamente a tanque a través de la misma. En estas condiciones la presión de bomba será:

$$P_{b\,0} = \Delta\,P_{PT}\left(Q_b\right) + \Delta\,P_{arF}\left(Q_b\right) = 1 + 3 = 4 \ kp/cm^2$$

y la potencia de accionamiento de la bomba,

$$P_{accb\,0} = \frac{Q_b \cdot P_{b\,0}}{\eta_b} = \frac{122{,}72 \cdot 4}{0{,}87} \cdot \frac{9{,}81}{6{.}000} = 1{,}11 \ kW$$

Por último, la potencia máxima de accionamiento de la bomba se consumirá en el momento en que dicha bomba entra en la zona de compensación, por lo que

$$P_{máx\,accb} = \frac{Q_b \cdot P_{Tb}}{\eta_b} = \frac{122{,}72 \cdot 140}{0{,}87} \cdot \frac{9{,}81}{6{.}000} = 32{,}29 \ kW$$

Se instalará un motor de potencia nominal 40 kW, girando a 1450 rpm.

Problema 5. Cilindros, válvulas de secuencia y bomba convencional

El circuito oleohidráulico de la Figura 5.1 se ha diseñado para conseguir la secuencia de movimientos

- Con la señal eléctrica a: $A+$, $B+$
- Con la señal eléctrica b: $B-$, $A-$

Las características de cada uno de los cilindros son:

Cilindro A: Diámetro de cilindro 60 mm; diámetro de vástago 30 mm; longitud de carrera del vástago 30 cm; fuerza de avance 4500 kp; fuerza de retroceso 850 kp.

Cilindro B: Diámetro de cilindro 120 mm; diámetro de vástago 60 mm; longitud de carrera del vástago 120 cm; fuerza de avance 15 500 kp; fuerza de retroceso 2300 kp; tiempo de avance 10 s.

Los coeficientes de pérdidas de los componentes del circuito son:

- Vías de la válvula distribuidora, para cualquiera de ellas, 8,5 $(kp/cm^2)/(l/s)^2$
- Antirretornos: 5,5 $(kp/cm^2)/(l/s)^2$
- Filtro: 4,0 $(kp/cm^2)/(l/s)^2$

mientras que la curva característica de la válvula limitadora de presión se ajusta bien a la expresión lineal

$$P_{VLP} = P_{T\,VLP} + 23{,}5Q_{VLP}$$

donde las presiones se dan en kp/cm^2 (o bar), y el caudal en l/s.

Se supone que las válvulas de secuencia abren a la presión de tarado y, una vez abiertas, la presión de entrada se mantiene en el valor de tarado para cualquier caudal que las atraviese.

Con todo ello, determinar:

a) Caudal útil que deberá dar la bomba y velocidades de avance y retroceso de los vástagos.

b) Presión de tarado de la válvula limitadora de presión, de las válvulas de secuencia, y presión a la salida de la bomba para cada uno de los movimientos de vástago efectuados.

c) Potencia máxima de accionamiento de la bomba, siendo el rendimiento global de la misma del 85 %.

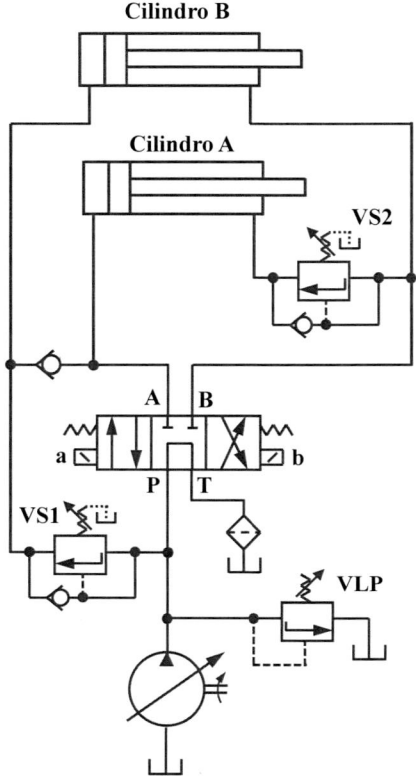

Figura 5.1. Secuencia de movimientos de dos cilindros mediante válvulas de secuencia.

Solución

Apartado a)

El caudal útil que debe proporcionar la bomba es el necesario para producir el movimiento de avance del vástago B en 10 s. Por ello,

$$V_{av\,B} = \frac{L_{cB}}{T_{av\,B}} = \frac{120}{10} = 12\ cm/s$$

$$Q_b = V_{av\,B} \cdot A_{cB} = 12 \cdot \frac{\pi \cdot 12^2}{4} = 1.357,17\ cm^3/s = 81,43\ l/min$$

Como todo el caudal de bomba se utilizará para provocar el movimiento del vástago de cada cilindro, sea de avance o de retroceso, las otras velocidades serán:

$$V_{retr\,B} = \frac{Q_b}{A_{cB} - A_{vB}} = \frac{4 \cdot 1.357,17}{\pi \cdot \left(12^2 - 6^2\right)} = 16\ cm/s$$

$$V_{avA} = \frac{Q_b}{A_{cA}} = \frac{4 \cdot 1.357,17}{\pi \cdot 6^2} = 48 \ cm/s$$

$$V_{retrA} = \frac{Q_b}{A_{cA} - A_{vA}} = \frac{4 \cdot 1.357,17}{\pi \cdot \left(6^2 - 3^2\right)} = 64 \ cm/s$$

Apartado b)

En la Figura 5.2 se representan los caudales, presiones y fuerzas a vencer en los movimientos de avance y retroceso del vástago de los cilindros *A* y *B*.

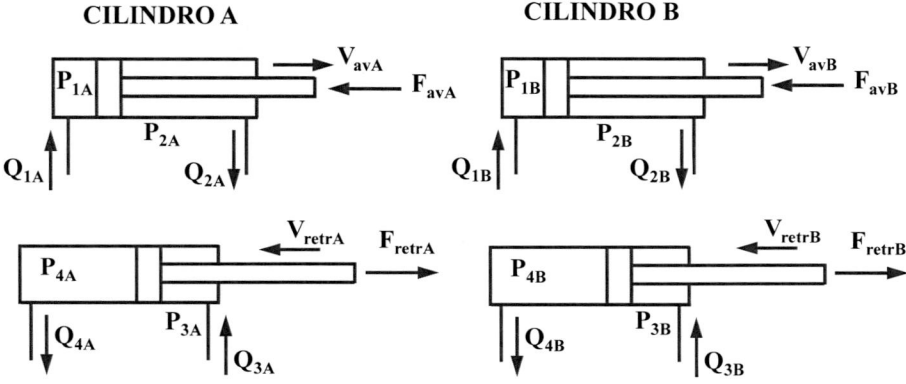

Figura 5.2. Movimientos de avance y retroceso del vástago de los cilindros A y B.

Señal eléctrica *a* activada. Movimiento *A*+:

$$Q_{1A} = Q_b = 81,43 l/min$$

$$Q_{2A} = \frac{D_{cA}^2 - D_{vA}^2}{D_{cA}^2} Q_{1A} = \frac{6^2 - 3^2}{6^2} \cdot 81,43 = 61,07 \ l/min$$

$$P_{2A} = \left(K_{Arret2} + K_{BT} + K_{Filtro}\right) \cdot Q_{2A}^2 = \left(5,5 + 8,5 + 4,0\right) \cdot \left(\frac{61,07}{60}\right)^2 = 18,65 \ kp/cm^2$$

$$P_{1A} \cdot \frac{\pi \cdot D_{cA}^2}{4} = P_{2A} \cdot \frac{\pi \cdot \left(D_{cA}^2 - D_{vA}^2\right)}{4} + F_{avA}$$

$$P_{1A} \cdot \frac{\pi \cdot 6^2}{4} = 18,65 \cdot \frac{\pi \cdot \left(6^2 - 3^2\right)}{4} + 4.500 \quad ; \qquad P_{1A} = 173,14 \ kp/cm^2$$

$$P_{b \, avA} = P_{1A} + K_{PA} \cdot Q_{1A}^2 = 173,14 + 8,5 \cdot \left(\frac{81,43}{60}\right)^2 = 188,80 \ kp/cm^2$$

Señal eléctrica a activada. Movimiento $B+$:

$$Q_{1B} = Q_b = 81,43 \; l/min$$

$$Q_{2B} = \frac{D_{cB}^2 - D_{vB}^2}{D_{cB}^2} Q_{1B} = \frac{12^2 - 6^2}{12^2} \cdot 81,43 = 61,07 \; l/min$$

$$P_{2B} = \left(K_{BT} + K_{Filtro}\right) \cdot Q_{2B}^2 = (8,5 + 4,0) \cdot \left(\frac{61,07}{60}\right)^2 = 12,95 \; kp/cm^2$$

$$P_{1B} \cdot \frac{\pi \cdot D_{cB}^2}{4} = P_{2B} \cdot \frac{\pi \cdot \left(D_{cB}^2 - D_{vB}^2\right)}{4} + F_{avB}$$

$$P_{1B} \cdot \frac{\pi \cdot 12^2}{4} = 12,95 \cdot \frac{\pi \cdot \left(12^2 - 6^2\right)}{4} + 15.500 \quad ; \qquad P_{1B} = 146,76 \; kp/cm^2$$

Vemos que $P_{1A} > P_{1B}$ por lo que, para obtener la secuencia de avance de vástagos en el orden previsto, es necesario instalar la válvula de secuencia *VS1*. Así, el valor de $P_{b\,avB}$ deberá ser mayor que $P_{b\,avA}$, de donde se deduce que el tarado de la válvula de secuencia *VS1* deberá ser $P_{T\,VS1} > P_{b\,avA}. = 188,80$ kp/cm². Por ello,

$$P_{T\,VS1} = 205 \; kp/cm^2$$

Se supone que la válvula de secuencia *VS1* abre a la presión de tarado, y una vez abierta, la presión de entrada se mantiene en el valor de tarado para cualquier caudal que la atraviese. Así,

$$P_{b\,avB} = 205 \; kp/cm^2$$

Señal eléctrica b activada. Movimiento $B-$:

$$Q_{3B} = Q_b = 81,43 \; l/min$$

$$Q_{4B} = \frac{D_{cB}^2}{D_{cB}^2 - D_{vB}^2} Q_{3B} = \frac{12^2}{12^2 - 6^2} \cdot 81,43 = 108,57 \; l/min$$

$$P_{4B} = \left(K_{Arret} + K_{AT} + K_{Filtro}\right) \cdot Q_{4B}^2 = (5,5 + 8,5 + 4,0) \cdot \left(\frac{108,57}{60}\right)^2 = 58,94 \; kp/cm^2$$

$$P_{3B} \cdot \frac{\pi \cdot \left(D_{cB}^2 - D_{vB}^2\right)}{4} = P_{4B} \cdot \frac{\pi \cdot D_{cB}^2}{4} + F_{retrB}$$

$$P_{3B} \cdot \frac{\pi \cdot \left(12^2 - 6^2\right)}{4} = 58,94 \cdot \frac{\pi \cdot 12^2}{4} + 2.300 \quad ; \qquad P_{3B} = 105,70 \; kp/cm^2$$

$$P_{b\,retrB} = P_{3B} + K_{PB} \cdot Q_{3B}^2 = 105,70 + 8,5 \cdot \left(\frac{81,43}{60}\right)^2 = 121,36 \; kp/cm^2$$

La presión de bomba para el retroceso del vástago B no abrirá la válvula de secuencia *VS1* ($P_{b\,retrB} < P_{T\,VS1}$).

Señal eléctrica b activada. Movimiento A-:

$$Q_{3A} = Q_b = 81,43 \, l/min$$

$$Q_{4A} = \frac{D_{cA}^2}{D_{cA}^2 - D_{vA}^2} \cdot Q_{3A} = \frac{6^2}{6^2 - 3^2} \cdot 81,43 = 108,57 \, l/min$$

$$P_{4A} = \left(K_{AT} + K_{Filtro}\right) \cdot Q_{4A}^2 = (8,5 + 4,0) \cdot \left(\frac{108,57}{60}\right)^2 = 40,93 \, kp/cm^2$$

$$P_{3A} \cdot \frac{\pi \cdot \left(D_{cA}^2 - D_{vA}^2\right)}{4} = P_{4A} \cdot \frac{\pi \cdot D_{cA}^2}{4} + F_{retrA}$$

$$P_{3A} \cdot \frac{\pi \cdot \left(6^2 - 3^2\right)}{4} = 40,93 \cdot \frac{\pi \cdot 6^2}{4} + 850 \quad ; \qquad P_{3A} = 94,66 \, kp/cm^2$$

Para obtener la secuencia de movimientos de retroceso prevista, la presión de tarado de la válvula de secuencia $VS2$ deberá ser mayor que la presión P_{3B} (105,70 kp/cm²), y a su vez mayor que P_{3A} (94,66 kp/cm²). Así,

$$P_{T \, VS2} = 120 \, kp/cm^2$$

Al igual que la válvula $VS1$, la válvula de secuencia $VS2$ abre a la presión de tarado, y una vez abierta, la presión de entrada se mantiene en el valor de tarado para cualquier caudal que la atraviese. Por ello,

$$P_{b \, retrA} = P_{T \, VS2} + K_{PB} \cdot Q_{3A}^2 = 120 + 8,5 \cdot \left(\frac{81,43}{60}\right)^2 = 135,66 \, kp/cm^2$$

La presión de tarado de la válvula limitadora de presión deberá ser mayor que la máxima presión de bomba durante los movimientos de avance y retroceso de los vástagos. Así,

$$P_{T \, VLP} > P_{b \, avB} = 205 \, kp/cm^2 \quad ; \qquad P_{T \, VLP} = 220 \, kp/cm^2$$

Apartado c)

La presión máxima a la que trabajará la bomba es cuando, finalizada la carrera de avance o de retroceso de cualquiera de los dos vástagos, se mantiene la señal eléctrica que ha provocado dicho movimiento. En este caso todo el caudal de bomba (81,43 l/min), se descargará a tanque a través de la válvula limitadora de presión.

En estas condiciones, la válvula limitadora de presión descargará a tanque el caudal impulsado por la bomba a la presión

$$P_{b \, máx} = P_{VLP}(Q_b) = P_{T \, VLP} + 23,5Q_b = 220 + 23,5 \cdot \frac{81,43}{60} = 251,89 \, kp/cm^2$$

De esta manera, la potencia máxima de accionamiento de la bomba será:

$$P_{máx \, accb} = \frac{Q_b \cdot P_{b \, máx}}{\eta_b} = \frac{81,43 \cdot 251,89}{0,85} \cdot \frac{9,81}{6.000} = 39,45 \, kW$$

Se instalará un motor de potencia nominal 46 kW.

Problema 6. Cilindros, válvula de secuencia y bomba compensada en presión

Se desea diseñar el circuito oleohidráulico de la Figura 6.1 para transferir piezas de una cinta transportadora inferior a otra situada a un nivel superior. El cilindro *A*, en posición vertical, elevará la bancada donde llega la pieza desde la cinta inferior y, cuando su vástago esté totalmente fuera, el cilindro *B*, en posición horizontal, empujará la pieza para pasarla a la cinta superior. La secuencia de movimientos, pulsando un pulsador de puesta en marcha, es: *A+*, *B+*, *B-*, *A-*. Los datos de la instalación son los siguientes:

- Longitud de carrera del vástago *A*: L_{cA} = 150 cm, con factor de carrera K_A = 2,5
- Tiempo de avance del vástago *A*: T_{avA} = 10 s
- Longitud de carrera del vástago *B*: L_{cB} = 100 cm, con factor de carrera K_B = 2
- Tiempo aproximado de avance del vástago *B*: T_{avB} = 4 s
- Peso de la pieza a elevar: F_e = 6000 kp
- Peso de la bancada de elevación: F_b = 500 kp
- Fuerza para desplazamiento horizontal de la carga F_h = 975 kp
- Fuerza de rozamiento en movimiento de vástagos: F_{roz} = 120 kp

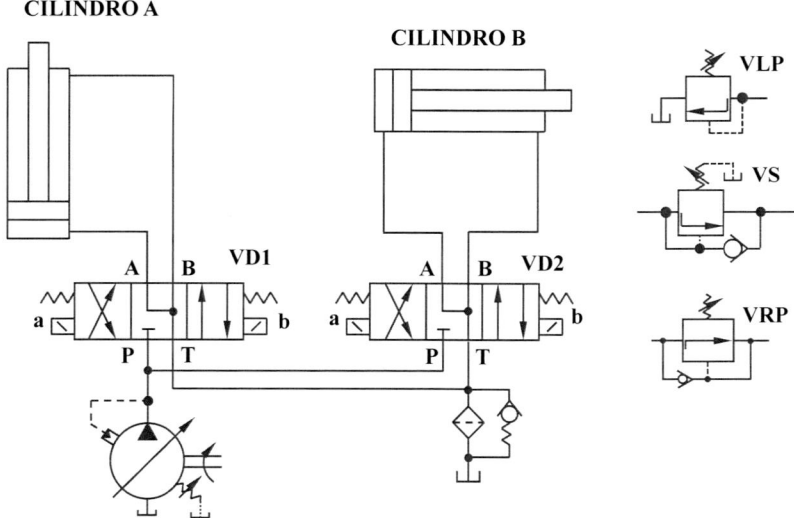

Figura 6.1. Cilindros para transferir piezas entre dos cintas transportadoras a diferente nivel.

Con todo ello, determinar:

a) ¿Será necesario instalar en el circuito alguna de las válvulas de presión representadas a la derecha de la Figura 6.1? Si es así, indicar su misión, qué válvula habría que instalar, su posición, y en qué conducto del sistema se conectaría.

b) Características de los cilindros a instalar y caudal nominal de la bomba, si suponemos que ésta tiene un rendimiento volumétrico del 97 %. Si se va a instalar una de las válvulas de presión, indicar su presión de tarado. Presión de diseño del sistema 100 kp/cm².

c) Presión de tarado de la bomba y potencia nominal de su motor de arrastre, si suponemos para dicha bomba un rendimiento global del 85 %.

Suponer que el filtro está colmatado y que todo el caudal de retorno circula por el antirretorno con resorte.

Solución

Apartado a)

Se instalará una válvula de secuencia *VS* en la conexión a la cámara posterior del cilindro *A* como se indica en la Figura 6.2. Esta válvula evitará la caída de la carga en caso de que, durante el movimiento de elevación, la válvula distribuidora *VD1* adopte la posición de reposo.

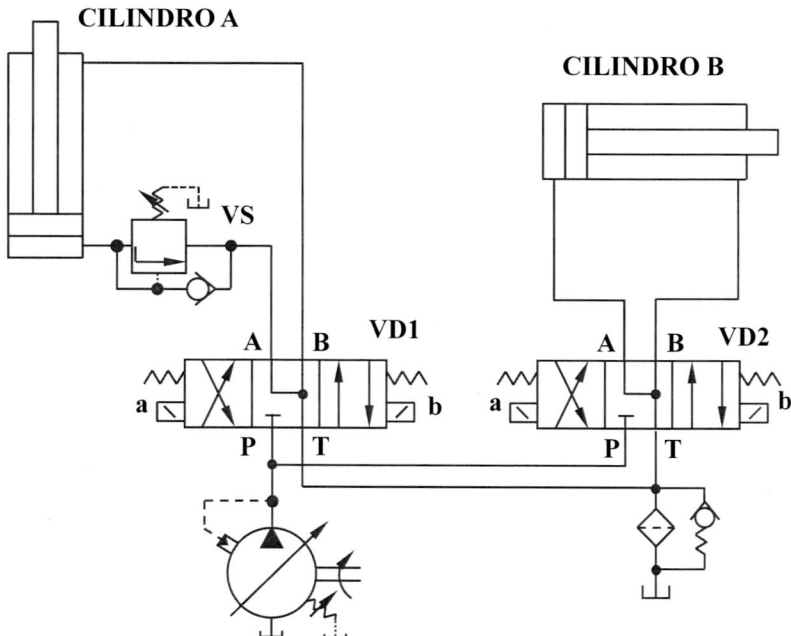

Figura 6.2. Cilindros para transferir piezas entre dos cintas transportadoras. Disposición de válvula de secuencia para evitar la caída de la carga con válvula distribuidora en reposo.

Apartado b)

Elección del cilindro A, suponiendo una presión de trabajo, o presión de diseño, del orden de 100 kp/cm²:

$$F_e + F_b + F_{roz} = \frac{\pi D_{cA}^2}{4} \cdot P_t \quad ; \quad 6.000 + 500 + 120 = \frac{\pi D_{cA}^2}{4} \cdot 100$$

de donde se obtiene $D_c = 9{,}18$ cm. Haciendo uso de la información de catálogo respecto de las características de los cilindros comerciales, Referencia [6], se elegirá un cilindro de diámetro nominal 100 mm.

El cilindro de DN 100 se fabrica con vástagos de 45, 56 y 70 mm de diámetro. El vástago, para evitar los efectos del pandeo, deberá cumplir la condición

$$D_{vA} \geq \sqrt[4]{\frac{64 \cdot s \cdot (F_e + F_b) \cdot (K_A \cdot L_{cA})^2}{\pi^3 \cdot E}} = \sqrt[4]{\frac{64 \cdot 2{,}5 \cdot (6.000 + 500) \cdot (2{,}5 \cdot 150)^2}{\pi^3 \cdot 2{,}1 \cdot 10^6}} = 6{,}88 \ cm$$

Por ello, para el cilindro A se adopta un vástago de 70 mm.

El caudal impulsado por la bomba será:

$$Q_b = \frac{\pi \cdot D_{cA}^2}{4} \cdot \frac{L_{cA}}{T_{avA}} = \frac{\pi \cdot 10^2}{4} \cdot \frac{150}{10} = 1.178{,}10 \ cm^3/s = 70{,}69 \ l/min$$

y el caudal teórico de bomba,

$$Q_{tb} = \frac{Q_b}{\eta_{vb}} = \frac{70{,}69}{0{,}97} = 72{,}87 \ l/min$$

Elección del cilindro B, habiendo fijado el tiempo de avance del vástago B:

$$Q_b = A_{cB} \cdot V_{avB} \quad ; \quad 1.178{,}10 = \frac{\pi \cdot D_{cB}^2}{4} \cdot \frac{100}{4}$$

de donde se obtiene $D_{cB} = 7{,}75$ cm. De acuerdo con la Referencia [6], para el cilindro B se adoptará un diámetro comercial de 80 mm. Para el diámetro de vástago de este cilindro tenemos:

$$D_{vB} \geq \sqrt[4]{\frac{64 \cdot s \cdot F_h \cdot (K_B \cdot L_{cB})^2}{\pi^3 \cdot E}} = \sqrt[4]{\frac{64 \cdot 2{,}5 \cdot 975 \cdot (2 \cdot 100)^2}{\pi^3 \cdot 2{,}1 \cdot 10^6}} = 3{,}13 \ cm$$

Atendiendo a lo indicado en la Referencia [6] para los cilindros de diámetro 80 mm, se adopta un diámetro de vástago de $D_{vB} = 36$ mm.

En caso de que, en el movimiento $A+$ la válvula distribuidora $VD1$ adquiera la posición de reposo, la presión sostenedora que evite la caída de la carga será:

$$P_{sost} = \frac{F_e + F_b}{A_{cA}} = \frac{4 \cdot (6.000 + 500)}{\pi \cdot 10^2} = 82{,}76 \ kp/cm^2$$

La presión de tarado de la válvula de secuencia VS será algo mayor que la presión sostenedora, por ejemplo, $P_{TVS} = 100$ kp/cm².

Apartado c)

En la Figura 6.3 se indica el movimiento de entrada y salida del vástago de los cilindros A y B. Para estos movimientos tendremos los siguientes caudales:

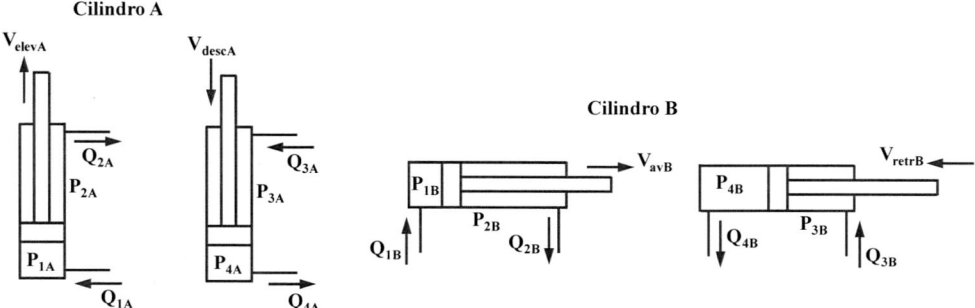

Figura 6.3. Movimiento de vástago de los cilindros A y B.

Salida y entrada del vástago A, movimientos $A+$ y $A-$:

$$Q_{1A} = Q_{3A} = Q_b = 70,69 \ l/min$$

$$Q_{2A} = \frac{D_{cA}^2 - D_{vA}^2}{D_{cA}^2} Q_{1A} = \frac{10^2 - 7^2}{10^2} 70,69 = 36,05 \ l/min$$

$$Q_{4A} = \frac{D_{cA}^2}{D_{cA}^2 - D_{vA}^2} Q_{3A} = \frac{10^2}{10^2 - 7^2} 70,69 = 138,61 \ l/min$$

Para la salida y entrada del vástago B, movimientos $B+$ y $B-$:

$$Q_{1B} = Q_{3B} = Q_b = 70,69 \ l/min$$

$$Q_{2B} = \frac{D_{cB}^2 - D_{vB}^2}{D_{cB}^2} Q_{1B} = \frac{8^2 - 3,6^2}{8^2} 70,69 = 56,38 \ l/min$$

$$Q_{4B} = \frac{D_{cB}^2}{D_{cB}^2 - D_{vB}^2} Q_{3B} = \frac{8^2}{8^2 - 3,6^2} 70,69 = 88,64 \ l/min$$

Se seleccionan los siguientes componentes:

- Válvula distribuidora *VD1*, seleccionada mediante el caudal $Q_{4A} = 138,61$ l/min. Se selecciona la válvula tipo *WE* y tamaño nominal 10 de la Referencia [12], de cuatro orificios y tres posiciones de trabajo, con centro *J* y caudal máximo 160 l/min.
- Válvula distribuidora *VD2*, seleccionada mediante el caudal $Q_{4B} = 88,64$ l/min. Se selecciona la válvula tipo *WE* y tamaño nominal 10 de la Referencia [12], de cuatro orificios y tres posiciones de trabajo, con centro *J* y caudal máximo 160 l/min.

- La válvula de secuencia *VS* se selecciona mediante el caudal $Q_{4A} = 138,61$ l/min, y será del tipo *DZ 5x/Y*, Referencia [18], de accionamiento indirecto, tamaño nominal 10, con caudal máximo 200 l/min y antirretorno en paralelo.

- El filtro con antirretorno se selecciona mediante el caudal $Q_{4A} = 138,61$ l/min. La carcasa del filtro será la *RF 045* de la Referencia [1], con antirretorno en paralelo y caudal máximo 160 l/min. La presión de apertura del antirretorno es de 3 bar.

En este caso la válvula de secuencia *VS* seleccionada es una válvula de accionamiento indirecto, estando conectada a tanque la cámara donde se encuentra el resorte de control mediante la conexión *Y*. En la Figura 6.4 se representa el esquema del automatismo con el símbolo de la válvula de secuencia seleccionada, de acuerdo con la Referencia [18].

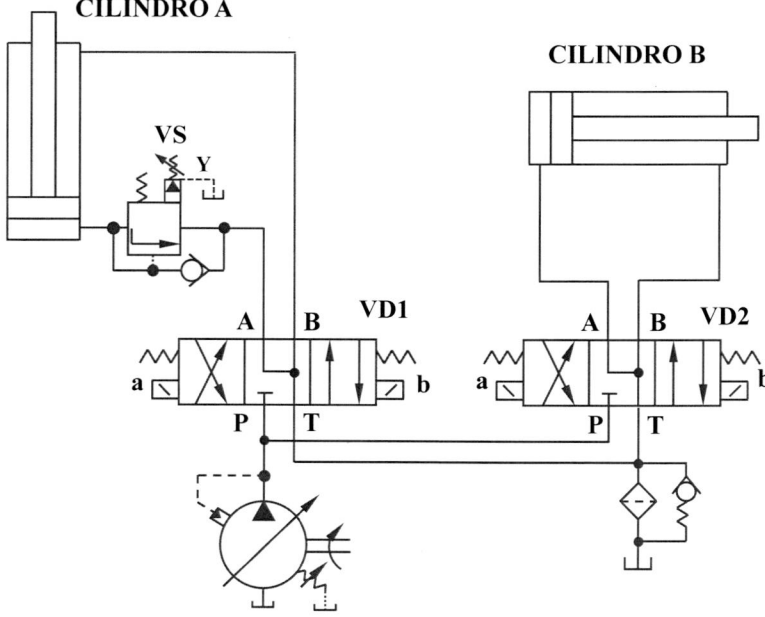

Figura 6.4. Cilindros para transferir piezas entre dos cintas transportadoras. Disposición de válvula de secuencia de accionamiento indirecto para evitar la caída de la carga con válvula distribuidora en reposo.

Presiones de elevación del vástago *A*, movimiento *A+*:

$$P_{2A} = \Delta P_{BT1}(Q_{2A}) + \Delta P_{ArF}(Q_{2A}) = 1,5 + 3 = 4,5 \; kp/cm^2$$

$$P_{1A} \cdot \frac{\pi \cdot D_{cA}^2}{4} = P_{2A} \cdot \frac{\pi \cdot \left(D_{cA}^2 - D_{vA}^2\right)}{4} + F_e + F_b + F_{roz}$$

$$P_{1A} \cdot \frac{\pi \cdot 10^2}{4} = 4{,}5 \cdot \frac{\pi \cdot \left(10^2 - 7^2\right)}{4} + 6.000 + 500 + 120 \quad ; \qquad P_{1A} = 86{,}58 \; kp/cm^2$$

$$P_{b\,A+} = P_{1A} + \Delta P_{ArVS}(Q_{1A}) + \Delta P_{PA1}(Q_{1A}) = 86{,}58 + 8{,}5 + 2{,}8 = 97{,}88 \; kp/cm^2$$

Presiones de descenso del vástago A, movimiento A-:

$$P_{4A} = P_{VS}(Q_{4A}) = 105 \; kp/cm^2$$

$$P_{3A} \cdot \frac{\pi \cdot \left(D_{cA}^2 - D_{vA}^2\right)}{4} + F_b = P_{4A} \cdot \frac{\pi \cdot D_{cA}^2}{4} + F_{roz}$$

$$P_{3A} \cdot \frac{\pi \cdot \left(10^2 - 7^2\right)}{4} + 500 = 105 \cdot \frac{\pi \cdot 10^2}{4} + 120 \quad ; \qquad P_{3A} = 196{,}40 \; kp/cm^2$$

$$P_{b\,A-} = P_{3A} + \Delta P_{PB1}(Q_{3A}) = 196{,}40 + 2{,}8 = 199{,}20 \; kp/cm^2$$

Presiones de salida del vástago B, movimiento B+:

$$P_{2B} = \Delta P_{BT2}(Q_{2B}) + \Delta P_{ArF}(Q_{2B}) = 3{,}4 + 3 = 6{,}4 \; kp/cm^2$$

$$P_{1B} \cdot \frac{\pi \cdot D_{cB}^2}{4} = P_{2B} \cdot \frac{\pi \cdot \left(D_{cB}^2 - D_{vB}^2\right)}{4} + F_h + F_{roz}$$

$$P_{1B} \cdot \frac{\pi \cdot 8^2}{4} = 6{,}4 \cdot \frac{\pi \cdot \left(8^2 - 3{,}6^2\right)}{4} + 975 + 120 \quad ; \qquad P_{1B} = 26{,}89 \; kp/cm^2$$

$$P_{b\,B+} = P_{1B} + \Delta P_{PA2}(Q_{1B}) = 26{,}89 + 2{,}8 = 29{,}69 \; kp/cm^2$$

Presiones de entrada del vástago B, movimiento B-:

$$P_{4B} = \Delta P_{AT2}(Q_{4B}) + \Delta P_{ArF}(Q_{4B}) = 7 + 3 = 10 \; kp/cm^2$$

$$P_{3B} \cdot \frac{\pi \cdot \left(D_{cB}^2 - D_{vB}^2\right)}{4} = P_{4B} \cdot \frac{\pi \cdot D_{cB}^2}{4} + F_{roz}$$

$$P_{3B} \cdot \frac{\pi \cdot \left(8^2 - 3{,}6^2\right)}{4} = 10 \cdot \frac{\pi \cdot 8^2}{4} + 120 \quad ; \qquad P_{3B} = 15{,}53 \; kp/cm^2$$

$$P_{b\,B-} = P_{3B} + \Delta P_{PB2}(Q_{3B}) = 15{,}53 + 2{,}8 = 18{,}33 \; kp/cm^2$$

La presión de tarado de la bomba deberá ser mayor que la máxima presión de trabajo, o sea, $P_{Tb} > P_{b\,A}$-.$= 199{,}20$ kp/cm². Así, $P_{Tb} = 215$ kp/cm².

La potencia máxima de accionamiento de la bomba será:

$$P_{máx\,acc\,b} = \frac{Q_b \cdot P_{Tb}}{\eta_b} = \frac{70{,}69 \cdot 215}{0{,}85} \cdot \frac{9{,}81}{6.000} = 29{,}23 \; kW$$

Se instalará un motor de potencia nominal 35 kW.

En este problema se observa cómo, durante el movimiento de descenso del vástago A, movimiento A-, la presión de entrada de la válvula de secuencia VS vale

$$P_{eVS}(Q_{4A}) = P_{VS}(Q_{4A}) = 105 \, kp/cm^2$$

mientras que la presión de salida de esta válvula será

$$P_{sVS}(Q_{4A}) = \Delta P_{AT1}(Q_{4A}) + \Delta P_{ArF}(Q_{4A}) = 17 + 3 = 20 \, kp/cm^2$$

Por ello, mientras se esté realizando el movimiento A-, por la válvula de secuencia estará circulando el caudal Q_{4A}, estando dicha válvula parcialmente abierta para que, con este caudal, la caída de presión en la misma sea de

$$\Delta P_{VS}(Q_{4A}) = P_{eVS}(Q_{4A}) - P_{sVS}(Q_{4A}) = 105 - 20 = 85 \, kp/cm^2$$

Problema 7.   Cilindro, válvula de secuencia y bomba convencional

Se desea diseñar un circuito oleohidráulico para el accionamiento de apertura y cierre de la compuerta de un aprovechamiento hidroeléctrico. El peso de la compuerta actuará directamente sobre la cabeza del vástago del cilindro, de manera que la salida del vástago provoca la apertura de la compuerta y la entrada provoca su cierre. Se parte de los siguientes datos:

- Peso de la compuerta: $F_c = 16$ Tm, actuando sobre el vástago tanto en salida como en entrada.

- Carreras de apertura y cierre: 1,75 m.

- Fuerza de rozamiento en el cilindro: $F_{roz} = 200$ kp, tanto en movimiento de salida como de entrada.

- La duración de las maniobras de la compuerta será la misma, 30 s, tanto para la apertura como para el cierre.

- Coeficiente de pérdidas del regulador de caudal *RUD*, con la sección de paso necesaria para el correcto funcionamiento del sistema: $3,5 \cdot 10^{-2}$ (kp/cm²)/(l/min)².

Con todo ello, determinar:

a) Haciendo uso de los componentes oleohidráulicos indicados en la Figura 7.1, representar el circuito necesario para automatizar los movimientos de la compuerta. No es imprescindible utilizar todos los componentes de la figura.

b) Elegir el cilindro más adecuado si admitimos una presión de trabajo del orden de 120 kp/cm² y un factor de carrera del vástago de 2.

c) En caso de ser necesaria, presión de tarado de la válvula de secuencia.

d) Desplazamiento por revolución de la bomba, si ésta va a girar a 1450 rpm. Tamaño de bomba a instalar, según información de catálogo. Se admite un rendimiento volumétrico de la bomba del 95 %.

e) Presión de tarado de la válvula limitadora de presión.

f) Potencia nominal del motor de accionamiento de la bomba, siendo el rendimiento global de la misma del 85 %.

Suponer que el filtro está colmatado, y que todo el caudal de retorno circula por el antirretorno con resorte.

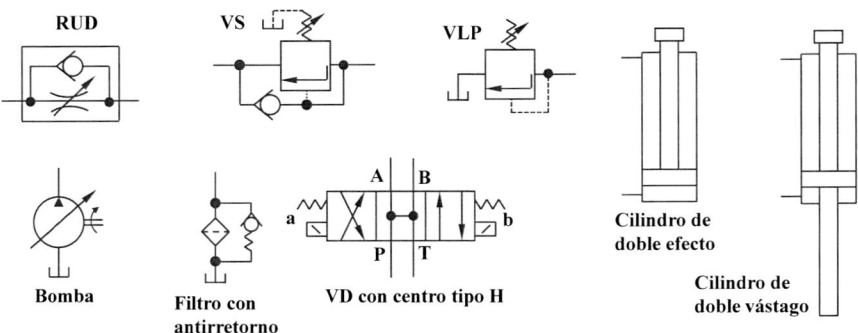

Figura 7.1. Componentes oleohidráulicos para diseño de circuito.

Solución

Apartado a)

Para conseguir la misma velocidad del vástago en los movimientos de elevación y descenso de la compuerta se utilizará un cilindro de doble vástago, sin necesidad de instalar una válvula reguladora de caudal (*RUD*). Así, el diseño del automatismo oleohidráulico será el indicado en la Figura 7.2.

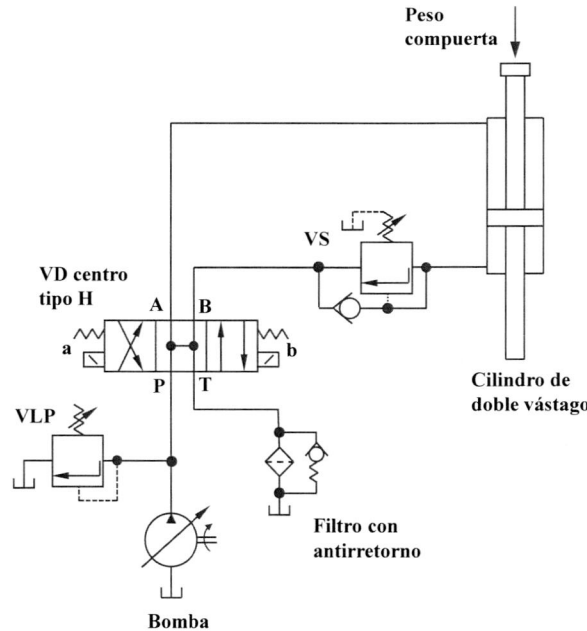

Figura 7.2. Circuito oleohidráulico para el accionamiento de la compuerta de un aprovechamiento hidroeléctrico.

Apartado b)

Los dos vástagos deberán tener el mismo diámetro, el cual deberá cumplir la condición de no pandeo:

$$D_v \geq \sqrt[4]{\frac{64 \cdot s \cdot F_c \cdot (K \cdot L_c)^2}{\pi^3 \cdot E}} = \sqrt[4]{\frac{64 \cdot 2,5 \cdot 16.000 \cdot (2 \cdot 175)^2}{\pi^3 \cdot 2,1 \cdot 10^6}} = 8,33 \, cm$$

Se adopta de momento un diámetro de vástago $D_v = 90$ mm.

Para calcular el diámetro del cilindro tenemos:

$$F_c + F_{roz} = \frac{\pi \cdot \left(D_c^2 - D_v^2\right)}{4} \cdot P_t \quad ; \qquad 16.000 + 250 = \frac{\pi \left(D_c^2 - 9^2\right)}{4} \cdot 120$$

de donde se obtiene $D_C = 15,92$ cm. Haciendo uso de la información de catálogo respecto de las características de los cilindros comerciales, Referencia [6], se elegirá un cilindro de diámetro nominal 160 mm. Este cilindro se construirá de doble vástago, con diámetro de vástago 90 mm que es un valor de catálogo.

Apartado c)

Para determinar la presión de tarado de la válvula de secuencia se deberá conocer previamente la presión sostenedora en la cámara inferior del cilindro, cuando la válvula distribuidora se encuentre en reposo y la compuerta parcial o totalmente abierta. Tendremos:

$$P_{sost} = \frac{F_c}{A_c - A_v} = \frac{4 \cdot 16.000}{\pi \cdot \left(16^2 - 9^2\right)} = 116,41 \, kp/cm^2$$

La presión de tarado de la válvula de secuencia deberá ser mayor que la presión sostenedora. Esta presión de tarado será, por ejemplo, $P_{TVS} = 125$ kp/cm².

Apartado d)

En la Figura 7.3 se indican los movimientos de elevación y descenso de los vástagos del cilindro de doble vástago. Para estos movimientos tendremos los caudales que se indican a continuación.

Los cuatro caudales de la Figura 7.3 serán iguales, e igual al caudal de bomba, ya que $V_{elev} = V_{desc}$ y se instala un cilindro de doble vástago. Por ello,

$$Q_1 = Q_2 = Q_3 = Q_4 = Q_b = \left(A_c - A_v\right) \cdot V_{elev} =$$

$$= \frac{\pi \cdot \left(1,6^2 - 0,9^2\right)}{4} \cdot \frac{17,5}{30} = 0,80 l/s = 48,11 l/min$$

y el caudal teórico de la bomba:

$$Q_{tb} = \frac{Q_b}{\eta_{vb}} = \frac{48,11}{0,95} = 50,64 l/min$$

El desplazamiento por revolución de la bomba deberá ser

$$c_b = \frac{Q_{tb}}{N_b} = \frac{50{,}64 \cdot 10^3}{1.450} = 34{,}92\,cm3/rev$$

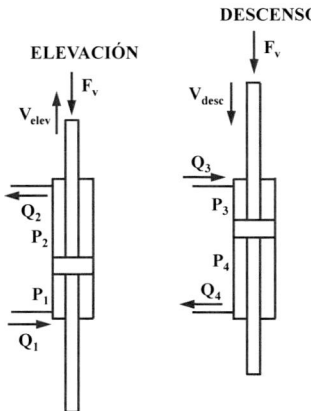

Figura 7.3. Movimientos de elevación y descenso de los vástagos del cilindro de doble vástago.

A la vista de los datos de bombas de pistones axiales de eje inclinado indicados en la Referencia [5] se adoptará una bomba de tamaño nominal 32, girando a 1450 rpm, y cuya cilindrada es de 32 cm³/rev. Con esta bomba el caudal impulsado, y los caudales hacia y desde el cilindro, serán

$$Q_b = Q_1 = Q_2 = Q_3 = Q_4 = N_b \cdot c_b \cdot \eta_{vb} = 1.450 \cdot \frac{32}{1.000} \cdot 0{,}95 = 44{,}08\,l/min$$

siendo en este caso el tiempo de elevación, y también de descenso, de la compuerta,

$$T_{elev} = T_{desc} = (A_c - A_v) \cdot \frac{L_c}{Q_b} = \frac{\pi \cdot \left(1{,}6^2 - 0{,}9^2\right)}{4} \cdot \frac{17{,}5 \cdot 60}{44{,}08} = 32{,}74\,s$$

Apartado e)

Elección de componentes:

La válvula distribuidora se selecciona con el caudal de bomba $Q_b = 44{,}08$ l/min, y será del tipo *WE* y tamaño nominal 6 de la Referencia [11], de cuatro orificios y tres posiciones de trabajo, con centro *H* y caudal máximo 80 l/min.

La válvula de secuencia se selecciona con el caudal de bomba $Q_b = 44{,}08$ l/min, y será del tipo *ZDZ*, versión *A...Y* y tamaño nominal 6 de la Referencia [17]. Esta válvula dispone de accionamiento directo, con caudal máximo 60 l/min y antirretorno en paralelo.

El filtro con antirretorno se selecciona con el caudal de bomba $Q_b = 44{,}08$ l/min. La carcasa del filtro será la *RF 014* de la Referencia [1], con antirretorno en paralelo y caudal máximo 60 l/min. La presión de apertura del antirretorno es de 3 bar.

Presiones en el movimiento de elevación (señal eléctrica a):

$$P_2 = \Delta P_{AT}(Q_2) + \Delta P_{ArF}(Q_2) = 3,5 + 3 = 6,5 \; kp/cm^2$$

$$(P_1 - P_2) \cdot \frac{\pi \cdot \left(D_c^2 - D_v^2\right)}{4} = F_c + F_{roz}$$

$$(P_1 - 6,5) \cdot \frac{\pi \cdot \left(16^2 - 9^2\right)}{4} = 16.000 + 200 \; ; \qquad P_1 = 124,37 \; kp/cm^2$$

$$P_{b\,elev} = P_1 + \Delta P_{ArVS}(Q_1) + \Delta P_{PB}(Q_1) = 124,37 + 5,5 + 3 = 132,87 \; kp/cm^2$$

Presiones en el movimiento de descenso (señal eléctrica b):

$$P_4 = P_{VS}(Q_4) = 145 \; kp/cm^2$$

$$(P_4 - P_3) \cdot \frac{\pi \cdot \left(D_c^2 - D_v^2\right)}{4} + F_{roz} = F_c$$

$$(145 - P_3) \frac{\pi \cdot \left(16^2 - 9^2\right)}{4} + 200 = 16.000 \; ; \qquad P_3 = 30,04 \; kp/cm^2$$

$$P_{b\,desc} = P_3 + \Delta P_{PA}(Q_3) = 30,04 + 3,5 = 33,54 \; kp/cm^2$$

La presión de tarado de la válvula limitadora de presión estará condicionada por la presión de bomba en el movimiento de elevación, de manera que $P_{T\,VLP} > P_{b\,elev} = 132,87$ kp/cm². Por ejemplo, $P_{T\,VLP} = 145$ kp/cm².

Apartado f)

La presión máxima a la que trabajará la bomba es cuando, finalizada la carrera de elevación o de descenso del vástago, se mantiene la señal eléctrica que ha provocado dicho movimiento. En este caso todo el caudal de bomba se descargará a tanque a través de la válvula limitadora de presión. Como este caudal es de 44,08 l/min, la válvula limitadora de presión será del tipo *ZDB* indicado en la Referencia [15], tamaño nominal 6, con caudal máximo 60 l/min.

La presión de tarado de la válvula limitadora de presión (145 kp/cm²) proporcionará, para esta válvula, una curva característica interpolada entre las correspondientes a la presión de tarado de 100 y de 200 kp/cm². De acuerdo con esta curva característica, la válvula limitadora de presión descargará a tanque el caudal impulsado por la bomba a una presión aproximada de $P_{b\,máx} = 152$ kp/cm².

De esta manera, la potencia máxima de accionamiento de la bomba será:

$$P_{accb\,máx} = \frac{Q_b \cdot P_{b\,máx}}{\eta_b} = \frac{51,05 \cdot 150}{0,85} \cdot \frac{9,81}{6.000} = 12,89 \; kW$$

Se instalará un motor de potencia nominal 16 kW girando a 1450 rpm.

Problema 8. Cilindros de doble vástago, válvula de secuencia y bomba compensada en presión

Se desea diseñar el circuito oleohidráulico representado en la Figura 8.1 para automatizar los movimientos de una plataforma que introduce o retira vehículos automóviles de un aparcamiento subterráneo sin rampa de acceso. La estabilidad de la plataforma en sus movimientos de elevación y descenso se pretende conseguir mediante cuatro cilindros de doble vástago, iguales, con movimiento simultáneo como se indica en la Figura 8.1. Para cada uno de los cilindros los dos vástagos tendrán el mismo diámetro.

Los datos de la instalación son los siguientes:

- Peso máximo a mover, tanto en elevación como en descenso, $F_{máx} = 10$ Tm, de los cuales 2 Tm corresponden a la plataforma.

- Longitud de carrera del vástago, 3 m. Considerar cilindros sujetados por patas y extremo de vástago fijado con guía rígida.

- Duración de la maniobra, tanto de elevación como de descenso, 60 s.

- Fuerza de rozamiento en cada uno de los cilindros, para ambos movimientos, 75 kp.

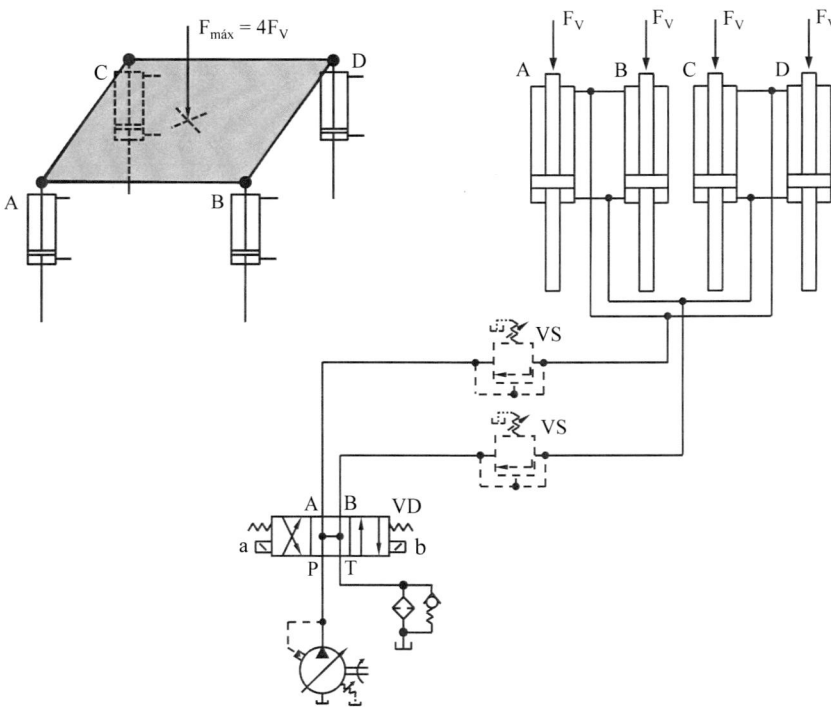

Figura 8.1. Plataforma para introducir o retirar vehículos automóviles de un aparcamiento subterráneo.

Si admitimos que la carga está centrada sobre la plataforma, y estando el filtro colmatado, se pide:

a) Justificar la instalación, o no, de una válvula de secuencia (*VS*) y en qué posición, de las indicadas a trazos en la Figura 8.1, se debería conectar esta válvula. Indicar la posición y el sentido del antirretorno de la válvula de secuencia, en caso de que sea necesario instalarla.

b) Elegir los cilindros más adecuados, así como el diámetro de los vástagos, fijando una presión de trabajo del orden de 50 kp/cm^2.

c) Presión de tarado de la válvula de secuencia, en caso de que sea necesario instalarla.

d) Elegir el tamaño nominal de bomba más adecuado para cumplir los tiempos de maniobra especificados.

e) Determinar la presión de tarado de la bomba.

Solución

Apartado a)

Con la válvula distribuidora *VD* en la posición central, para evitar la caída de la carga la válvula de secuencia *VS* se conectará en la posición indicada en la Figura 8.2.

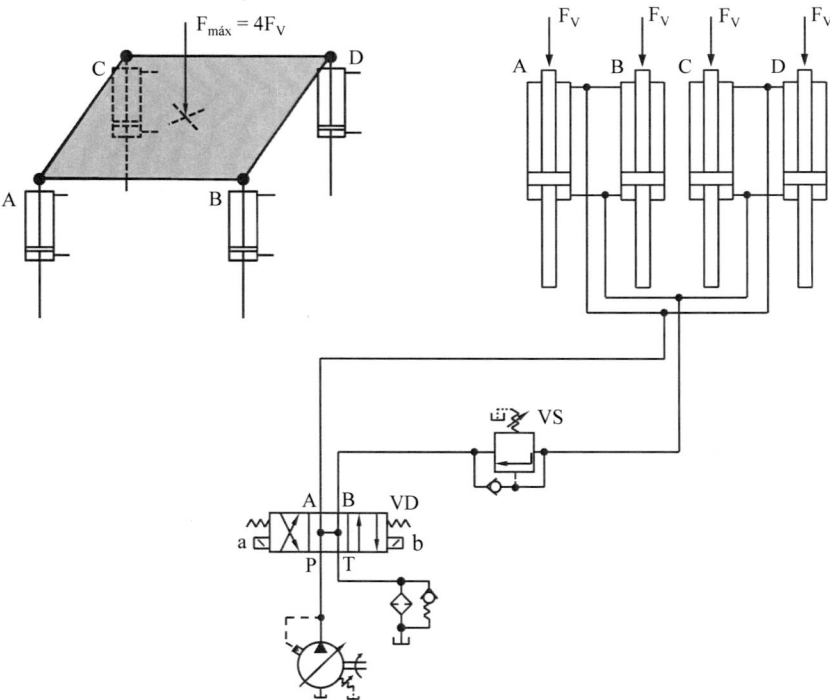

Figura 8.2. Plataforma para introducir o retirar vehículos automóviles de un aparcamiento subterráneo. Disposición de una válvula de secuencia para evitar la caída de la carga.

Apartado b)

Con la plataforma cargada, la fuerza sobre el vástago de cada uno de los cilindros es la cuarta parte del peso máximo a mover,

$$F_V = \frac{F_{máx}}{4} = \frac{10.000}{4} = 2.500 \, kp$$

Así, para la elección de los cilindros sin tener en cuenta de momento que son de doble vástago, tenemos:

$$F_V + F_{roz} = \frac{\pi \cdot D_c^2}{4} \cdot P_t \quad ; \qquad 2.500 + 75 = \frac{\pi \cdot D_c^2}{4} \cdot 50$$

de donde se obtiene $D_c = 8{,}10$ cm. Haciendo uso de la información de catálogo respecto de las características de los cilindros comerciales, Referencia [6], se elegirá un cilindro de diámetro nominal 100 mm.

Como en este caso los cilindros se consideran sujetados por patas y extremo de vástago fijado con guía rígida, de la Referencia [7] se obtiene un factor de carrera $K = 0{,}5$. Así los vástagos, para evitar los efectos del pandeo, deberán cumplir la condición

$$D_v \geq \sqrt[4]{\frac{64 \cdot s \cdot F_v \cdot (K \cdot L_c)^2}{\pi^3 \cdot E}} = \sqrt[4]{\frac{64 \cdot 2{,}5 \cdot 5.000 \cdot (0{,}5 \cdot 300)^2}{\pi^3 \cdot 2{,}1 \cdot 10^6}} = 3{,}43 \, cm$$

Por ello, se adoptan los vástagos de diámetro 45 mm, que es uno de los diámetros de vástago del cilindro de DN 100.

Si tenemos en cuenta ahora que los cilindros serán de doble vástago, la presión de trabajo para la elevación de la carga sería:

$$F_V + F_{roz} = \frac{\pi \cdot \left(D_c^2 - D_v^2\right)}{4} \cdot P_t \quad ; \qquad 2.500 + 75 = \frac{\pi \cdot \left(10^2 - 4{,}5^2\right)}{4} \cdot P_t$$

de donde resulta $P_t = 41{,}11$ kp/cm². Como esta presión de trabajo es un poco menor que el valor propuesto (50 kp/cm²), los cilindros elegidos se consideran aceptables.

Apartado c)

Para determinar la presión de tarado de la válvula de secuencia se deberá conocer previamente la presión sostenedora de cada cilindro cuando la válvula distribuidora se encuentre en posición centrada. Tendremos:

$$P_{sost} = \frac{F_V}{A_c - A_v} = \frac{4 \cdot 2.500}{\pi \cdot \left(10^2 - 4{,}5^2\right)} = 39{,}91 \, kp/cm^2$$

La presión de tarado de la válvula de secuencia deberá ser mayor que la presión sostenedora. Esta presión de tarado será, por ejemplo, $P_{TVS} = 50$ kp/cm².

Apartado d)

En la Figura 8.3 se indican los movimientos de elevación y descenso del vástago de los cilindros, con las correspondientes presiones en ambas cámaras.

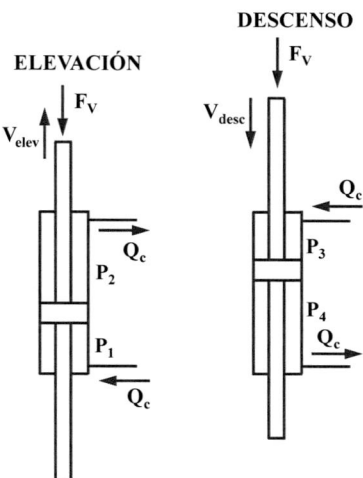

Figura 8.3. Movimientos de elevación y descenso del vástago en los cilindros de doble vástago.

Para los movimientos de elevación y descenso de la carga, al ser los tiempos de maniobra los mismos y disponiendo de cilindros de doble vástago, tendremos:

$$Q_c = \frac{\pi \cdot \left(D_c^2 - D_v^2\right)}{4} \cdot \frac{L_c}{T_{man}} = \frac{\pi \cdot \left(10^2 - 4,5^2\right)}{4} \cdot \frac{300}{60} = 313,18 \ cm3/s = 18,79 \ l/min$$

De esta manera, el caudal de bomba será:

$$Q_b = 4 \cdot Q_c = 4 \cdot 18,79 = 75,16 \ l/min$$

Y si suponemos que la bomba tiene un rendimiento volumétrico del 95 %, el caudal teórico de la misma será

$$Q_{tb} = \frac{Q_b}{\eta_{vb}} = \frac{75,16}{0,95} = 79,12 \ l/min$$

Haciendo uso de la información de catálogo respecto de las características de una bomba de paletas compensada en presión, Referencia [3], se elegirá una bomba de este tipo modelo *PV7*, tamaño nominal 40, cilindrada 71 cm3/rev y presión máxima de trabajo 80 bar. Esta bomba, girando a 1450 rpm, proporciona un caudal máximo de 104 l/min.

Así, la bomba seleccionada girará a 1450 rpm, regulándose su cilindrada para que el caudal teórico impulsado sea de 79,12 l/min. Admitiremos que, en estas condiciones, el caudal de bomba será de 75,16 l/min.

Se seleccionan además los siguientes componentes, todos ellos a partir del caudal de bomba $Q_b = 75,16$ l/min:

- Válvula distribuidora *VD*. Será del tipo *WE* y tamaño nominal 6 de la Referencia [11], de cuatro orificios y tres posiciones de trabajo, con centro *H* y caudal máximo 80 l/min.

- Válvula de secuencia *VS*. Será del tipo *DZ 5x/Y* y tamaño nominal 10 de la Referencia [18]. Esta válvula dispone de accionamiento indirecto, con caudal máximo 200 l/min y antirretorno en paralelo.

- Filtro con antirretorno. La carcasa del filtro será la *RF 030* de la Referencia [1], con antirretorno en paralelo y caudal máximo 120 l/min. La presión de apertura del antirretorno es de 3 bar.

Apartado e)

Presiones en el movimiento de elevación de la carga (señal eléctrica *a*):

$$P_2 = \Delta P_{AT}(Q_b) + \Delta P_{ArF}(Q_b) = 10 + 3 = 13 kp/cm^2$$

$$(P_1 - P_2) \cdot \frac{\pi \cdot \left(D_c^2 - D_v^2\right)}{4} = F_V + F_{roz}$$

$$(P_1 - 13) \cdot \frac{\pi \cdot \left(10^2 - 4,5^2\right)}{4} = 2.500 + 75 \quad ; \quad P_1 = 54,11\ kp/cm^2$$

$$P_{b\ elev\ cc} = P_1 + \Delta P_{arVS}(Q_b) + \Delta P_{PB}(Q_b) = 54,11 + 9 + 8,5 = 71,61\ kp/cm^2$$

Presiones en el movimiento de descenso de la carga (señal eléctrica *b*):

$$P_4 = P_{VS}(Q_b) = 50,5 kp/cm^2$$

$$(P_4 - P_3) \cdot \frac{\pi \cdot \left(D_c^2 - D_v^2\right)}{4} + F_{roz} = F_V$$

$$(50,5 - P_3) \cdot \frac{\pi \cdot \left(10^2 - 4,5^2\right)}{4} + 75 = 2.500 \quad ; \quad P_3 = 11,78\ kp/cm^2$$

$$P_{b\ desc\ cc} = P_3 + \Delta P_{PA}(Q_b) = 11,78 + 10 = 21,78\ kp/cm^2$$

Presiones en el movimiento de elevación sin carga (plataforma vacía, señal eléctrica *a*):

$$P_2 = \Delta P_{AT}(Q_b) + \Delta P_{ArF}(Q_b) = 10 + 3 = 13 kp/cm^2$$

$$(P_1 - P_2) \cdot \frac{\pi \cdot \left(D_c^2 - D_v^2\right)}{4} = F_{V\ sc} + F_{roz}$$

$$F_{V\ sc} = \frac{2.000}{4} = 500\ kp$$

$$(P_1 - 13) \cdot \frac{\pi \cdot \left(10^2 - 4{,}5^2\right)}{4} = 500 + 75 \quad ; \quad P_1 = 22{,}18 \, kp/cm^2$$

$$P_{b\,elev\,sc} = P_1 + \Delta P_{arVS}(Q_b) + \Delta P_{PB}(Q_b) = 22{,}18 + 9 + 8{,}5 = 39{,}68 \, kp/cm^2$$

Presiones en el movimiento de descenso sin carga (plataforma vacía, señal eléctrica b):

$$P_4 = P_{VS}(Q_b) = 50{,}5 kp/cm^2$$

$$(P_4 - P_3) \cdot \frac{\pi \cdot \left(D_c^2 - D_v^2\right)}{4} + F_{roz} = F_{V\,sc}$$

$$(50{,}5 - P_3) \cdot \frac{\pi \cdot \left(10^2 - 4{,}5^2\right)}{4} + 75 = 500 \quad ; \quad P_3 = 43{,}71 \, kp/cm^2$$

$$P_{b\,desc\,sc} = P_3 + \Delta P_{PA}(Q_b) = 43{,}71 + 10 = 53{,}71 \, kp/cm^2$$

La presión máxima a la que trabajará la bomba es la que corresponde al movimiento de elevación de la carga, y vale $P_{b\,elev\,cc} = 71{,}61 \, kp/cm^2$. De esta manera la presión de tarado de la bomba debería ser, por ejemplo, 85 kp/cm².

Pero con ello se superaría la presión máxima de trabajo de la bomba seleccionada, que es de 80 bar. Por ello habría que cambiar esta bomba, seleccionándose en su lugar una bomba de las mismas características, pero de tamaño nominal 63, Referencia [3]. Esta nueva bomba tiene la misma cilindrada que la de tamaño nominal 40 (71 cm³/rev), pero con una presión máxima de trabajo de 160 bar.

Problema 9. Cilindro, válvula de secuencia y bomba compensada en presión

Se desea diseñar el circuito oleohidráulico de la Figura 9.1 para automatizar los movimientos de elevación y descenso del brazo de una grúa. Como se indica en esta figura, el brazo de la grúa tiene una longitud de 8 m y un peso de 1 Tm, siendo la carga máxima a elevar de 7,5 Tm. El cilindro a instalar se sujetará mediante oscilación posterior con extremo de vástago articulado y guía no rígida, para permitir el cambio de orientación cuando se acciona la carga. Los datos de diseño son:

- Longitud de carrera del vástago del cilindro 1,20 m.
- Tiempo de elevación de la carga 30 s.
- Presión de trabajo para la selección del cilindro 150 kp/cm^2.
- Fuerza de rozamiento en el movimiento del vástago 250 kp.
- Suponer filtro colmatado, con caudal de retorno pasando por el antirretorno del filtro.
- Despreciar el efecto del cambio de orientación del cilindro originado por el movimiento del brazo de la grúa.

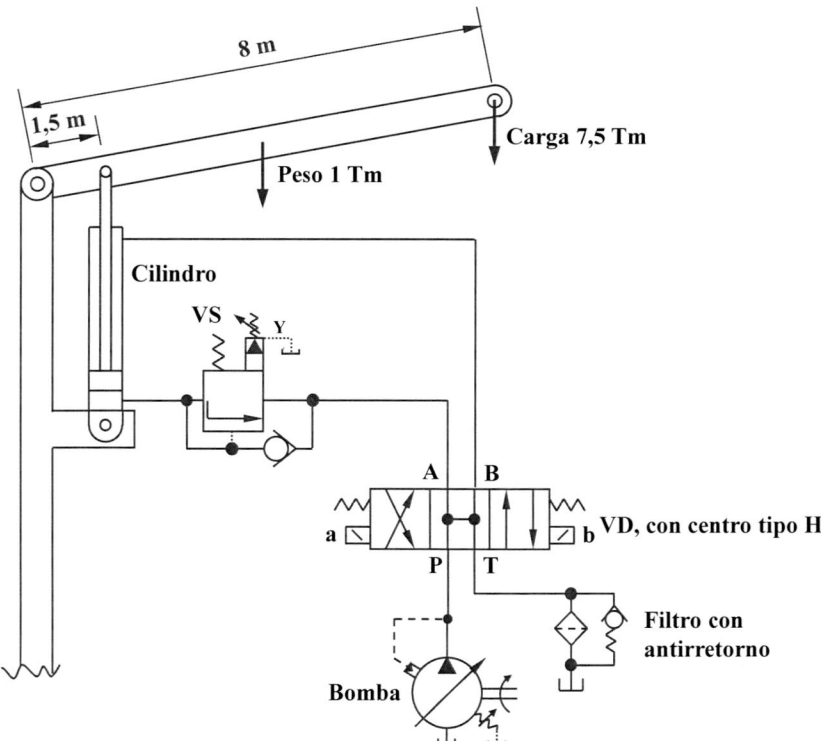

Figura 9.1. Automatización de los movimientos de elevación y descenso del brazo de una grúa.

Con todo ello, determinar:

a) Elección del cilindro a instalar y caudal impulsado por la bomba. Siendo el tiempo de elevación de la carga de 30 s, indicar la duración de la maniobra de descenso del brazo con o sin carga.

b) Presión de tarado de la válvula de secuencia.

c) Teniendo en cuenta que los movimientos de elevación y descenso del brazo de la grúa pueden ser con o sin carga en su extremo, determinar el punto de funcionamiento de la bomba para esos movimientos en las condiciones más desfavorables (mayores presiones de bomba en cada caso).

d) Presión de tarado de la bomba y potencia nominal del motor de arrastre de dicha bomba, si suponemos para esta un rendimiento global del 80 %.

Solución

Apartado a)

Admitimos que el esfuerzo máximo sobre el vástago se produce cuando el brazo de la grúa se encuentra cargado en posición horizontal, con el cilindro en posición vertical. En estas condiciones dicho esfuerzo máximo se calcula tomando momentos alrededor del eje de giro del brazo,

$$7.500 \cdot 8 + 1.000 \cdot 4 = F_v \cdot 1,5 \quad ; \quad F_v = 42.667 \, kp$$

Para la elección del cilindro,

$$F_v + F_{roz} = \frac{\pi D_c^2}{4} \cdot P_t \quad ; \quad 42.667 + 250 = \frac{\pi D_c^2}{4} \cdot 150$$

de donde se obtiene D_c=19,09 cm. Haciendo uso de la información de catálogo respecto de las características de los cilindros comerciales, Referencia [6], se elegirá un cilindro de diámetro nominal 200 mm.

El cilindro de DN 200 se fabrica con vástagos de 90, 110 y 140 mm. Como se indica en la Figura 9.1, el cilindro se sujetará mediante oscilación posterior, con extremo de vástago articulado y guía no rígida. En este caso, y atendiendo a la Referencia [7], el factor de carrera del vástago es de $K=4$.

El vástago, para evitar los efectos del pandeo, deberá cumplir la condición

$$D_v \geq \sqrt[4]{\frac{64 \cdot s \cdot F_v \cdot (K \cdot L_c)^2}{\pi^3 \cdot E}} = \sqrt[4]{\frac{64 \cdot 2,5 \cdot 42.667 \cdot (4 \cdot 120)^2}{\pi^3 \cdot 2,1 \cdot 10^6}} = 12,47 \, cm$$

Por ello se adopta un vástago de diámetro 140 mm.

En el movimiento de elevación de la carga, señal eléctrica b,

$$Q_b = \frac{\pi \cdot D_c^2}{4} \cdot V_{elev} = \frac{\pi \cdot 2^2}{4} \cdot \frac{12}{30} = 1,26 \, l/s = 75,40 \, l/min$$

En el movimiento de descenso de la carga, señal eléctrica *a*,

$$Q_b = \frac{\pi \cdot \left(D_c^2 - D_v^2 \right)}{4} \cdot \frac{L_c}{T_{desc}}$$

de donde el tiempo de descenso será:

$$T_{desc} = \frac{\pi \cdot \left(D_c^2 - D_v^2 \right)}{4} \cdot \frac{V_{desc}}{Q_b} = \frac{\pi \cdot \left(2^2 - 1{,}4^2 \right)}{4} \cdot \frac{12}{1{,}26} = 15{,}30 \ s$$

Apartado b)

Con la grúa cargada, la presión sostenedora vale:

$$P_{sost} = \frac{F_v}{A_c} = \frac{4 \cdot 42.667}{\pi \cdot 20^2} = 135{,}81 \ kp/cm^2$$

Para evitar el descenso de la carga cuando la válvula distribuidora se encuentra en reposo, la presión de tarado de la válvula de secuencia deberá ser mayor que la presión sostenedora. Esta presión de tarado será, por ejemplo, $P_{TVS} = 150 \ kp/cm^2$.

Apartado c)

En la Figura 9.2 se representan los movimientos de elevación y descenso del vástago, a partir de los cuales se obtienen los correspondientes caudales.

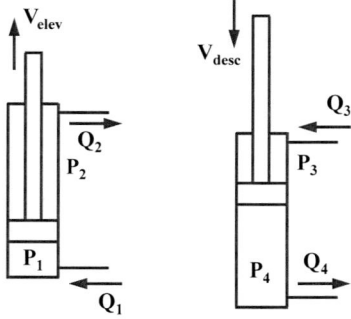

Figura 9.2. Movimientos de elevación y descenso del vástago del cilindro.

Las mayores presiones de bomba se obtienen durante los movimientos de elevación con carga y de descenso sin carga. Así, tendremos:

Movimiento de elevación:

$$Q_1 = Q_b = 75{,}40 \ l/min$$

$$Q_2 = \frac{D_c^2 - D_v^2}{D_c^2} Q_1 = \frac{20^2 - 14^2}{20^2} \cdot 75{,}40 = 38{,}45 \ l/min$$

Movimiento de descenso:

$$Q_3 = Q_b = 75,40 \ l/min$$

$$Q_4 = \frac{D_c^2}{D_c^2 - D_v^2} Q_3 = \frac{20^2}{20^2 - 14^2} \cdot 75,40 = 147,84 \ l/min$$

La válvula distribuidora *VD* se selecciona con el caudal $Q_4 = 147,84$ l/min, y será del tipo *WE* y tamaño nominal 10 de la Referencia [12], de cuatro orificios y tres posiciones de trabajo, con centro *H* y caudal máximo 160 l/min.

La válvula de secuencia *VS* se selecciona con el caudal $Q_4 = 147,84$ l/min, y será del tipo *DZ*, versión 5x/*Y* y tamaño nominal 10 de la Referencia [18]. Esta válvula dispone de accionamiento indirecto, con caudal máximo 200 l/min y antirretorno en paralelo.

El filtro con antirretorno se selecciona con el caudal $Q_4 = 147,84$ l/min. La carcasa del filtro será la *RF 045* de la Referencia [1], con antirretorno en paralelo y caudal máximo 160 l/min. La presión de apertura del antirretorno es de 3 bar.

Presiones en elevación, con carga:

$$P_2 = \Delta P_{BT}(Q_2) + \Delta P_{ArF}(Q_2) = 1,7 + 3 = 4,7 \ kp/cm2$$

$$P_1 \cdot \frac{\pi \cdot D_c^2}{4} = P_2 \cdot \frac{\pi \cdot \left(D_c^2 - D_v^2\right)}{4} + F_{av} + F_{roz}$$

$$P_1 \cdot \frac{\pi \cdot 20^2}{4} = 4,7 \cdot \frac{\pi \cdot \left(20^2 - 14^2\right)}{4} + 42.667 + 250 \quad ; \qquad P_1 = 139,00 \ kp/cm2$$

$$P_{b \ elev \ cc} = P_1 + \Delta P_{ArVS}(Q_1) + \Delta P_{PA}(Q_1) = 139,00 + 9 + 2,3 = 150,30 \ kp/cm2$$

Presiones en descenso, sin carga:

En estas condiciones el esfuerzo sobre el vástago del cilindro se calcula tomando de nuevo momentos alrededor del eje de giro del brazo, pero sin carga.

$$1.000 \cdot 4 = F_v \cdot 1,5 \quad ; \qquad F_v = 2.667 \ kp$$

Y para el cálculo de presiones, con la válvula de secuencia tarada a 150 kp/cm², tenemos

$$P_4 = P_{VS}(Q_4) = 155 \ kp/cm2$$

$$P_3 \cdot \frac{\pi \cdot \left(D_c^2 - D_v^2\right)}{4} + F_v = P_4 \cdot \frac{\pi \cdot D_c^2}{4} + F_{roz}$$

$$P_3 \frac{\pi \cdot \left(20^2 - 14^2\right)}{4} + 2.667 = 155 \frac{\pi \cdot 20^2}{4} + 250 \quad ; \qquad P_3 = 288,84 \ kp/cm2$$

$$P_{b \ desc \ sc} = P_3 + \Delta P_{PB}(Q_3) = 288,84 + 2,3 = 291,14 \ kp/cm2$$

Como podemos observar, la presión de bomba para el descenso del brazo sin carga (291,14 kp/cm^2), es bastante mayor que la necesaria para elevar el brazo cargado (150,30 kp/cm^2). Ello se debe, por una parte, a que en el ascenso la presión P_1 actúa sobre toda la sección del cilindro, y en el descenso la presión P_3 actúa sobre la diferencia entre la sección del cilindro y la sección del vástago. Y, por otra parte, en el descenso del brazo sin carga la presión P_4 debe abrir la válvula de secuencia para descargar a tanque el caudal Q_4, y ello sin la ayuda de la carga, que no existe en este movimiento.

Apartado d)

La presión de tarado de la bomba deberá ser mayor que la presión de trabajo máxima de la bomba, que en este caso corresponde al descenso del brazo sin carga ($P_{b\,desc\,sc} = 291,14$ kp/cm^2). Así, por ejemplo, $P_{Tb} = 305$ kp/cm^2.

La potencia máxima de accionamiento de la bomba, en el momento en que ésta entra en la zona de compensación, será:

$$P_{máx\,accb} = \frac{P_{Tb} \cdot Q_b}{\eta_b} = \frac{305 \cdot 75,40}{0,8} \cdot \frac{9,81}{6.000} = 47,00\ kW$$

La potencia nominal del motor de accionamiento de la bomba será de unos 55 kW.

Problema 10. Cilindros, válvulas de secuencia, antirretorno pilotado y bomba compensada en presión

El circuito oleohidráulico indicado en la Figura 10.1 se ha diseñado para conseguir la siguiente secuencia de movimientos: Con señal eléctrica *b*: *A+*, *B+*; con señal eléctrica *a*: *B-*, *A-*.

Las características de cada uno de los cilindros son:

Cilindro *A*: Diámetro de cilindro 63 mm; diámetro de vástago 28 mm; longitud de carrera 30 cm; fuerza de avance 4500 kp; fuerza de retroceso 1550 kp.

Cilindro *B*: Diámetro de cilindro 125 mm; diámetro de vástago 70 mm; longitud de carrera 120 cm; fuerza de avance 15 500 kp; fuerza de retroceso 2300 kp; tiempo de avance 10 s.

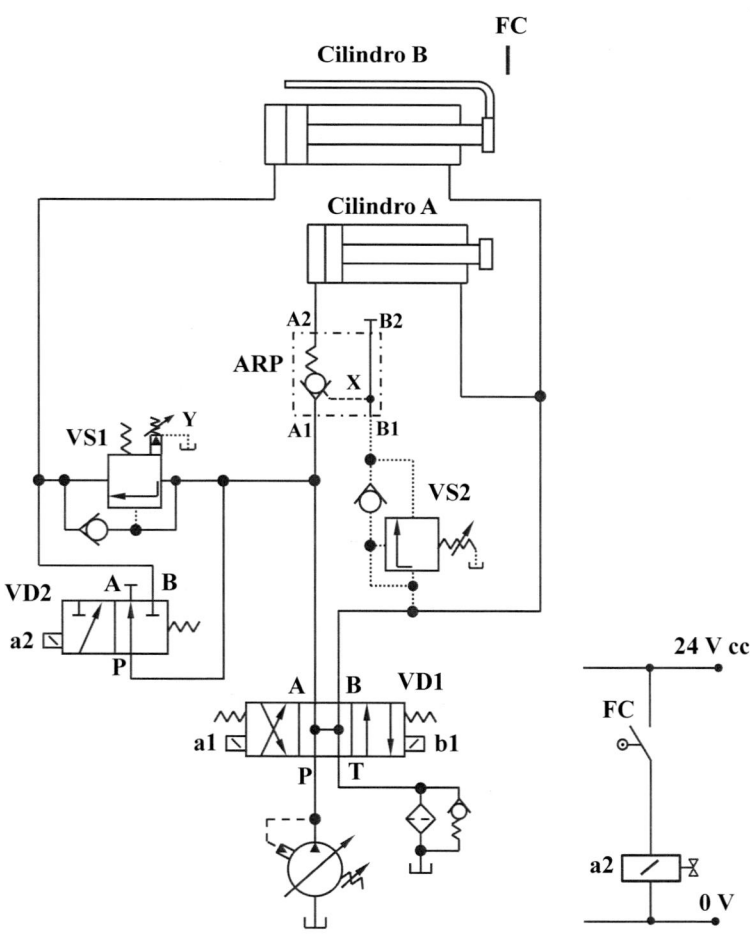

Figura 10.1. Circuito oleohidráulico para obtener una determinada secuencia de movimientos.

Para este circuito, y con el filtro de paso de malla 10 μm limpio, determinar:

a) Describir el funcionamiento del circuito.

b) Caudal útil que debe proporcionar la bomba, así como velocidades y tiempos de avance y retroceso de los vástagos.

c) Presión de tarado de las válvulas de secuencia y presión de salida de la bomba para cada uno de los movimientos de vástago efectuados.

d) Presión de tarado de la bomba compensada en presión.

e) Potencia de accionamiento máxima de la bomba, considerando un rendimiento global de la misma del 85 %.

Solución

Apartado a)

Con el sistema en condiciones iniciales, estando ambos cilindros en posición de vástago dentro y las válvulas distribuidoras *VD1* y *VD2* en posición de reposo, el final de carrera *FC* eléctrico se encuentra de montaje ligeramente adelantado respecto de la cabeza del vástago *B*, por lo que dicho final de carrera estará sin accionar. A partir de esta situación, el funcionamiento del circuito es:

Con la señal eléctrica *b1*:

- La válvula distribuidora *VD1* toma la posición de trabajo de la derecha (flechas paralelas), dirigiéndose el caudal impulsado por la bomba hacia la cámara posterior del cilindro *A* a través de la vía *PA* de dicha válvula distribuidora y del antirretorno pilotado *ARP* abierto. La cámara anterior del cilindro *A* se conecta con tanque a través de la vía *BT* de la válvula distribuidora *VD1*, con el pilotaje *x* del antirretorno pilotado *ARP* conectado a su vez a tanque a través del antirretorno de la válvula de secuencia *VS2*. Se realiza con ello el movimiento *A+*, con las válvulas de secuencia *VS1* y *VS2* cerradas.

- Finalizado el movimiento *A+* la presión de bomba aumenta hasta alcanzar la presión de tarado de la válvula de secuencia *VS1*, la cual se abre y permite el paso del caudal de bomba hacia la cámara posterior del cilindro *B*. La cámara anterior del cilindro *B*, al igual que la del cilindro *A*, se conecta a tanque a través de la vía *BT* de la válvula distribuidora *VD1*. Se inicia con ello el movimiento *B+*, con la válvula de secuencia *VS1* abierta y la *VS2* cerrada.

- Al iniciarse el movimiento *B+*, el brazo unido al vástago del cilindro *B* acciona el final de carrera *FC*, con lo que se activa el pilotaje *a2* de la válvula distribuidora *VD2*, la cual conmuta permitiendo el paso directo del aceite desde la utilización *A* de la válvula distribuidora *VD1* hacia la cámara posterior del cilindro *B*. En estas condiciones la presión de entrada de la válvula de secuencia *VS1* tomará el valor necesario para que continúe saliendo el vástago *B*, presión cuyo valor será menor que la presión de tarado de la válvula de secuencia *VS1*. Por ello dicha válvula de secuencia cerrará, circulando el aceite que hace salir el vástago *B* a través de la válvula distribuidora *VD2* accionada.

- Al inicio del movimiento $B+$, y en el momento en que se abrió la válvula de secuencia *VS1* con presión de entrada igual a su presión de tarado, esta presión se transmitirá a la cámara posterior del cilindro *A* a través del antirretorno pilotado *ARP*. Y al cerrarse la válvula de secuencia *VS1* por haber disminuido la presión de entrada por debajo de su presión de tarado, el antirretorno pilotado se cerrará estando la presión de pilotaje *x* conectada a tanque a través del antirretorno de la válvula de secuencia *VS2*. En estas condiciones el vástago del cilindro *A* quedará bloqueado, con presión en su cámara posterior igual o ligeramente superior a la presión de tarado de la válvula de secuencia *VS1*, presión a la que cerró el antirretorno pilotado.

- Para cualquier posición del vástago del cilindro *B* en su movimiento de salida, excepto en la posición de vástago dentro, el final de carrera *FC* se encontrará accionado y la válvula de secuencia *VS1* cerrada, circulando el aceite que hace salir el vástago *B* a través de la válvula distribuidora *VD2*.

Con la señal eléctrica *a1*:

- La válvula distribuidora *VD1* toma la posición de trabajo de la izquierda (flechas cruzadas), dirigiéndose el caudal impulsado por la bomba simultáneamente hacia la cámara anterior de los cilindros *A* y *B* a través de la vía *PB* de dicha válvula distribuidora. A su vez, la cámara posterior del cilindro *A* estará cerrada al permanecer cerrado el antirretorno pilotado *ARP* al ser la señal de pilotaje *x* insuficiente para abrirlo, mientras que la cámara posterior del cilindro *B* se conecta con tanque simultáneamente a través del antirretorno de la válvula de secuencia *VS1* y de la vía *BP* de la válvula distribuidora *VD2*, y además por la vía *AT* de la válvula distribuidora *VD1*, así como a través del filtro. Se realiza con ello el movimiento *B-*, estando la válvula de secuencia *VS2* cerrada ya que su presión de tarado será superior a la necesaria para realizar el movimiento *B-*.

- En las condiciones anteriores el antirretorno de la válvula *VS2* estará cerrado, con la presión de pilotaje *x* del antirretorno pilotado *ARP* conservando el valor que tenía durante el movimiento *B+* (del orden de la presión de tanque), presión insuficiente para pilotar el *ARP* por lo que éste estará cerrado durante todo el movimiento *B-*. Con ello el vástago del cilindro *A* permanecerá bloqueado en su posición de vástago fuera.

- Finalizado el movimiento *B-* el brazo unido al vástago *B* dejará de accionar el final de carrera *FC*, desactivándose con ello la señal eléctrica *a2* y pasando la válvula distribuidora *VD2* a su posición de reposo, por lo que la cámara posterior del cilindro *B* se conectará a tanque solamente a través del antirretorno abierto de la válvula de secuencia *VS1*. Además, la presión de bomba aumentará hasta alcanzar en la utilización *B* de la válvula distribuidora *VD1* la presión de tarado de la válvula de secuencia *VS2*, la cual se abre y transmite la presión de salida al pilotaje *x* del antirretorno pilotado *ARP*, abriéndolo. Con ello la cámara posterior del cilindro *A* se conecta a tanque a través de la vía *AT* de la válvula distribuidora *VD1*, lo que permite que se realice el movimiento *A-* con el caudal de bomba entrando a la cámara anterior de dicho cilindro.

- Finalizado el movimiento A-, y eliminada la señal eléctrica *a1*, la válvula distribuidora *VD1* se centra, el caudal de bomba se dirige a tanque a través de la vía *PT* de dicha válvula, y el sistema se encuentra de nuevo en posición inicial.

Por lo que acabamos de indicar, el interés que tiene la inclusión en el circuito del final de carrera *FC* accionado por el brazo unido al vástago *B,* así como la válvula distribuidora *VD2,* es que, aunque para abrir la válvula de secuencia *VS1* e iniciar el movimiento *B+* la presión de bomba necesaria es algo mayor que la presión de tarado de dicha válvula, prácticamente todo este movimiento se realizará con una presión de bomba menor, al circular el aceite por el final de carrera accionado y no por la válvula de secuencia *VS1* que habrá cerrado tras el inicio de dicho movimiento. Con ello se obtiene un cierto ahorro en la energía total consumida por cada ciclo de trabajo.

Apartado b)

El caudal útil que debe dar la bomba estará condicionado por la velocidad de avance del vástago del cilindro *B*, para el cual se impone el tiempo de avance. Así, tendremos:

$$Q_b = \frac{\pi \cdot D_{cB}^2}{4} \cdot \frac{L_{cB}}{T_{avB}} = \frac{\pi \cdot 12,5^2}{4} \cdot \frac{120}{10} = 1.472,62 \ cm3/s = 88,36 \ l/min$$

Con este caudal de bomba, las velocidades de avance y retroceso de los vástagos serán:

$$V_{avA} = \frac{4 \cdot Q_b}{\pi \cdot D_{vA}^2} = \frac{4 \cdot 1.472,62}{\pi \cdot 6,3^2} = 47,24 \ cm/s$$

$$V_{retrA} = \frac{4 \cdot Q_b}{\pi \cdot \left(D_{cA}^2 - D_{vA}^2\right)} = \frac{4 \cdot 1.472,62}{\pi \cdot \left(6,3^2 - 2,8^2\right)} = 58,87 \ cm/s$$

$$V_{avB} = \frac{L_{cB}}{T_{avB}} = \frac{120}{10} = 12 \ cm/s$$

$$V_{retrB} = \frac{4 \cdot Q_b}{\pi \cdot \left(D_{cB}^2 - D_{vB}^2\right)} = \frac{4 \cdot 1.472,62}{\pi \cdot \left(12,5^2 - 7^2\right)} = 17,48 \ cm/s$$

y sus correspondientes tiempos de avance y retroceso,

$$T_{avA} = \frac{L_{cA}}{V_{avA}} = \frac{30}{47,24} = 0,64 \ s$$

$$T_{retrA} = \frac{L_{cA}}{V_{retrA}} = \frac{30}{58,87} = 0,51 \ s$$

$$T_{avB} = \frac{L_{cB}}{V_{avB}} = \frac{120}{12} = 10 \ s$$

$$T_{retrB} = \frac{L_{cB}}{V_{retrB}} = \frac{120}{17,48} = 6,86 \ s$$

Apartado c)

En la Figura 10.2 se representan los caudales, presiones y fuerzas a vencer en los movimientos de avance y retroceso de los vástagos de los cilindros *A* y *B*.

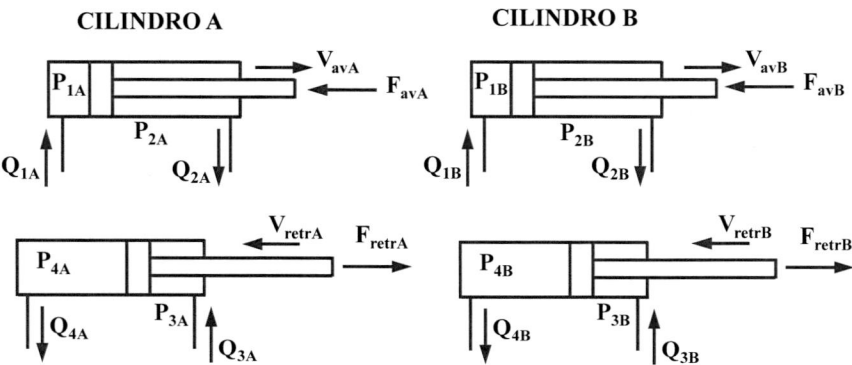

Figura 10.2. Movimientos de avance y retroceso de los cilindros *A* y *B*.

Cálculo de caudales en los movimientos *A+* y *B+*:

$$Q_{1A} = Q_b = 88,36 \, l/min$$

$$Q_{2A} = \frac{D_{cA}^2 - D_{vA}^2}{D_{cA}^2} Q_{1A} = \frac{6,3^2 - 2,8^2}{6,3^2} \cdot 88,36 = 70,91 \, l/min$$

$$Q_{1B} = Q_b = 88,36 \, l/min$$

$$Q_{2B} = \frac{D_{cB}^2 - D_{vB}^2}{D_{cB}^2} Q_{1B} = \frac{12,5^2 - 7^2}{12,5^2} \cdot 88,36 = 60,65 \, l/min$$

Cálculo de caudales en los movimientos *B-* y *A-*:

$$Q_{3B} = Q_b = 88,36 \, l/min$$

$$Q_{4B} = \frac{D_{cB}^2}{D_{cB}^2 - D_{vB}^2} Q_{3B} = \frac{12,5^2}{12,5^2 - 7^2} \cdot 88,36 = 128,73 \, l/min$$

$$Q_{3A} = Q_b = 88,36 \, l/min$$

$$Q_{4A} = \frac{D_{cA}^2}{D_{cA}^2 - D_{vA}^2} \cdot Q_{3A} = \frac{6,3^2}{6,3^2 - 2,8^2} \cdot 88,36 = 110,11 \, l/min$$

Selección de componentes:

- La válvula distribuidora *VD1* se selecciona con el caudal $Q_{4B} = 128,73$ l/min, y será del tipo *WE* y tamaño nominal 10 de la Referencia [12], de cuatro orificios y tres posiciones de trabajo, con centro *H* y caudal máximo 160 l/min.

- La válvula de secuencia *VS1* se selecciona con el caudal $Q_{4B} = 128{,}73$ l/min, y será del tipo *DZ*, versión 5x/*Y* y tamaño nominal 10 de la Referencia [18]. Esta válvula dispone de accionamiento indirecto, con caudal máximo 200 l/min y antirretorno en paralelo.

- Por la válvula de secuencia *VS2* no tiene que circular caudal, sino solamente transmitir presiones. Se selecciona el tipo *ZDZ*, versión *A...Y* y tamaño nominal 6 de la Referencia [17]. Esta válvula dispone de accionamiento directo, con caudal máximo 60 l/min y antirretorno en paralelo.

- El antirretorno pilotado *ARP* se selecciona mediante el caudal $Q_{4A} = 110{,}11$ l/min, y será del tipo *Z2S versión A*, tamaño nominal 10, con caudal máximo 160 l/min indicado en la Referencia [23]. Se adopta una presión de apertura de 3 bar para flujo directo $A1{\rightarrow}A2$ (curva 2). La apertura del antirretorno mediante la señal de pilotaje x se realiza por acción de una corredera de mando, siendo las pérdidas para flujo inverso ($A2{\rightarrow}A1$) las indicadas por la curva 5. Al estar el antirretorno insertado en placa intermedia, las pérdidas a caudal libre por el conducto *B1-B2* vienen dadas por la curva 6.

- La válvula distribuidora *VD2* se selecciona mediante el caudal $Q_{1B} = 88{,}36$ l/min. Será una válvula de tres orificios, dos posiciones de trabajo, accionada eléctricamente y retorno por muelle. Y será del tipo *WE*, tamaño nominal 10 de la Referencia [12], con caudal máximo 160 l/min y símbolo de conexiones *A*.

- El filtro con antirretorno se selecciona mediante el caudal $Q_{4B} = 128{,}73$ l/min, y será del modelo *RF-045* indicado en la Referencia [1]. El caudal máximo de este filtro es de 160 l/min, con paso de malla 10 μm, cartucho del filtro *RE-045-A*, y con presión de apertura del antirretorno 3 bar.

Para cada uno de los movimientos a efectuar, las presiones en el circuito serán:

Movimiento $A+$:

$$P_{2A} = \Delta P_{BT1}(Q_{2A}) + \Delta P_{carcF}(Q_{2A}) + \Delta P_{cartF}(Q_{2A}) = 4{,}5 + 0{,}06 + 0{,}1 = 4{,}66 \ kp/cm^2$$

$$P_{1A} \cdot \frac{\pi \cdot D_{cA}^2}{4} = P_{2A} \cdot \frac{\pi \cdot \left(D_{cA}^2 - D_{vA}^2 \right)}{4} + F_{avA}$$

$$P_{1A} \cdot \frac{\pi \cdot 6{,}3^2}{4} = 4{,}66 \cdot \frac{\pi \cdot \left(6{,}3^2 - 2{,}8^2 \right)}{4} + 4.500 \quad ; \qquad P_{1A} = 148{,}10 \ kp/cm^2$$

$$P_{bA+} = P_{1A} + \Delta P_{ARP}(Q_{1A}) + \Delta P_{PA1}(Q_{1A}) = 148{,}10 + 10 + 3{,}3 = 161{,}40 \ kp/cm^2$$

La presión de tarado de la válvula de secuencia *VS1* deberá ser mayor que $P_{1A} + \Delta P_{ARP}(Q_{1A}) = 148{,}10 + 10 = 158{,}10$ kp/cm². Se adoptará un valor de $P_{TVS1} = 170$ kp/cm².

Movimiento $B+$:

$$P_{2B} = \Delta P_{BT1}(Q_{2B}) + \Delta P_{carcF}(Q_{2B}) + \Delta P_{cartF}(Q_{2B}) = 3,25 + 0,05 + 0,09 = 3,39 \; kp/cm^2$$

$$P_{1B} \cdot \frac{\pi \cdot D_{cB}^2}{4} = P_{2B} \cdot \frac{\pi \cdot \left(D_{cB}^2 - D_{vB}^2\right)}{4} + F_{avB}$$

$$P_{1B} \cdot \frac{\pi \cdot 12,5^2}{4} = 3,39 \cdot \frac{\pi \cdot \left(12,5^2 - 7^2\right)}{4} + 15.500 \quad ; \qquad P_{1B} = 128,63 \; kp/cm^2$$

Al inicio del movimiento $B+$, habiendo abierto la válvula de secuencia *VS1* mediante la presión de tarado, tendremos:

$$P_{b\,inicB+} = P_{VS1}(Q_{1B}) + \Delta P_{PA1}(Q_{1B}) = 175 + 3,3 = 178,3 \; kp/cm^2$$

En estas condiciones la válvula de secuencia *VS1*, al paso del caudal Q_{1B}, producirá unas pérdidas de

$$\Delta P_{VS1}(Q_{1B}) = P_{VS1}(Q_{1B}) - P_{1B} = 178,3 - 128,63 = 49,67 \; kp/cm^2$$

Una vez iniciado el movimiento $B+$, al pisar el final de carrera *FC* mediante el brazo unido al vástago del cilindro *B* la válvula distribuidora *VD2* conmutará por acción de la señal eléctrica *a2*. Con ello el caudal Q_{1B} circulará a través de la vía *PB* de dicha válvula distribuidora, cerrándose la válvula de secuencia *VS1*. En estas condiciones tendremos:

$$P_{b\,contB+} = P_{1B} + \Delta P_{PB2}(Q_{1B}) + \Delta P_{PA1}(Q_{1B}) = 128,63 + 5,4 + 3,3 = 137,33 \; kp/cm^2$$

Esta presión de bomba es menor que la que inició el movimiento $B+$, siendo la diferencia entre ambas presiones

$$P_{b\,inicB+} - P_{b\,contB+} = 178,3 - 137,33 = 40,97 \; kp/cm^2$$

la cual representa un cierto ahorro en la potencia consumida por la bomba en el movimiento $B+$, como se verá en el apartado e).

Movimiento $B-$:

Durante este movimiento, y al estar el final de carrera *FC* pisado y la válvula distribuidora *VD2* accionada, el caudal Q_{4B} se dividirá en dos partes circulando una de ellas por el antirretorno de la válvula de secuencia *VS1* (Q_{4B1}), y el resto por la vía *BP* de la válvula distribuidora *VD2* (Q_{4B2}). Se cumplirá por ello el siguiente sistema de ecuaciones:

$$P_{4B} = \Delta P_{arVS1}(Q_{4B1}) + \Delta P_{AT1}(Q_{4B}) + \Delta P_{carcF}(Q_{4B}) + \Delta P_{cartF}(Q_{4B})$$

$$\Delta P_{arVS1}(Q_{4B1}) = \Delta P_{BP2}(Q_{4B2})$$

$$Q_{4B1} + Q_{4B2} = Q_{4B}$$

o bien,

$$P_{4B} = \Delta P_{arVS1}(Q_{4B1}) + 14 + 0,11 + 0,18$$

$$\Delta P_{arVS1}(Q_{4B1}) = \Delta P_{BP2}(Q_{4B2})$$

$$Q_{4B1} + Q_{4B2} = 128{,}73 \; l/min$$

A partir de estas expresiones, y teniendo en cuenta las curvas características tanto de la válvula de secuencia *VS1* como de la válvula distribuidora *VD2*, tendremos:

$$Q_{4B1} = 46{,}13 \; l/min$$

$$Q_{4B2} = 82{,}6 \; l/min$$

$$\Delta P_{arVS1}(Q_{4B1}) = \Delta P_{BP2}(Q_{4B2}) = 5 \; kp/cm^2$$

$$P_{4B} = 5 + 14 + 0{,}11 + 0{,}18 = 19{,}29 \; kp/cm^2$$

siendo el resto de presiones del sistema mientras se está realizando el movimiento B-,

$$P_{3B} \cdot \frac{\pi \cdot \left(D_{cB}^2 - D_{vB}^2 \right)}{4} = P_{4B} \cdot \frac{\pi \cdot D_{cB}^2}{4} + F_{retrB}$$

$$P_{3B} \cdot \frac{\pi \cdot \left(12{,}5^2 - 7^2 \right)}{4} = 19{,}29 \cdot \frac{\pi \cdot 12{,}5^2}{4} + 2.300 \quad ; \qquad P_{3B} = 55{,}41 \; kp/cm^2$$

$$P_{b \, B-} = P_{3B} + \Delta P_{PB1}(Q_{3B}) = 55{,}41 + 3{,}3 = 58{,}71 \; kp/cm^2$$

Cerca del final del movimiento *B-*, al soltar el final de carrera *FC* que estaba accionado por el brazo unido a la cabeza del vástago, la válvula distribuidora *VD2* volverá a la posición de reposo y el caudal Q_{4B} circulará todo a través del antirretorno de la válvula de secuencia *VS1*. En estas condiciones tendremos

$$P_{4B \, finalB-} = \Delta P_{arVS1}(Q_{4B}) + \Delta P_{AT1}(Q_{4B}) + \Delta P_{carcF}(Q_{4B}) + \Delta P_{cartF}(Q_{4B}) =$$

$$= 22{,}5 + 14 + 0{,}11 + 0{,}18 = 36{,}79 \; kp/cm^2$$

$$P_{3B \, finalB-} \cdot \frac{\pi \cdot \left(D_{cB}^2 - D_{vB}^2 \right)}{4} = P_{4B \, finalB-} \cdot \frac{\pi \cdot D_{cB}^2}{4} + F_{retrB}$$

$$P_{3B \, finalB-} \cdot \frac{\pi \cdot \left(12{,}5^2 - 7^2 \right)}{4} = 36{,}79 \cdot \frac{\pi \cdot 12{,}5^2}{4} + 2.300 \quad ; \qquad P_{3B \, finalB-} = 80{,}90 \; kp/cm^2$$

$$P_{b \, finalB-} = P_{3B \, finalB-} + \Delta P_{PB1}(Q_{3B}) = 80{,}90 + 3{,}3 = 84{,}20 \; kp/cm^2$$

Movimiento *A-*:

Admitimos que, para realizar el movimiento *A-*, el antirretorno pilotado *ARP* se abre mediante la presión de pilotaje *x*, transmitida a través de la válvula de secuencia *VS2* abierta. En estas condiciones las presiones del sistema serán:

$$P_{4A} = \Delta P_{ARPx}(Q_{4A}) + \Delta P_{AT1}(Q_{4A}) + \Delta P_{carcF}(Q_{4A}) + \Delta P_{cartF}(Q_{4A}) =$$

$$= 12 + 10{,}5 + 0{,}09 + 0{,}16 = 22{,}75 \; kp/cm^2$$

$$P_{3A} \cdot \frac{\pi \cdot \left(D_{cA}^2 - D_{vA}^2\right)}{4} = P_{4A} \cdot \frac{\pi \cdot D_{cA}^2}{4} + F_{retrA}$$

$$P_{3A} \cdot \frac{\pi \cdot \left(6{,}3^2 - 2{,}8^2\right)}{4} = 22{,}75 \cdot \frac{\pi \cdot 6{,}3^2}{4} + 1.550 \quad ; \quad P_{3A} = 90{,}31 \; kp/cm^2$$

$$P_{b\,A-} = P_{3A} + \Delta P_{PB1}(Q_{3A}) = 96{,}31 + 3{,}3 = 99{,}61 \; kp/cm^2$$

La presión de tarado de la válvula de secuencia *VS2* deberá ser mayor que $P_{3B\,finalB}$=80,90 kp/cm² (para que no se abra mientras no finalice el movimiento *B*-), y menor que P_{3A}=90,31 kp/cm² (para que se abra cuando se vaya a iniciar el movimiento *A*-). De esta manera dicha válvula se abrirá al finalizar el movimiento *B*-, dando origen a la señal *x* que abre el antirretorno pilotado *ARP* y permite el movimiento *A*-. Y, al ser $P_{T\,VS2} < P_{3A}$, durante el movimiento *A*- la válvula de secuencia *VS2* y el antirretorno pilotado *ARP* permanecerán abiertos.

Teniendo en cuenta estos razonamientos, la presión de tarado de la válvula de secuencia *VS2* será

$$P_{T\,VS2} = 85 \; kp/cm^2$$

Una vez abierta la válvula de secuencia *VS2*, su presión de entrada se transmitirá como señal *x* al antirretorno pilotado *ARP*. Por otra parte, el antirretorno pilotado se cerró en el momento en que se pisó el final de carrera *FC* al inicio del movimiento *B*+, accionándose la válvula distribuidora *VD2* y cerrándose la válvula de secuencia *VS1*. En este momento la presión a la entrada de la válvula de secuencia *VS1* era de $P_{VS1}(Q_{1B})$ = 175 kp/cm², presión que quedará bloqueada entre el antirretorno pilotado *ARP* y la cámara posterior del cilindro *A* con el antirretorno cerrado y el vástago *A* totalmente fuera. Admitiremos que, en estas condiciones el antirretorno pilotado podrá abrirse, para permitir el movimiento *A*-, con una presión de pilotaje *x* entre $P_{T\,VS2}$ y P_{3A} (en concreto, entre 85 y 90,31 kp/cm²).

Apartado d)

Se instalará una bomba de pistones axiales y plato inclinado, compensada en presión, del tipo indicado en la Referencia [4]. Con un rendimiento volumétrico estimado del 95 %, y girando a 1450 rpm, la cilindrada requerida por esta bomba sería de

$$c = \frac{Q_b}{N_b \cdot \eta_{vb}} = \frac{88{,}36 \cdot 1.000}{1.450 \cdot 0{,}95} = 64{,}15 \; cm^3/rev$$

Se selecciona una bomba de tamaño nominal 71, girando a 1450 rpm, y ajustando su cilindrada de 71 a 64,15 cm³/rev. La presión de tarado de esta bomba deberá ser mayor que la presión de bomba en cualquiera de los cuatro movimientos de vástago contemplados. En este caso $P_{Tb} > P_{b\ inicB+}$=178,3 kp/cm², con lo que P_{Tb} = 190 kp/cm²

La presión nominal de esta bomba es de 280 bar.

Apartado e)

La potencia máxima de accionamiento de la bomba será:

$$P_{accb\,máx} = \frac{Q_b \cdot P_{Tb}}{\eta_b} = \frac{88,36 \cdot 190}{0,85} \cdot \frac{9,81}{6.000} = 32,29\ kW$$

Se seleccionará un motor eléctrico de potencia nominal del orden de 38 kW girando a 1450 rpm.

Problema 11. Cilindros, regulador unidireccional y bomba convencional

Se desea diseñar el circuito oleohidráulico de la Figura 11.1 para automatizar los movimientos de avance y retroceso del vástago de los dos cilindros representados. Para este caso, las características de los cilindros y demás componentes serán las siguientes:

Cilindro A: Longitud de carrera 1000 mm. Fuerza de avance 5 Tm. Velocidad de avance 10 m/min. Fuerza de rozamiento en avance y retroceso 200 kp.

Cilindro B: Longitud total de carrera 2000 mm. Fuerza de avance 10 Tm. Velocidad de avance 10 m/min. Fuerza de rozamiento en avance y retroceso 200 kp.

Coeficiente de pérdidas en los pasos de las válvulas distribuidoras: $2,5 \cdot 10^{-4}$ (kp/cm²)/(l/min)².

Presión de tarado de la válvula limitadora de presión: 120 kp/cm².

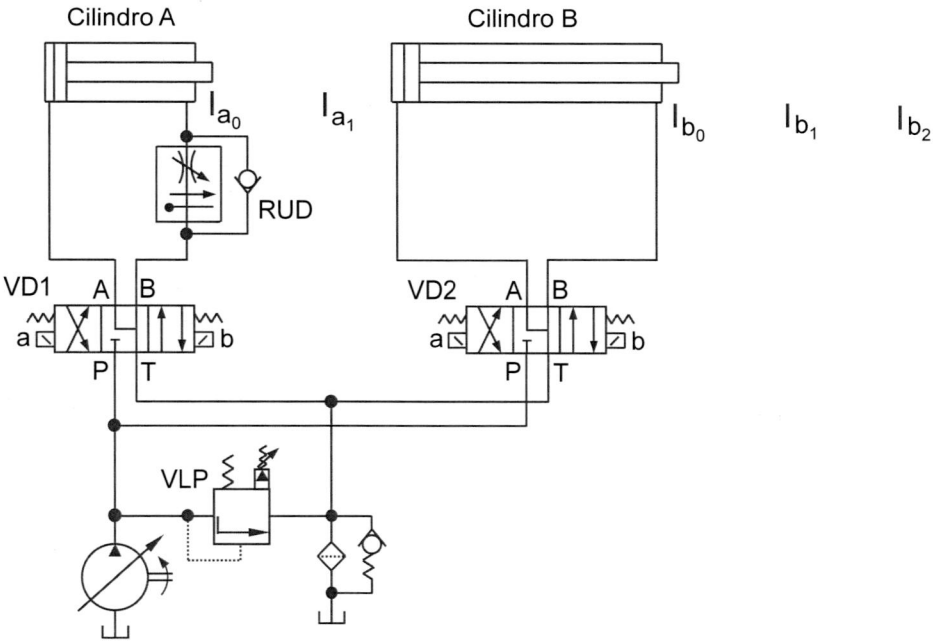

Figura 11.1. Automatización de los movimientos de avance y retroceso del vástago de dos cilindros.

Por ello, y aceptando el caso más desfavorable de que el filtro se encuentre colmatado, determinar:

a) Elegir los cilindros, siendo la presión de diseño del orden de 120 kp/cm². Admitir un factor de carrera de 1 para cada uno de los vástagos.

b) Caudal nominal de la bomba, si ésta tiene un rendimiento volumétrico del 95 %.

c) Pérdidas en el regulador unidireccional para conseguir la velocidad de avance del vástago A, y presión a la salida de la bomba para el movimiento de avance del vástago B.

d) Potencia nominal del motor de accionamiento de la bomba, si ésta tiene un rendimiento del 85 %.

Solución

Apartado a)

Elección del cilindro A:

$$F_{avA} + F_{rozA} = \frac{\pi \cdot D_{cA}^2}{4} \cdot P_t \quad ; \quad 5.000 + 200 = \frac{\pi \cdot D_{cA}^2}{4} \cdot 120$$

de donde se obtiene D_{cA}=7,43 cm. Haciendo uso de la información de catálogo respecto de las características de los cilindros comerciales, Referencia [6], se elegirá un cilindro de diámetro nominal 80 mm.

El cilindro de DN 80 se fabrica con vástagos de 36, 45 y 56 mm de diámetro. El vástago, para evitar los efectos del pandeo, deberá cumplir la condición

$$D_{vA} \geq \sqrt[4]{\frac{64 \cdot s \cdot F_{avA} \cdot \left(K_A \cdot L_{cA}\right)^2}{\pi^3 \cdot E}} = \sqrt[4]{\frac{64 \cdot 2,5 \cdot 5.000 \cdot \left(1 \cdot 100\right)^2}{\pi^3 \cdot 2,1 \cdot 10^6}} = 3,33 \; cm$$

Por ello, para el cilindro A se adopta un vástago de 36 mm.

Elección del cilindro B:

$$F_{avB} + F_{rozB} = \frac{\pi D_{cB}^2}{4} \cdot P_t \quad ; \quad 10.000 + 200 = \frac{\pi D_{cB}^2}{4} \cdot 120$$

de donde se obtiene D_{cB}=10,40 cm. En este caso se elige un cilindro de diámetro nominal 125 mm, Referencia [6]. Como en el caso anterior, y para evitar el pandeo, el vástago deberá cumplir la condición

$$D_{vB} \geq \sqrt[4]{\frac{64 \cdot s \cdot F_{avB} \cdot \left(K_B \cdot L_{cB}\right)^2}{\pi^3 \cdot E}} = \sqrt[4]{\frac{64 \cdot 2,5 \cdot 10.000 \cdot \left(1 \cdot 200\right)^2}{\pi^3 \cdot 2,1 \cdot 10^6}} = 5,60 \; cm$$

Para el cilindro B se adopta un vástago de 56 mm, que es uno de los diámetros comerciales del cilindro de DN 125.

Apartado b)

En la Figura 11.2 se representan los caudales, presiones y fuerzas a vencer en los movimientos de avance y retroceso de los vástagos de los cilindros A y B.

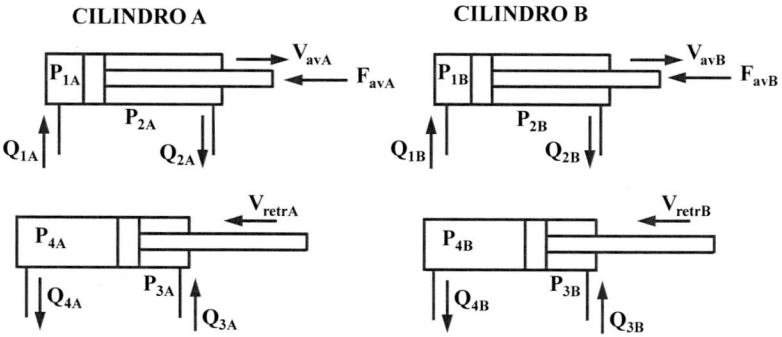

Figura 11.2. Movimientos de avance y retroceso de los cilindros A y B.

Caudales en el movimiento de avance de los cilindros A y B:

$$Q_{1A} = \frac{\pi \cdot D_{cA}^2}{4} \cdot V_{avA} = \frac{\pi \cdot 0,8^2}{4} \cdot 100 = 50,27 \; l/min$$

$$Q_{2A} = \frac{D_{cA}^2 - D_{vA}^2}{D_{cA}^2} Q_{1A} = \frac{8^2 - 3,6^2}{8^2} 50,27 = 40,09 \; l/min$$

$$Q_{1B} = \frac{\pi \cdot D_{cB}^2}{4} \cdot V_{avB} = \frac{\pi \cdot 1,25^2}{4} \cdot 100 = 122,72 \; l/min$$

$$Q_{2B} = \frac{D_{cB}^2 - D_{vB}^2}{D_{cB}^2} Q_{1B} = \frac{12,5^2 - 5,6^2}{12,5^2} 122,72 = 98,09 \; l/min$$

El caudal de bomba deberá ser el mayor de los caudales Q_{1A} y Q_{1B}, o sea,

$$Q_b = Q_{1B} = 122,72 \; l/min$$

y el caudal nominal de la bomba,

$$Q_{Nb} = \frac{Q_b}{\eta_{vb}} = \frac{122,72}{0,95} = 129,18 \; l/min$$

Caudales en el movimiento de retroceso de los cilindros A y B:

$$Q_{3A} = Q_b = 122,72 \; l/min$$

$$Q_{4A} = \frac{D_{cA}^2}{D_{cA}^2 - D_{vA}^2} Q_{3A} = \frac{8^2}{8^2 - 3,6^2} 122,72 = 153,88 \; l/min$$

$$Q_{3B} = Q_b = 122,72 \; l/min$$

$$Q_{4B} = \frac{D_{cB}^2}{D_{cB}^2 - D_{vB}^2} Q_{3B} = \frac{12,5^2}{12,5^2 - 5,6^2} 122,72 = 153,54 \; l/min$$

Apartado c)

Las válvulas distribuidoras *VD1* y *VD2* se seleccionarán, respectivamente, con los caudales $Q_{4A}=153,88$ l/min y $Q_{4B}=153,54$ l/min, prácticamente los mismos. Ambas serán de cuatro orificios y tres posiciones de trabajo, tipo *WE* y tamaño nominal 10 de la Referencia [12], con centro *J* y caudal máximo 160 l/min.

La válvula limitadora de presión *VLP* se selecciona teniendo en cuenta que, con las dos válvulas distribuidoras en reposo, el caudal de bomba, $Q_b=122,72$ l/min, se descargará a tanque en su totalidad a través de la misma. Se seleccionará la válvula tipo *DB*, tamaño nominal *16* y caudal máximo 250 l/min indicado en la Referencia [16].

El regulador unidireccional *RUD* se selecciona con el caudal $Q_{3A}=122,72$ l/min que circulará por su antirretorno, y será del tipo *2FRM* indicado en la Referencia [20], tamaño nominal 16 y caudal máximo 160 l/min. En este regulador el estrangulamiento variable se consigue mediante un pistón tipo *60L*, y estará dotado de un antirretorno en paralelo. Para imponer mediante este regulador el caudal $Q_{2A}=40,09$ l/min, la sección de estrangulamiento correspondiente se obtiene disponiendo el mando giratorio en la posición 6,1.

Para conseguir que el vástago del cilindro *A* avance a la velocidad de 10 m/min, el mando giratorio del regulador unidireccional *RUD* deberá estar en la posición indicada en el párrafo anterior. En estas condiciones la válvula limitadora de presión descargará a tanque un caudal de

$$Q_{VLP} = Q_b - Q_{1A} = 122,72 - 50,27 = 72,45 \ l/min$$

Además, durante la maniobra de avance del vástago A, el caudal por el filtro será:

$$Q_{FA+} = Q_{VLP} + Q_{2A} = 72,45 + 40,09 = 112,54 \ l/min$$

El filtro con antirretorno se selecciona con el mayor de los caudales Q_{FA+}, Q_{2B}, Q_{4A} y Q_{4B}, el cual corresponde a $Q_{4A}=153,88$ l/min. El filtro seleccionado será el *RF 045* de la Referencia [1], con antirretorno en paralelo y caudal máximo 160 l/min. La presión de apertura del antirretorno es de 3 bar.

Como la válvula limitadora de presión tiene una presión de tarado de 120 kp/cm², durante el movimiento de avance del vástago *A*, movimiento *A+*, el caudal Q_{VLP} se descargará a tanque con una presión de bomba

$$P_{bA+} = \Delta P_{VLP}(Q_{VLP}) + \Delta P_{arF}(Q_{FA+}) = 123 + 3 = 126 \ kp/cm^2$$

y con las siguientes presiones en el sistema:

$$P_{1A} = P_{bA+} - \Delta P_{PA1}(Q_{1A}) = 126 - 1,3 = 124,7 \ kp/cm^2$$

$$P_{1A} \cdot \frac{\pi \cdot D_{cA}^2}{4} = P_{2A} \cdot \frac{\pi \cdot \left(D_{cA}^2 - D_{vA}^2\right)}{4} + F_{avA} + F_{roz}$$

$$124,7 \cdot \frac{\pi \cdot 8^2}{4} = P_{2A} \cdot \frac{\pi \cdot \left(8^2 - 3,6^2\right)}{4} + 5.000 + 200 \quad ; \qquad P_{2A} = 26,64 \ kp/cm^2$$

Así, las pérdidas en el regulador unidireccional mientras se está realizando el movimiento $A+$ serán

$$\Delta P_{RUD} = P_{2A} - \Delta P_{BT1}(Q_{2A}) - \Delta P_{arF}(Q_{FA+}) = 26{,}64 - 2 - 3 = 21{,}64 \ kp/cm^2$$

Para el avance del vástago B, movimiento $B+$, tendremos las siguientes presiones:

$$P_{2B} = \Delta P_{BT2}(Q_{2B}) + \Delta P_{ArF}(Q_{2B}) = 10{,}5 + 3 = 13{,}50 kp/cm^2$$

$$P_{1B} \cdot \frac{\pi \cdot D_{cB}^2}{4} = P_{2B} \cdot \frac{\pi \cdot \left(D_{cB}^2 - D_{vB}^2\right)}{4} + F_{avB} + F_{roz}$$

$$P_{1B} \cdot \frac{\pi \cdot 12{,}5^2}{4} = 13{,}5 \frac{\pi \cdot \left(12{,}5^2 - 5{,}6^2\right)}{4} + 10.000 + 200 \quad ; \qquad P_{1B} = 93{,}91 \ kp/cm^2$$

$$P_{bB+} = P_{1B} + \Delta P_{PA2}(Q_{1B}) = 93{,}91 + 8{,}2 = 102{,}11 \ kp/cm^2$$

Apartado d)

La presión máxima de bomba será aquella para la cual todo el caudal bombeado se derive a tanque a través de la válvula limitadora de presión. Así tendremos:

$$P_{b\,máx} = \Delta P_{VLP}(Q_b) + \Delta P_{ArF}(Q_b) = 125{,}5 + 3 = 128{,}5 \ kp/cm^2$$

La potencia máxima de accionamiento de la bomba será:

$$P_{accb\,máx} = \frac{Q_b \cdot P_{b\,máx}}{\eta_b} = \frac{122{,}72 \cdot 128{,}5}{0{,}85} \cdot \frac{9{,}81}{6.000} = 30{,}33 \ kW$$

Se seleccionará un motor eléctrico de potencia nominal del orden de 36 kW.

Problema 12. Cilindro, antirretorno pilotado, regulador unidireccional y bomba convencional

El circuito oleohidráulico de la Figura 12.1 se utiliza para elevar una carga de 7,5 Tm a una altura de 2 m y, posteriormente, hacerla descender a una velocidad menor. Por las necesidades de operación se ha dispuesto que el tiempo de elevación sea de 15 s y el de descenso de 45 s. Para el movimiento de la carga se va a instalar un cilindro de doble efecto de 160 mm de diámetro, con vástago de diámetro 70 mm.

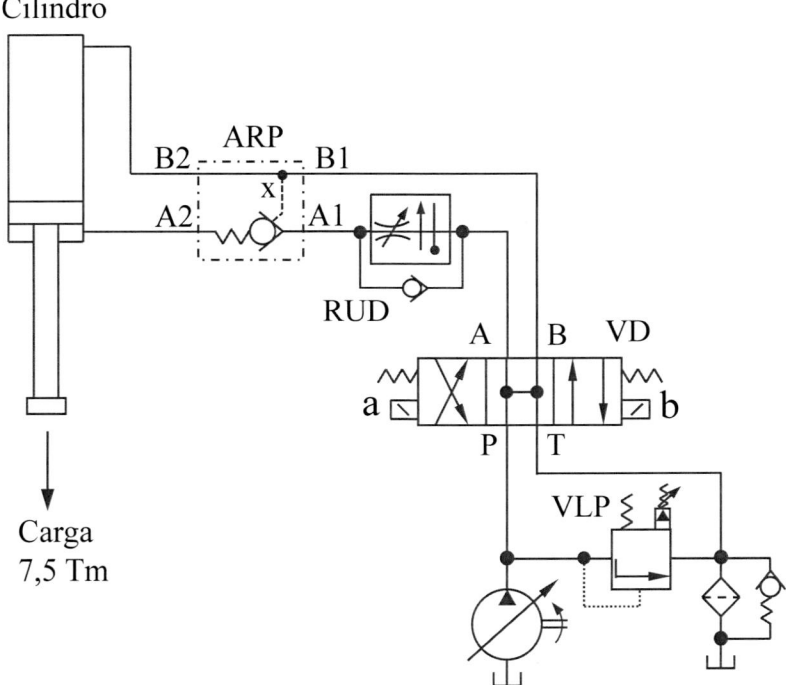

Figura 12.1. Circuito oleohidráulico para elevación y descenso de una carga.

Si la fuerza de rozamiento del vástago del cilindro es de 120 kp, tanto en elevación como en descenso, determinar:

a) Describir el funcionamiento del circuito de forma cualitativa.

b) Caudal teórico de la bomba, si ésta tiene un rendimiento volumétrico del 95 %.

c) Punto de funcionamiento de la bomba para los movimientos de elevación y descenso del vástago, tanto con carga como en vacío. Caída de presión en el regulador unidireccional en el movimiento de descenso del vástago con y sin carga.

d) Potencia de accionamiento de la bomba para los movimientos de elevación y descenso del vástago, tanto con carga como en vacío, así como con la válvula distribuidora en posición de reposo. Rendimiento mecánico de la bomba 90 %.

e) Potencia nominal del motor de accionamiento de la bomba.

Suponer que el filtro está colmatado y que todo el caudal de retorno circula por el antirretorno con resorte.

Solución

Apartado a)

Funcionamiento del circuito:

Accionando la señal eléctrica *b* la válvula distribuidora *VD* activa la posición de trabajo de flechas paralelas y se produce la elevación de la carga. Para ello el caudal de aceite impulsado por la bomba atraviesa la vía *PA* de la válvula distribuidora y se dirige hacia la cámara anterior del cilindro, pasando por el antirretorno en paralelo del regulador unidireccional compensado en presión y temperatura *RUD* y por el antirretorno pilotado *ARP*. Además, la cámara posterior del cilindro se vacía a tanque a través de la vía *BT* de la válvula distribuidora y del antirretorno del filtro que se encuentra colmatado.

En el momento en que la carga se ha elevado totalmente se desactiva la señal eléctrica *b*, adoptando la válvula distribuidora la posición central de reposo y quedando la presión retenida en la cámara anterior del cilindro al cerrarse el antirretorno pilotado, lo que permitirá sostener la carga y evitar su caída. En estas condiciones la cámara posterior del cilindro permanecerá conectada con tanque.

Durante el movimiento de elevación de la carga la bomba estará dando su caudal nominal, lo que se asegurará haciendo que la presión de tarado de la válvula limitadora de presión *VLP* sea mayor que la presión de bomba necesaria para la elevación de la carga. Con este caudal de bomba el tiempo de elevación de la carga deberá ser de 15 s.

Accionando la señal eléctrica *a* la válvula distribuidora *VD* activa la posición de trabajo de flechas cruzadas y se produce el descenso de la carga. Para ello el caudal de aceite que proviene de la bomba atraviesa la vía *PB* y se dirige hacia la cámara posterior del cilindro, de manera que la presión en esta cámara, a través de la señal de pilotaje *x*, abre el antirretorno pilotado, lo que permite vaciar la cámara anterior del cilindro. Al descender la carga el aceite que sale de esta cámara en dirección a tanque pasará por el estrangulamiento del regulador unidireccional, lo que limitará el caudal de salida y, consecuentemente, el caudal impulsado hacia la cámara posterior del cilindro. Esta limitación de caudal será tal que el descenso de la carga se produzca en un tiempo de 45 s.

Como la bomba impulsará un caudal nominal fijo, calculado para conseguir un tiempo de elevación de la carga de 15 s, al imponer un tiempo de descenso de la carga de 45 s el caudal que desde la bomba se dirige a la cámara posterior del cilindro, para el movimiento de descenso, deberá ser menor que el caudal nominal que está dando la bomba. En estas condiciones la diferencia entre estos dos caudales se descargará a tanque a través de la válvula limitadora de presión *VLP*, la cual deberá tener una presión de tarado menor que la presión de bomba en el movimiento de descenso de la carga.

Si una vez la carga ha llegado al final de su recorrido, tanto de elevación como de descenso, la señal eléctrica que ha dado origen a este movimiento permanece activada, la válvula distribuidora mantiene su posición de flechas paralelas o cruzadas y la presión de bomba aumentará hasta que abra la válvula limitadora de presión, descargando a tanque a través de la misma todo el caudal impulsado.

En el momento en que se desactiva la señal eléctrica *b*, o la *a*, la válvula distribuidora toma la posición de reposo, el antirretorno pilotado se cierra al conectarse la señal de pilotaje *x* con tanque, la carga se detiene quedando retenida por la presión en la cámara anterior del cilindro que evita su caída, y el caudal de bomba se dirige a tanque a través de la vía *PT* de la válvula distribuidora y del antirretorno del filtro (estando éste colmatado).

Apartado b)

Para decidir la bomba a instalar es necesario conocer primero los caudales de elevación y descenso del vástago del cilindro indicados en la Figura 12.2.

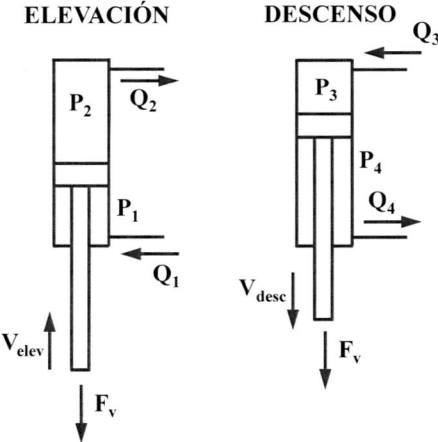

Figura 12.2. Movimientos de elevación y descenso de una carga mediante un cilindro hidráulico.

Estos caudales serán:

$$Q_1 = \frac{\pi \cdot \left(D_c^2 - D_v^2 \right)}{4} \cdot \frac{L_c}{T_{elev}} = \frac{\pi \cdot \left(16^2 - 7^2 \right)}{4} \cdot \frac{200}{15} = 2.167,70 \ cm^3/s = 130,06 \ l/min$$

$$Q_2 = \frac{D_c^2}{D_c^2 - D_v^2} \cdot Q_1 = \frac{16^2}{16^2 - 7^2} \cdot 130{,}06 = 160{,}85 \ l/min$$

$$Q_3 = \frac{\pi \cdot D_c^2}{4} \cdot \frac{L_c}{T_{desc}} = \frac{\pi \cdot 16^2}{4} \cdot \frac{200}{45} = 893{,}61 \ cm^3/s = 53{,}62 \ l/min$$

$$Q_4 = \frac{D_c^2 - D_v^2}{D_c^2} \cdot Q_3 = \frac{16^2 - 7^2}{16^2} \cdot 53{,}62 = 43{,}35 \ l/min$$

El caudal de bomba trabajando como bomba convencional debe ser el mayor de Q_1 y Q_3. Así, este caudal corresponde al movimiento de elevación de la carga, y vale

$$Q_b = Q_1 = 130{,}06 \ l/min$$

El caudal teórico de bomba será:

$$Q_{tb} = \frac{Q_b}{\eta_{vb}} = \frac{130{,}06}{0{,}95} = 136{,}91 \ l/min$$

el cual, girando la bomba a 1450 rpm, requiere una cilindrada de

$$c_b = \frac{Q_{tb}}{N_b} = \frac{136{,}91 \cdot 1.000}{1.450} = 94{,}42 \ cm^3/rev$$

Se selecciona una bomba de pistones axiales de eje inclinado y caudal constante, Referencia [5], tamaño nominal 90 y cilindrada 90 cm³/rev. Esta bomba, girando a 1450 rpm, proporcionará un caudal de

$$Q_b = c_b N_b \eta_{vb} = \frac{90}{1.000} \cdot 1.450 \cdot 0{,}95 = 123{,}98 \ l/min = 2.066{,}25 \ cm^3/s$$

ligeramente menor que el calculado anteriormente, y con el que se obtendrá un tiempo de elevación de la carga algo mayor que el indicado en el enunciado. Este tiempo de elevación será

$$T_{elev} = \frac{\pi \cdot \left(D_c^2 - D_v^2 \right)}{4} \cdot \frac{L_c}{Q_b} = \frac{\pi \cdot \left(16^2 - 7^2 \right)}{4} \cdot \frac{200}{2.066{,}25} = 15{,}74 \ s$$

el cual es perfectamente admisible.

Así, los caudales relacionados con la elevación de la carga serán:

$$Q_1 = Q_b = 123{,}98 \ l/min$$

$$Q_2 = \frac{D_c^2}{D_c^2 - D_v^2} \cdot Q_1 = \frac{16^2}{16^2 - 7^2} \cdot 123{,}98 = 153{,}32 \ l/min$$

Por otra parte, los caudales relacionados con el descenso de la carga (Q_3 y Q_4), serán los mismos que los calculados anteriormente, y el tiempo de descenso los 45 s indicados en el enunciado. Ello se consigue por acción del regulador unidireccional *RUD*.

Apartado c)

Selección de componentes:

La válvula distribuidora *VD* se selecciona con el caudal $Q_2 = 153,32$ l/min. Esta válvula será del tipo WE, tamaño nominal 10 indicado en la Referencia [12], de cuatro orificios y tres posiciones de trabajo, con centro *H* y caudal máximo 160 l/min.

El regulador unidireccional *RUD* se selecciona con el caudal $Q_1 = 123,98$ l/min que circulará por su antirretorno, y será del tipo *2FRM* indicado en la Referencia [20], tamaño nominal 16 y caudal máximo 160 l/min. En este regulador el estrangulamiento variable se consigue mediante un pistón tipo *60L*, y estará dotado de un antirretorno en paralelo. Para imponer mediante este regulador el caudal $Q_4 = 43,35$ l/min, la sección de estrangulamiento correspondiente se obtiene disponiendo el mando giratorio en la posición 6,6.

El antirretorno pilotado *ARP* se selecciona mediante el caudal $Q_2 = 153,32$ l/min, y será del tipo *Z2S versión A,* tamaño nominal 10, con caudal máximo 160 l/min indicado en la Referencia [23]. Se adopta una presión de apertura de 3 bar para flujo directo $A1 \rightarrow A2$ (curva 2). La apertura del antirretorno mediante la señal de pilotaje *x* se realiza por acción de una corredera de mando, siendo las pérdidas para flujo inverso ($A2 \rightarrow A1$) las indicadas por la curva 5. Al estar el antirretorno insertado en placa intermedia, las pérdidas a caudal libre por el conducto *B1-B2* vienen dadas por la curva 6.

La válvula limitadora de presión *VLP* se selecciona con el caudal de bomba $Q_b = 123,98$ l/min, y será del tipo *DB*, tamaño nominal *16* y caudal máximo 250 l/min indicado en la Referencia [16].

El filtro con antirretorno se selecciona con el caudal $Q_2 = 153,32$ l/min y será del tipo *RF 045* de la Referencia [1], con antirretorno en paralelo y caudal máximo 160 l/min. La presión de apertura del antirretorno es de 3 bar.

Para conseguir que el vástago del cilindro descienda en un tiempo de 45 s, durante esta maniobra el regulador unidireccional, con su correspondiente grado de apertura, hará que descargue por la válvula limitadora de presión un caudal de

$$Q_{VLP} = Q_b - Q_3 = 123,98 - 53,62 = 70,36 \ l/min$$

Además, durante la maniobra de descenso del vástago, el caudal por el filtro será:

$$Q_{F \ desc} = Q_{VLP} + Q_4 = 70,36 + 43,35 = 113,71 \ l/min$$

caudal menor que el utilizado para seleccionar los componentes del filtro.

Presiones del sistema en el movimiento de elevación del vástago con carga:

$$P_2 = \Delta P_{B2-B1}(Q_2) + \Delta P_{BT}(Q_2) + \Delta P_{arF}(Q_2) = 13 + 20,2 + 3 = 36,2 \ kp/cm2$$

$$P_1 \cdot \frac{\pi \cdot \left(D_c^2 - D_v^2\right)}{4} = P_2 \cdot \frac{\pi \cdot D_c^2}{4} + F_v + F_{roz}$$

$$P_1 \cdot \frac{\pi \cdot \left(16^2 - 7^2\right)}{4} = 36,2 \cdot \frac{\pi \cdot 16^2}{4} + 5.000 + 120 \quad ; \qquad P_1 = 76,26 \; kp/cm^2$$

$$P_{b\,elev\,cc} = P_1 + \Delta P_{ARP}(Q_1) + \Delta P_{arRUD}(Q_1) + \Delta P_{PA}(Q_1) =$$

$$= 76,26 + 15 + 5,6 + 6,8 = 103,66 \; kp/cm^2$$

Para que la válvula limitadora de presión permanezca cerrada durante el movimiento de elevación de la carga, su presión de tarado deberá ser $P_{T\,VLP} > P_{b\,elev\,cc} = 103,66$ kp/cm². Por ello,

$$P_{T\,VLP} = 115 \; kp/cm^2$$

Presiones del sistema en el movimiento de descenso del vástago con carga:

Teniendo en cuenta que la velocidad de descenso del vástago está controlada por el regulador unidireccional, durante este movimiento la válvula limitadora de presión estará abierta descargando a tanque parte del caudal impulsado por la bomba, en concreto $Q_{VLP} = 70,36$ l/min. En estas condiciones la presión de bomba será:

$$P_{b\,desc\,cc} = \Delta P_{VLP}(Q_{VLP}) + \Delta P_{arF}(Q_{F\,desc}) = 118 + 3 = 121 \; kp/cm^2$$

De esta manera,

$$P_3 = P_{b\,desc\,cc} - \Delta P_{PB}(Q_3) - \Delta P_{B1-B2}(Q_3) = 121 - 1,3 - 2,3 = 117,4 \; kp/cm^2$$

La presión

$$P_{x\,desc\,cc} \approx P_3 + \frac{\Delta P_{B1-B2}(Q_3)}{2} = 117,4 + \frac{2,3}{2} = 118,55 \; kp/cm^2$$

pilota el antirretorno pilotado a través de la señal x. Admitiendo que con esta presión de pilotaje se abre el antirretorno, el movimiento de descenso del vástago se realizará con las siguientes presiones:

$$P_4 \cdot \frac{\pi \cdot \left(D_c^2 - D_v^2\right)}{4} + F_{roz} = P_3 \cdot \frac{\pi \cdot D_c^2}{4} + F_v$$

$$P_4 \cdot \frac{\pi \cdot \left(16^2 - 7^2\right)}{4} + 120 = 117,4 \cdot \frac{\pi \cdot 16^2}{4} + 5.000 \quad ; \qquad P_4 = 175,21 \; kp/cm^2$$

Para este movimiento, las pérdidas en el regulador unidireccional serán

$$\Delta P_{RUD\,cc}(Q_4) = P_4 - \Delta P_{ARPx}(Q_4) - \Delta P_{AT}(Q_4) - \Delta P_{arF}(Q_{F\,desc}) =$$

$$= 175,21 - 2,5 - 1,85 - 3 = 167,86 \; kp/cm^2$$

Presiones del sistema en el movimiento de elevación del vástago sin carga:

$$P_2 = \Delta P_{B2-B1}(Q_2) + \Delta P_{BT}(Q_2) + \Delta P_{arF}(Q_2) = 13 + 20,2 + 3 = 36,2 \; kp/cm^2$$

$$P_1 \cdot \frac{\pi \cdot \left(D_c^2 - D_v^2\right)}{4} = P_2 \cdot \frac{\pi \cdot D_c^2}{4} + F_{roz}$$

$$P_1 \cdot \frac{\pi \cdot \left(16^2 - 7^2\right)}{4} = 36{,}2 \cdot \frac{\pi \cdot 16^2}{4} + 120 \quad ; \qquad P_1 = 45{,}51 \; kp/cm^2$$

$$P_{b\,elev\,sc} = P_1 + \Delta P_{ARP}(Q_1) + \Delta P_{arRUD}(Q_1) + \Delta P_{PA}(Q_1) =$$

$$= 45{,}51 + 15 + 5{,}6 + 6{,}8 = 72{,}91 \; kp/cm^2$$

la cual es menor que la presión de tarado de la válvula limitadora de presión ($P_{T\,VLP} = 115$ kp/cm²).

Presiones del sistema en el movimiento de descenso del vástago sin carga:

De manera similar al caso de descenso con carga, y para obtener el mismo tiempo de maniobra, tendremos:

$$P_{b\,desc\,sc} = \Delta P_{VLP}(Q_{VLP}) + \Delta P_{arF}(Q_{F\,desc}) = 118 + 3 = 121 \; kp/cm^2$$

$$P_3 = P_{b\,desc\,sc} - \Delta P_{PB}(Q_3) - \Delta P_{B1-B2}(Q_3) = 121 - 1{,}3 - 2{,}3 = 117{,}4 \; kp/cm^2$$

$$P_{x\,desc\,sc} \approx P_3 + \frac{\Delta P_{B1-B2}(Q_3)}{2} = 117{,}4 + \frac{2{,}3}{2} = 118{,}55 \; kp/cm^2$$

$$P_4 \cdot \frac{\pi \cdot \left(D_c^2 - D_v^2\right)}{4} + F_{roz} = P_3 \cdot \frac{\pi \cdot D_c^2}{4}$$

$$P_4 \cdot \frac{\pi \cdot \left(16^2 - 7^2\right)}{4} + 120 = 117{,}4 \cdot \frac{\pi \cdot 16^2}{4} \quad ; \qquad P_4 = 144{,}45 \; kp/cm^2$$

$$\Delta P_{RUD\,sc}(Q_4) = P_4 - \Delta P_{ARPx}(Q_4) - \Delta P_{AT}(Q_4) - \Delta P_{arF}(Q_{F\,desc}) =$$

$$= 144{,}45 - 2{,}5 - 1{,}85 - 3 = 137{,}10 \; kp/cm^2$$

Vemos pues que, en el movimiento de descenso del vástago, la presión de pilotaje x que abre el antirretorno pilotado para permitir el descenso, tanto con carga como sin carga, es de $P_{x\,desc} \approx 118{,}55$ kp/cm², la cual admitimos que es suficiente para abrir dicho antirretorno.

Por otra parte, la caída de presión en el regulador unidireccional para el descenso con carga es de $\Delta P_{RUD\,cc}(Q_4) = 167{,}86$ kp/cm², y para descenso sin carga $\Delta P_{RUD\,sc}(Q_4) = 137{,}10$ kp/cm². Esta caída de presión, en uno y otro caso, se reparte entre las pérdidas en el estrangulamiento, que son función del grado de apertura y del caudal de aceite circulante (los mismos en ambos casos), y las pérdidas en la válvula reguladora de presión que forma parte del regulador unidireccional compensado en presión, las cuales dependen de la carga a descender y de la presión de pilotaje de la válvula limitadora de presión.

Todo esto es lógico, dado que P_4 deberá ser mayor en el descenso con carga ($175,21$ kp/cm²) que en el descenso sin carga ($144,45$ kp/cm²), ya que en este segundo caso la presión en la cámara anterior del cilindro no tiene que soportar el peso de la carga. Y, en definitiva, en el movimiento de descenso del vástago la caída de presión en el regulador unidireccional deberá ser mayor con carga que sin ella.

Apartado d)

Rendimiento global de la bomba:

$$\eta_b = \eta_{vb} \cdot \eta_{mb} = 0{,}95 \cdot 0{,}90 = 0{,}86 = 86\ \%$$

Potencias de accionamiento de la bomba, en movimientos de elevación y descenso:

$$P_{accb\,elev\,cc} = \frac{Q_b \cdot P_{b\,elev\,cc}}{\eta_b} = \frac{123{,}98 \cdot 103{,}66}{0{,}86} \cdot \frac{9{,}81}{6.000} = 24{,}43\ kW$$

$$P_{accb\,desc\,cc} = \frac{Q_b \cdot P_{b\,desc\,cc}}{\eta_b} = \frac{123{,}98 \cdot 121}{0{,}86} \cdot \frac{9{,}81}{6.000} = 28{,}52\ kW$$

$$P_{accb\,elev\,sc} = \frac{Q_b \cdot P_{b\,elev\,sc}}{\eta_b} = \frac{123{,}98 \cdot 72{,}91}{0{,}86} \cdot \frac{9{,}81}{6.000} = 17{,}19\ kW$$

$$P_{accb\,desc\,sc} = \frac{Q_b \cdot P_{b\,desc\,sc}}{\eta_b} = \frac{123{,}98 \cdot 121}{0{,}86} \cdot \frac{9{,}81}{6.000} = 28.52\ kW$$

Presión de bomba y potencia de accionamiento, con válvula distribuidora en reposo:

$$P_{b\,VDreposo} = \Delta P_{PT}(Q_b) + \Delta P_{arF}(Q_b) = 7 + 3 = 10\ kp/cm2$$

$$P_{accb\,VDreposo} = \frac{Q_b \cdot P_{b\,VDreposo}}{\eta_b} = \frac{123{,}98 \cdot 10}{0{,}86} \cdot \frac{9{,}81}{6.000} = 2{,}36\ kW$$

Apartado e)

La presión máxima a la que trabajará la bomba es cuando, finalizada la carrera de elevación o de descenso del vástago, se mantiene la señal eléctrica que ha provocado dicho movimiento. En este caso todo el caudal de bomba se descargará a tanque a través de la válvula limitadora de presión. Como este caudal es de 123,98 l/min, y la presión de tarado de la válvula limitadora de presión es de 115 kp/cm², la presión de bomba máxima será:

$$P_{b\,máx} = \Delta P_{VLP}(Q_b) + \Delta P_{arF}(Q_b) = 120{,}5 + 3 = 123{,}5\ kp/cm2$$

De esta manera, la potencia máxima de accionamiento de la bomba será:

$$P_{accb\,máx} = \frac{Q_b \cdot P_{b\,máx}}{\eta_b} = \frac{123{,}98 \cdot 123{,}5}{0{,}86} \cdot \frac{9{,}81}{6.000} = 29{,}11\ kW$$

Se instalará un motor de potencia nominal 35 kW girando a 1450 rpm.

Problema 13. Cilindro, válvula de secuencia, regulador unidireccional y bomba compensada en presión

Se desea diseñar el circuito oleohidráulico de la Figura 13.1 para el accionamiento de la compuerta que cierra o abre el aliviadero de superficie de una presa. Para ello se parte de los siguientes datos:

- Peso de la compuerta: 18 Tm
- Diámetro del cilindro: 160 mm
- Longitud de carrera del vástago: 2400 mm
- Fuerzas de rozamiento en el cilindro: 150 kp
- Duración de las maniobras, tanto de apertura como de cierre: 60 segundos

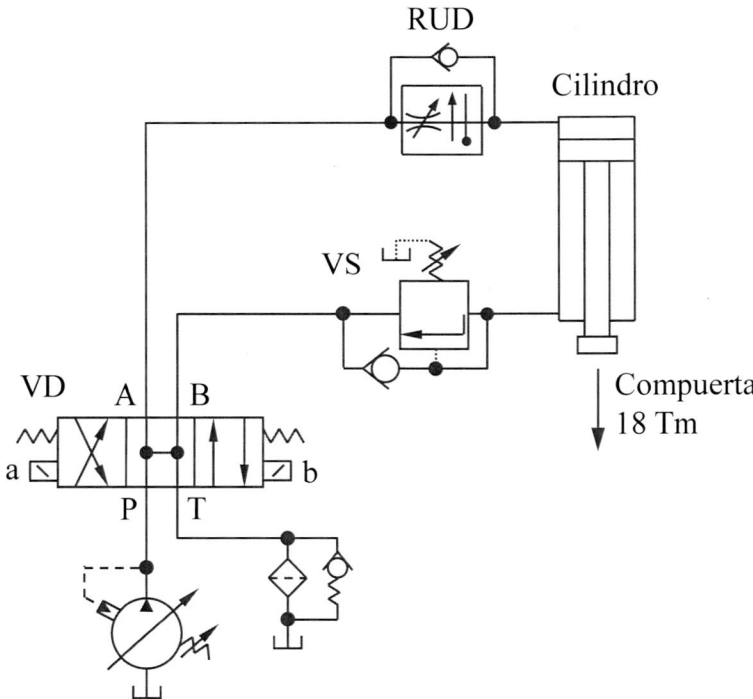

Figura 13.1. Circuito para el accionamiento de la compuerta del aliviadero de superficie de una presa.

Con ello, determinar:

a) Presión de tarado de la válvula de secuencia.

b) Especificaciones de la bomba compensada en presión a instalar, admitiendo para la misma un rendimiento volumétrico de 95 %.

c) Presiones en el sistema en los movimientos de elevación y descenso de la compuerta.

d) Potencia nominal del motor de accionamiento de la bomba, si esta tiene un rendimiento global del 82,5 %.

Suponer que el filtro está colmatado y que todo el caudal de retorno circula por el antirretorno con resorte.

Solución

Apartado a)

De acuerdo con la Referencia [6], el cilindro de diámetro nominal 160 mm tiene diámetros de vástago de 70, 90 y 110 mm. Si admitimos una tensión de trabajo a tracción del acero del vástago de 1600 kp/cm², el diámetro del vástago será:

$$D_v \geq \sqrt{\frac{4 \cdot F_v}{\pi \cdot \sigma_t}} = \sqrt{\frac{4 \cdot 18.000}{\pi \cdot 1.600}} = 3,78 \, cm$$

Adoptamos por ello el diámetro mínimo de vástago, 70 mm.

Con la válvula distribuidora en posición de reposo, la presión en la cámara anterior del cilindro para sostener la carga será:

$$P_s = \frac{4 \cdot F_v}{\pi \cdot (D_c^2 - D_v^2)} = \frac{4 \cdot 18.000}{\pi \cdot (16^2 - 7^2)} = 110,72 \, kp/cm^2$$

La presión de tarado de la válvula de secuencia deberá ser mayor que la presión sostenedora. Por ejemplo, $P_{TVS} = 120 \, kp/cm^2$

Apartado b)

Para decidir la bomba a instalar es necesario conocer primero los caudales de elevación y descenso del vástago del cilindro indicados en la Figura 13.2.

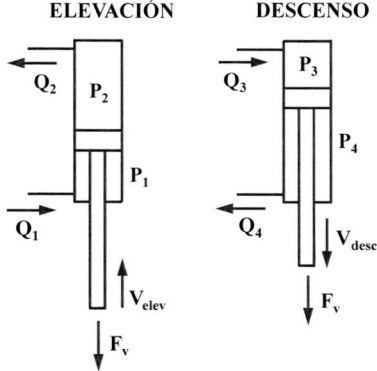

Figura 13.2. Movimientos de elevación y descenso de una compuerta mediante un cilindro hidráulico.

A partir de esta figura tendremos:

$$Q_1 = \frac{\pi \cdot \left(D_c^2 - D_v^2\right)}{4} \cdot \frac{L_c}{T_{elev}} = \frac{\pi \cdot \left(16^2 - 7^2\right)}{4} \cdot \frac{240}{60} = 650{,}31 \ cm^3/s = 39{,}02 \ l/min$$

$$Q_2 = \frac{D_c^2}{D_c^2 - D_v^2} \cdot Q_1 = \frac{16^2}{16^2 - 7^2} \cdot 39{,}02 = 48{,}25 \ l/min$$

$$Q_3 = \frac{\pi \cdot D_c^2}{4} \cdot \frac{L_c}{T_{desc}} = \frac{\pi \cdot 16^2}{4} \cdot \frac{240}{60} = 804{,}25 \ cm^3/s = 48{,}25 \ l/min$$

$$Q_4 = \frac{D_c^2 - D_v^2}{D_c^2} \cdot Q_3 = \frac{16^2 - 7^2}{16^2} \cdot 48{,}25 = 39{,}02 \ l/min$$

El caudal de bomba trabajando como bomba convencional debe ser el mayor de Q_1 y Q_3. Así, este caudal corresponde al movimiento de descenso de la carga, y vale

$$Q_b = Q_3 = 48{,}25 \ l/min$$

siendo el caudal nominal de la misma

$$Q_{Nb} = \frac{Q_b}{\eta_{vb}} = \frac{48{,}25}{0{,}95} = 50{,}79 \ l/min$$

Y si admitimos que la bomba a instalar va a girar a una velocidad de rotación de 1450 rpm, la cilindrada necesaria será

$$c_b = \frac{Q_{Nb}}{N_b} = \frac{50{,}79 \cdot 1.000}{1.450} = 35{,}03 \ cm^3/rev$$

Se selecciona una bomba de paletas compensada en presión tipo *PV7*, tamaño nominal 40 y cilindrada 45 cm³/rev según la Referencia [3], cuya presión máxima de trabajo es de 160 bar. Con esta bomba, girando a 1450 rpm y ajustando su cilindrada a unos 35 cm³/rev, se obtiene aproximadamente el caudal deseado.

Apartado c)

Los componentes a seleccionar a partir de la información de catálogo son:

- Válvula distribuidora *VD*. Se selecciona con el caudal $Q_3 = 48{,}25$ l/min, y será del tipo *WE* y tamaño nominal 6 de la Referencia [11], de cuatro orificios y tres posiciones de trabajo, con centro *H* y caudal máximo 80 l/min.

- Regulador unidireccional *RUD*. Se selecciona con el caudal $Q_2 = 48{,}25$ l/min, y será del tipo *2FRM* indicado en la Referencia [20], tamaño nominal 10 y caudal máximo 50 l/min. En este regulador el estrangulamiento variable se consigue mediante un pistón tipo *50L*, y estará dotado de un antirretorno en paralelo. Para imponer mediante este regulador el caudal $Q_2 = 48{,}25$ l/min, la sección de estrangulamiento correspondiente se obtiene disponiendo el mando giratorio en la posición 9,6.

- Válvula de secuencia *VS*. Se selecciona con el caudal $Q_4 = 39,02$ l/min, y será del tipo *ZDZ*, versión *A...Y* y tamaño nominal 6 de la Referencia [17]. Esta válvula dispone de accionamiento directo, con caudal máximo 60 l/min y antirretorno en paralelo.

- Filtro. Se selecciona con el caudal $Q_2 = 48,25$ l/min, y será del tipo *RF 014* de la Referencia [1], con antirretorno en paralelo y caudal máximo 60 l/min. La presión de apertura del antirretorno es de 3 bar.

Presiones en el movimiento de elevación de la carga:

Durante el movimiento de elevación de la compuerta la bomba estará trabajando en la zona de compensación, impulsando un caudal $Q_{b\,e} = Q_1 = 39,02$ l/min impuesto por la actuación del regulador unidireccional. Para calcular las presiones del sistema en este movimiento es necesario definir previamente la presión de tarado de la bomba para la cual admitiremos, de momento, una presión de tarado igual a la presión de tarado de la válvula de secuencia,

$$P_{Tb} = 120 \, kp/cm^2$$

En estas condiciones, y extrapolando la curva característica de la bomba seleccionada a un caudal nominal de 50,79 l/min con una presión de tarado de 120 kp/cm², la presión de bomba durante el movimiento de elevación de la compuerta, impulsando un caudal $Q_{be} = 39,02$ l/min, será de aproximadamente 127 kp/cm². Así,

$$P_1 = P_{b\,elev} - \Delta P_{PB}(Q_1) - \Delta P_{arVS}(Q_1) = 127 - 2,4 - 4,5 = 120,1 \, kp/cm^2$$

$$P_1 \cdot \frac{\pi \cdot \left(D_c^2 - D_v^2\right)}{4} = P_2 \cdot \frac{\pi \cdot D_c^2}{4} + F_v + F_{roz}$$

$$120,1 \cdot \frac{\pi \cdot \left(16^2 - 7^2\right)}{4} = P_2 \cdot \frac{\pi \cdot 16^2}{4} + 18.000 + 150 \quad ; \qquad P_2 = 6,84 \, kp/cm^2$$

siendo las pérdidas en el regulador unidireccional

$$\Delta P_{RUD}(Q_2) = P_2 - \Delta P_{AT}(Q_2) - \Delta P_{arF}(Q_2) = 6,84 - 4 - 3 = -0,16 \, kp/cm^2$$

Lógicamente, las pérdidas en el regulador unidireccional no pueden ser negativas, lo que pone de manifiesto que se ha adoptado una presión de tarado de la bomba excesivamente baja. Por ello, si aumentamos esta presión de tarado a un valor de

$$P_{Tb} = 145 \, kp/cm^2$$

la presión de bomba durante el movimiento de elevación de la compuerta será de aproximadamente 152 kp/cm², y las presiones del sistema durante este movimiento serán ahora

$$P_1 = P_{b\,elev} - \Delta P_{PB}(Q_1) - \Delta P_{arVS}(Q_1) = 152 - 2,4 - 4,5 = 145,1 \, kp/cm^2$$

$$P_1 \cdot \frac{\pi \cdot \left(D_c^2 - D_v^2\right)}{4} = P_2 \cdot \frac{\pi \cdot D_c^2}{4} + F_v + F_{roz}$$

$$145,1 \cdot \frac{\pi \cdot \left(16^2 - 7^2\right)}{4} = P_2 \cdot \frac{\pi \cdot 16^2}{4} + 18.000 + 150 \quad ; \qquad P_2 = 27,06 \, kp/cm^2$$

En estas condiciones las pérdidas en el regulador unidireccional serán

$$\Delta P_{RUD}(Q_2) = P_2 - \Delta P_{AT}(Q_2) - \Delta P_{arF}(Q_2) = 27,06 - 4 - 3 = 20,06 \ kp/cm^2$$

las cuales admitimos que serán suficientes para regular el caudal circulante al valor $Q_2 = 48,25$ l/min.

Presiones en el movimiento de descenso de la carga:

$$P_4 = P_{VS}(Q_4) = 135 \ kp/cm^2$$

$$P_4 \cdot \frac{\pi \cdot \left(D_c^2 - D_v^2\right)}{4} + F_{roz} = P_3 \cdot \frac{\pi \cdot D_c^2}{4} + F_v$$

$$135 \cdot \frac{\pi \cdot \left(16^2 - 7^2\right)}{4} + 150 = P_3 \cdot \frac{\pi \cdot 16^2}{4} + 18.000 \quad ; \qquad P_3 = 20,38 \ kp/cm^2$$

$$P_{b \ desc} = P_3 + \Delta P_{arRUD}(Q_3) + \Delta P_{PA}(Q_3) = 20,38 + 6,2 + 4 = 30,58 \ kp/cm^2$$

En estas condiciones la válvula de secuencia adoptará un grado de apertura tal que, circulando por la misma el caudal $Q_4 = 39,02$ l/min, las pérdidas en dicha válvula serán

$$\Delta P_{VS}(Q_4) = P_4 - \Delta P_{BT}(Q_4) - \Delta P_{arF}(Q_4) = 135 - 2,75 - 3 = 129,25 \ kp/cm^2$$

Apartado d)

La potencia máxima de accionamiento de la bomba se producirá en el momento en que dicha bomba entra en la zona de compensación, esto es,

$$P_{máx \ acc \ b} = \frac{Q_b \cdot P_{Tb}}{\eta_b} = \frac{48,25 \cdot 145}{0,825} \cdot \frac{9,81}{6.000} = 13,87 \ kW$$

Se instalará un motor de potencia nominal 17 kW.

Problema 14. Cilindro, válvula de secuencia, regulador unidireccional y bomba convencional

Se desea diseñar el circuito oleohidráulico de la Figura 14.1 para automatizar el cierre y apertura de la compuerta de toma de un aprovechamiento hidráulico. Para ello se parte de los siguientes datos:

- Peso de la compuerta: 14,5 Tm, tanto en movimiento de cierre como de apertura.

- Longitud de carrera del vástago: 3,0 m.

- Fuerzas de rozamiento en el cilindro: 150 kp, en movimientos de avance y de retroceso.

- Duración de la maniobra tanto de cierre (salida de vástago) como de apertura (entrada de vástago): 85 segundos.

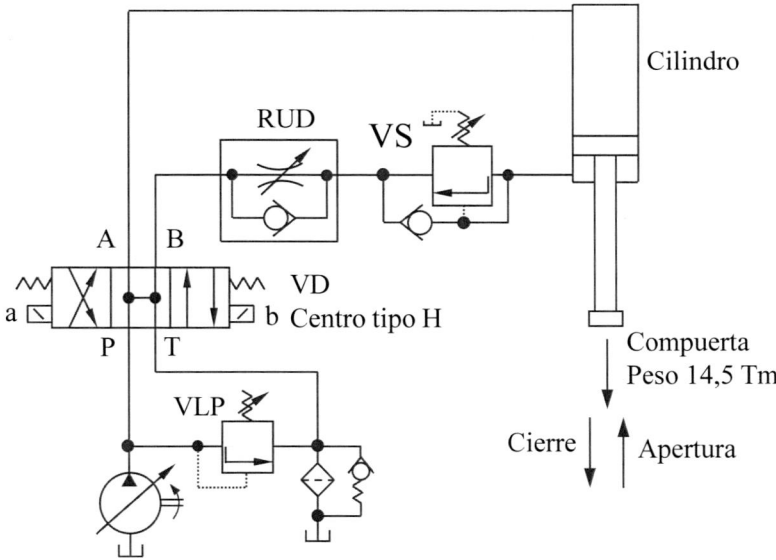

Figura 14.1. Circuito para el accionamiento de la compuerta de toma de un aprovechamiento hidroeléctrico.

Suponiendo que el filtro se encuentra colmatado, determinar:

a) Elegir el cilindro más adecuado si admitimos una presión en el cilindro para la apertura de la compuerta del orden de 100 kp/cm².

b) Presión de tarado de la válvula de secuencia. Esta válvula deberá evitar el descenso de la compuerta en posición abierta con la válvula distribuidora en reposo.

c) Caudal de bomba necesario para conseguir los tiempos de maniobra especificados. Seleccionar la bomba a partir de la información de catálogo disponible, suponiendo que ésta tiene un rendimiento volumétrico del 97,5 % y un rendimiento mecánico del 85 %.

d) Presión de tarado de la válvula limitadora de presión.

e) Potencia nominal del motor de accionamiento de la bomba.

Solución

Apartado a)

Como el vástago del cilindro trabaja siempre a tracción, su diámetro cumplirá la expresión

$$\sigma_t = \frac{4 \cdot F_v}{\pi \cdot D_v^2}$$

donde σ_t es la tensión de trabajo a tracción del material del vástago. Si la tensión de trabajo máxima admisible a tracción del acero es el orden de 1600 kp/cm², tenemos

$$D_v \geq \sqrt{\frac{4 \cdot F_v}{\pi \cdot \sigma_{t\,adm}}} = \sqrt{\frac{4 \cdot 14.500}{\pi \cdot 1.600}} = 3,40\ cm$$

Adoptamos de momento un diámetro de vástago de 45 mm, que es el menor de los diámetros de vástago del cilindro de diámetro nominal 100 mm que aparece en la Referencia [6]. Así, el diámetro del cilindro se obtendrá mediante la expresión

$$F_v + F_{roz} = \frac{\pi \cdot \left(D_c^2 - D_v^2\right)}{4} \cdot P_t \quad ; \qquad 14.500 + 150 = \frac{\pi \cdot \left(D_c^2 - 4,5^2\right)}{4} \cdot 100$$

de donde se obtiene $D_c = 14,38$ cm. Haciendo uso de la información de catálogo respecto de las características de los cilindros comerciales, Referencia [6], el diámetro nominal del cilindro será de 160 mm.

Pero para este cilindro el diámetro mínimo de vástago es de 70 mm. Por ello, adoptando este valor para el diámetro del vástago, la presión de trabajo del sistema será aproximadamente

$$P_t = \frac{4 \cdot \left(F_v + F_{roz}\right)}{\pi \cdot \left(D_c^2 - D_v^2\right)} = \frac{4 \cdot \left(14.500 + 150\right)}{\pi \cdot \left(16^2 - 7^2\right)} = 90,11\ kp/cm^2$$

de donde se deduce que el cilindro seleccionado, de diámetro nominal 160 mm con vástago de diámetro 70 mm, cumple con la presión de trabajo indicada en el enunciado.

Apartado b)

Con la compuerta en posición intermedia, y la válvula distribuidora en posición de reposo, la presión sostenedora en la cámara anterior del cilindro necesaria para evitar el descenso de la compuerta será

$$P_s = \frac{4 \cdot F_v}{\pi \cdot \left(D_c^2 - D_v^2\right)} = \frac{4 \cdot 14.500}{\pi \cdot \left(16^2 - 7^2\right)} = 89{,}19 \; kp/cm^2$$

La presión de tarado de la válvula de secuencia deberá ser mayor que la presión sostenedora. Por ejemplo,

$$P_{TVS} = 100 \; kp/cm^2$$

Apartado c)

Para decidir la bomba a instalar es necesario conocer primero los caudales de elevación y descenso del vástago del cilindro indicados en la Figura 14.2.

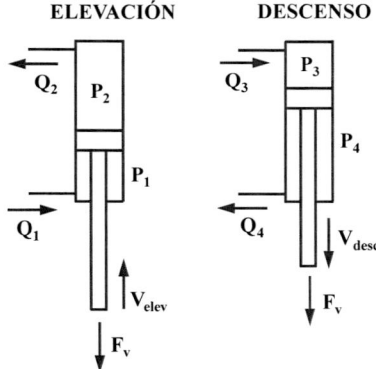

Figura 14.2. Movimientos de elevación y descenso de una compuerta mediante un cilindro hidráulico.

Así, estos caudales serán:

$$Q_1 = \frac{\pi \cdot \left(D_c^2 - D_v^2\right)}{4} \cdot \frac{L_c}{T_{elev}} = \frac{\pi \cdot \left(16^2 - 7^2\right)}{4} \cdot \frac{300}{85} = 573{,}80 \; cm^3/s = 34{,}43 \; l/min$$

$$Q_2 = \frac{D_c^2}{D_c^2 - D_v^2} \cdot Q_1 = \frac{16^2}{16^2 - 7^2} \cdot 34{,}43 = 42{,}58 \; l/min$$

$$Q_3 = \frac{\pi \cdot D_c^2}{4} \cdot \frac{L_c}{T_{desc}} = \frac{\pi \cdot 16^2}{4} \cdot \frac{300}{85} = 709{,}63 \; cm^3/s = 42{,}58 \; l/min$$

$$Q_4 = \frac{D_c^2 - D_v^2}{D_c^2} \cdot Q_3 = \frac{16^2 - 7^2}{16^2} \cdot 42{,}58 = 34{,}43 \; l/min$$

El caudal de bomba debe ser el mayor de Q_1 y Q_3. Así, este caudal corresponde al movimiento de descenso de la carga, y vale

$$Q_b = Q_3 = 42,58 \; l/min$$

Si suponemos que la bomba va a girar a 1450 rpm, la cilindrada necesaria será

$$c_b = \frac{Q_b}{\eta_{vb} \cdot N_b} = \frac{42,58 \cdot 1.000}{0,975 \cdot 1.450} = 30,12 \; cm^3/rev$$

Se selecciona una bomba de engranajes externos, del tipo *AZPF* indicado en la Referencia [2]. Y para evitar que el tiempo de maniobra de la compuerta sea menor que los 85 s especificados en el enunciado, se seleccionará una bomba de tamaño nominal 28, con cilindrada 28 cm³/rev.

Para la bomba seleccionada, el caudal impulsado será:

$$Q_b = c_b \cdot N_b \cdot \eta_{vb} = \frac{28 \cdot 1.450 \cdot 0,975}{1.000} = 39,59 \; l/min$$

para el cual, y durante el movimiento de descenso de la compuerta, los caudales circulantes serán:

$$Q_3 = Q_b = 39,59 \; l/min$$

$$Q_4 = \frac{D_c^2 - D_v^2}{D_c^2} \cdot Q_3 = \frac{16^2 - 7^2}{16^2} \cdot 39,59 = 32,01 \; l/min$$

con un tiempo de descenso de

$$T_{desc} = \frac{\pi \cdot D_c^2}{4} \cdot \frac{L_c}{Q_3} = \frac{\pi \cdot 16^2}{4} \cdot \frac{300}{39,59} \cdot \frac{60}{1.000} = 91,43 \; s$$

Este tiempo de descenso es ligeramente mayor que los 85 s especificados.

A su vez, para la maniobra de elevación de la compuerta, y por acción del regulador unidireccional, los caudales circulantes pueden ser los calculados anteriormente,

$$Q_1 = 34,43 \; l/min \quad ; \quad Q_2 = 42,58 \; l/min$$

proporcionando con ello un tiempo de elevación de 85 s. En este movimiento la válvula limitadora de presión estará abierta, descargando a tanque un caudal de

$$Q_{VLP\,e} = Q_b - Q_1 = 39,59 - 34,43 = 5,16 \; l/min$$

Apartado d)

Los componentes a seleccionar a partir de la información de catálogo son:

- Válvula distribuidora *VD*. Se selecciona con el caudal $Q_2 = 42,58$ l/min, y será del tipo *WE* y tamaño nominal 6 de la Referencia [11], de cuatro orificios y tres posiciones de trabajo, con centro *H* y caudal máximo 80 l/min.

- Regulador unidireccional *RUD*. Se selecciona con el caudal $Q_1 = 34{,}43$ l/min, y será del tipo *2FRM* indicado en la Referencia [20], tamaño nominal 10 y caudal máximo 50 l/min. En este regulador el estrangulamiento variable se consigue mediante un pistón tipo *50L*, y estará dotado de un antirretorno en paralelo. Para imponer mediante este regulador el caudal $Q_1 = 34{,}43$ l/min, la sección de estrangulamiento correspondiente se obtiene disponiendo el mando giratorio en la posición 6,75.

- Válvula de secuencia *VS*. Se selecciona con el caudal $Q_1 = 34{,}43$ l/min, y será del tipo *ZDZ*, versión *A...Y* y tamaño nominal 6 de la Referencia [17]. Esta válvula dispone de accionamiento directo, con caudal máximo 60 l/min y antirretorno en paralelo.

- Válvula limitadora de presión *VLP*. Se selecciona con el caudal $Q_b = 39{,}59$ l/min, y será del tipo *ZDB*, tamaño nominal *6* y caudal máximo 60 l/min indicado en la Referencia [15].

- Filtro. Se selecciona mediante la suma de caudales $Q_{VLP\,e} + Q_2 = 5{,}16 + 42{,}56 = 47{,}72$ l/min, y será del tipo *RF 014* de la Referencia [1], con antirretorno en paralelo y caudal máximo 60 l/min. La presión de apertura del antirretorno es de 3 bar.

Presiones en el movimiento de elevación de la compuerta, señal eléctrica *a*:

$$P_2 = \Delta P_{AT}(Q_2) + \Delta P_{arF}(Q_{VLP\,e} + Q_2) = 3{,}2 + 3 = 6{,}2 \; kp/cm^2$$

$$P_1 \cdot \frac{\pi \cdot \left(D_c^2 - D_v^2\right)}{4} = P_2 \cdot \frac{\pi \cdot D_c^2}{4} + F_v + F_{roz}$$

$$P_1 \cdot \frac{\pi \cdot \left(16^2 - 7^2\right)}{4} = 6{,}2 \cdot \frac{\pi \cdot 16^2}{4} + 14.500 + 150 \quad ; \qquad P_1 = 97{,}78 \; kp/cm^2$$

Durante el movimiento de elevación de la compuerta la válvula limitadora de presión estará abierta, descargando a tanque un caudal $Q_{VLP\,e} = 5{,}16$ l/min. Además, el tarado de esta válvula deberá ser mayor que la presión P_1, o sea, $P_{T\,VLP} > P_1 = 97{,}78$ kp/cm² . Por ello admitiremos de momento que

$$P_{T\,VLP} = 115 \; kp/cm^2$$

Así, la presión de bomba en la maniobra de elevación de la compuerta será

$$P_{b\,elev} = \Delta P_{VLP}(Q_{VLP\,e}) + \Delta P_{arF}(Q_{VLP\,e} + Q_2) = 116 + 3 = 119 \; kp/cm^2$$

En estas condiciones las pérdidas en el regulador unidireccional serán

$$\Delta P_{RUD}(Q_1) = P_{b\,elev} - P_1 - \Delta P_{arVS}(Q_1) - \Delta P_{PB}(Q_1) =$$

$$= 119 - 97{,}78 - 2{,}62 - 1{,}9 = 16{,}70 \; kp/cm^2$$

las cuales admitimos que serán suficientes para regular el caudal circulante al valor $Q_1 = 34{,}43$ l/min. Y en caso de no ser suficientes, se debería elevar la presión de tarado de la válvula limitadora de presión.

Presiones en el movimiento de descenso de la compuerta, señal eléctrica b:

$$P_4 = P_{VS}(Q_4) = 112{,}5 \; kp/cm^2$$

$$P_4 \cdot \frac{\pi \cdot \left(D_c^2 - D_v^2\right)}{4} + F_{roz} = P_3 \cdot \frac{\pi \cdot D_c^2}{4} + F_v$$

$$112{,}5 \cdot \frac{\pi \cdot \left(16^2 - 7^2\right)}{4} + 150 = P_3 \cdot \frac{\pi \cdot 16^2}{4} + 14.500 \;\; ; \qquad P_3 = 19{,}60 \; kp/cm^2$$

$$P_{b\,desc} = P_3 + \Delta P_{PA}(Q_3) = 19{,}60 + 2{,}85 = 22{,}45 \; kp/cm^2$$

Con esta presión de bomba, y durante el movimiento de descenso de la compuerta, la válvula limitadora de presión estará cerrada.

En estas condiciones las pérdidas en la válvula de secuencia, que condicionarán su grado de apertura, serán

$$\Delta P_{VS}(Q_4) = P_4 - \Delta P_{arRUD}(Q_4) - \Delta P_{BT}(Q_4) - \Delta P_{arF}(Q_4) =$$

$$= 112{,}5 - 4{,}2 - 2 - 3 = 103{,}3 \; kp/cm^2$$

Apartado e)

La presión máxima de bomba es cuando, finalizada la carrera de elevación o de descenso de la compuerta, se mantiene la señal eléctrica que ha provocado dicho movimiento. En este caso todo el caudal de bomba se descargará a tanque a través de la válvula limitadora de presión. Como este caudal es de 39,59 l/min, y la presión de tarado de dicha válvula es de 115 kp/cm^2, la presión de bomba máxima será:

$$P_{b\,máx} = \Delta P_{VLP}(Q_b) + \Delta P_{arF}(Q_b) = 126{,}5 + 3 = 129{,}5 \; kp/cm^2$$

De esta manera, la potencia máxima de accionamiento de la bomba será:

$$P_{accb\,máx} = \frac{Q_b \cdot P_{b\,máx}}{\eta_{vb} \cdot \eta_{mb}} = \frac{39{,}59 \cdot 129{,}5}{0{,}975 \cdot 0{,}85} \cdot \frac{9{,}81}{6.000} = 10{,}11 \; kW$$

Se instalará un motor de potencia nominal 13 kW girando a 1450 rpm.

Problema 15. Cilindro, válvula de secuencia, regulador unidireccional y bomba convencional

En una instalación de laminado en frío de chapa, ésta, una vez laminada en continuo, se enrolla y corta en bobinas para su traslado a la fase siguiente del proceso. A continuación las bobinas se extraen del eje de la enrolladora, situada al nivel del sótano de la nave, y se depositan sobre una plataforma que las elevará hasta el nivel del suelo. Posteriormente, una vez la bobina se ha descargado de la plataforma, ésta desciende en vacío y se prepara para recibir una nueva bobina.

Para automatizar los movimientos verticales de la plataforma se va a diseñar un circuito oleohidráulico como el que se indica en la Figura 15.1. Los datos de partida son:

- Peso de la bobina: $F_b = 40$ Tm
- Peso de la plataforma: $F_p = 2,5$ Tm
- Fuerza de rozamiento en el cilindro, en ambos movimientos del vástago: $F_{roz} = 150$ kp
- Longitud de carrera del vástago: $L_c = 235$ cm
- Tiempo de elevación en carga: $T_{ecc} = 45$ s
- Tiempo de descenso en vacío: $T_{dsc} = 15$ s

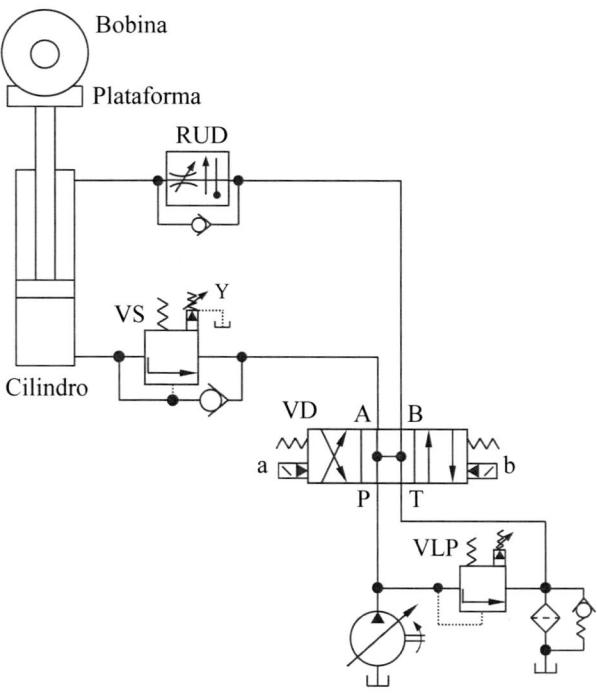

Figura 15.1. Circuito oleohidráulico para elevación de bobinas de chapa laminada.

Suponiendo que el cilindro que mueve la plataforma se encuentra sujeto a la estructura mediante patas, que el vástago se encuentra apoyado con guía no rígida, y que el filtro está colmatado, determinar:

a) Elegir el cilindro más adecuado si admitimos una presión de trabajo para elevar la bobina del orden de 150 kp/cm^2.

b) Presión de tarado de la válvula de secuencia necesaria para sostener la plataforma cargada cuando se detiene su movimiento en cualquier posición.

c) Seleccionar la bomba si se supone que tiene un rendimiento volumétrico del 95 %.

d) Punto de funcionamiento de la bomba en los movimientos de elevación y descenso del vástago (con y sin carga), y presión de tarado de la válvula limitadora de presión.

e) Potencia nominal del motor de arrastre de la bomba, si ésta tiene un rendimiento global del 82 %.

f) Con el circuito así diseñado, y en caso de necesidad, ¿cómo se podría hacer descender la plataforma cargada en un tiempo de 60 s? ¿Y elevarla en vacío, con un tiempo de elevación del orden de 30 s?

Solución

Apartado a)

Para dimensionar el cilindro hemos de tener en cuenta la presión de trabajo P_t a la que queremos someterlo. Así tenemos:

$$F_b + F_p + F_{roz} = \frac{\pi D_c^2}{4} \cdot P_t \quad ; \qquad 40.000 + 2.500 + 150 = \frac{\pi D_c^2}{4} \cdot 150$$

de donde se obtiene $D_c = 19,03$ cm. Haciendo uso de la información de catálogo respecto de las características de los cilindros comerciales, Referencia [6], se elegirá un cilindro de diámetro nominal 200 mm.

El cilindro de DN 200 se fabrica con vástagos de 90, 110 y 140 mm. Para la elección del vástago se tendrá en cuenta el factor de carrera el cual, con el cilindro fijado mediante patas y el vástago apoyado con guía no rígida, tiene un valor de $K = 2$ según la Referencia [7].

El vástago, para evitar los efectos del pandeo, deberá cumplir la ecuación

$$D_v \geq \sqrt[4]{\frac{64 \cdot s \cdot \left(F_b + F_p\right) \cdot \left(K \cdot L_c\right)^2}{\pi^3 \cdot E}} = \sqrt[4]{\frac{64 \cdot 2,5 \cdot 42.500 \cdot \left(2 \cdot 235\right)^2}{\pi^3 \cdot 2,1 \cdot 10^6}} = 12,32 \, cm$$

Por ello, para el cilindro se adopta un vástago de diámetro 140 mm.

Apartado b)

En caso de que, en el movimiento de elevación de la bobina la válvula distribuidora *VD* adquiera la posición de reposo, la presión sostenedora que evite la caída de la carga será:

$$P_{sost} = \frac{F_b + F_p}{A_c} = \frac{4 \cdot (40.000 + 2.500)}{\pi \cdot 20^2} = 135,28 \; kp/cm^2$$

La presión de tarado de la válvula de secuencia *VS* será algo mayor que la presión sostenedora, por ejemplo, $P_{TVS} = 145 \; kp/cm^2$.

Apartado c)

Para decidir la bomba a instalar es necesario conocer primero los caudales de elevación y descenso del vástago del cilindro indicados en la Figura 15.2.

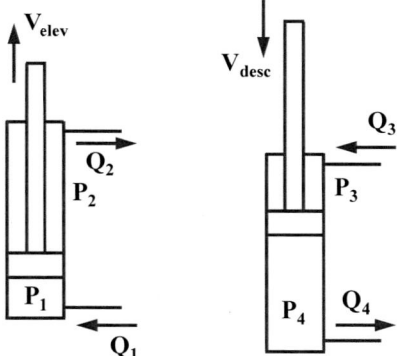

Figura 15.2. Caudales para elevación y descenso del vástago de un cilindro.

Estos caudales, considerando que los tiempos de elevación y descenso del vástago están fijados, serán los siguientes:

$$Q_1 = \frac{\pi \cdot D_c^2}{4} \cdot \frac{L_c}{T_{ecc}} = \frac{\pi \cdot 20^2}{4} \cdot \frac{235}{45} = 1.640,61 \; cm^3/s = 98,44 \; l/min$$

$$Q_2 = \frac{D_c^2 - D_v^2}{D_c^2} \cdot Q_1 = \frac{20^2 - 14^2}{20^2} \cdot 98,44 = 50,20 \; l/min$$

$$Q_3 = \frac{\pi \cdot \left(D_c^2 - D_v^2\right)}{4} \cdot \frac{L_c}{T_{dsc}} = \frac{\pi \cdot \left(20^2 - 14^2\right)}{4} \cdot \frac{235}{15} = 2.510,13 \; cm^3/s = 150,61 \; l/min$$

$$Q_4 = \frac{D_c^2}{D_c^2 - D_v^2} \cdot Q_3 = \frac{20^2}{20^2 - 14^2} \cdot 150,61 = 295,31 \; l/min$$

El caudal de bomba trabajando como bomba convencional debe ser el mayor de Q_1 y Q_3. Así, este caudal corresponde al movimiento de descenso del vástago, y vale

$$Q_b = Q_3 = 150,61 \ l/min$$

El caudal teórico de bomba será:

$$Q_{tb} = \frac{Q_b}{\eta_{vb}} = \frac{150,61}{0,95} = 158,53 \ l/min$$

el cual, girando la bomba a 1450 rpm, requiere una cilindrada de

$$c_b = \frac{Q_{tb}}{N_b} = \frac{158,53 \cdot 1.000}{1.450} = 109,33 \ cm3/rev$$

Se selecciona una bomba de pistones axiales y eje inclinado, de caudal constante y tamaño nominal 107 según la Referencia [5]. Esta bomba tiene una cilindrada de 106,7 cm³/rev, con la que se obtendrán las siguientes condiciones para el movimiento de descenso del vástago del cilindro:

$$Q_b = Q_3 = c_b \cdot N_b \cdot \eta_{vb} = \frac{106,7 \cdot 1.450 \cdot 0,95}{1.000} = 146,98 \ l/min$$

$$Q_4 = \frac{D_c^2}{D_c^2 - D_v^2} \cdot Q_3 = \frac{20^2}{20^2 - 14^2} \cdot 146,98 = 288,19 \ l/min$$

con un tiempo de descenso sin carga de

$$T_{dsc} = \frac{\pi \cdot D_c^2}{4} \cdot \frac{L_c}{Q_4} = \frac{\pi \cdot 20^2}{4} \cdot \frac{235}{288,19} \cdot \frac{60}{1.000} = 15,37 \ s$$

Este tiempo de descenso es ligeramente mayor que los 15 s especificados.

A su vez, para la maniobra de elevación de la bobina, y por acción del regulador unidireccional *RUD*, los caudales circulantes pueden ser los calculados anteriormente,

$$Q_1 = 98,44 \ l/min \quad ; \quad Q_2 = 50,20 \ l/min$$

proporcionando con ello un tiempo de elevación con carga de 45 s. En este movimiento la válvula limitadora de presión *VLP* deberá estar abierta, descargando a tanque un caudal de

$$Q_{VLP\ ecc} = Q_b - Q_1 = 146,98 - 98,44 = 48,54 \ l/min$$

Apartado d)

Selección de componentes:

- Válvula distribuidora *VD*. Se selecciona con el caudal $Q_4 = 288,19$ l/min, y será del tipo *H-4WEH* indicado en la Referencia [13], de cuatro orificios y tres posiciones de trabajo, tamaño nominal 16 con centro *H* y caudal máximo 300 l/min.

- Regulador unidireccional *RUD*. Se selecciona con el caudal $Q_3 = 146,98$ l/min que circulará por su antirretorno, y será del tipo *2FRM* indicado en la Referencia [20], tamaño nominal 16 y caudal máximo 160 l/min. En este regulador el estrangulamiento variable se consigue mediante un pistón tipo *60L*, y estará dotado de un antirretorno en paralelo. Para imponer mediante este regulador el caudal $Q_2 = 50,20$ l/min, la sección de estrangulamiento correspondiente se obtiene disponiendo el mando giratorio en la posición 8,0.

- Válvula de secuencia *VS*. Esta válvula se podría seleccionar mediante el caudal $Q_1 = 98,44$ l/min que circula por su antirretorno en el movimiento de elevación del vástago con carga, y sería del tipo *DZ 5x/Y*, Referencia [18], de accionamiento indirecto, tamaño nominal 10, con caudal máximo 200 l/min y antirretorno en paralelo. Sin embargo, para el caudal Q_1 circulando por el antirretorno de la válvula de secuencia las pérdidas en dicho antirretorno serían de 14 kp/cm², pérdidas excesivas para el funcionamiento del regulador unidireccional *RUD* como veremos posteriormente. Por ello la válvula de secuencia elegida será del tipo anterior, pero de tamaño nominal 25 con caudal máximo 400 l/min. Además, esta elección está de acuerdo con el caudal Q_4 que circularía por dicha válvula en el movimiento de descenso del vástago sin carga, antes de modificar el circuito como se indica en la Figura 15.3.

- Válvula limitadora de presión *VLP*. Se selecciona con el caudal de bomba $Q_b = 146,98$ l/min, y será del tipo *DB*, tamaño nominal *16* y caudal máximo 250 l/min indicado en la Referencia [16].

- Filtro con antirretorno, para caudal $Q_4 = 288,19$ l/min. Se selecciona el filtro *RF 090* de la Referencia [1], con antirretorno en paralelo y caudal máximo 330 l/min. La presión de apertura del antirretorno es de 3 bar.

Vamos a admitir una presión de tarado de la válvula limitadora de presión $P_{TVLP} = 150$ kp/cm², y comprobaremos las presiones del sistema para los movimientos de elevación y descenso del vástago.

Elevación del vástago con carga, señal eléctrica *b*:

$$P_{b\,ecc} = \Delta P_{VLP}(Q_{VLP\,ecc}) + \Delta P_{arF}(Q_{VLP\,ecc} + Q_2) = 151,5 + 3 = 154,5 \; kp/cm^2$$

$$P_1 = P_{b\,ecc} - \Delta P_{PA}(Q_1) - \Delta P_{arVS}(Q_1) = 154,5 - 0,5 - 2,5 = 151,5 \; kp/cm^2$$

$$P_1 \cdot \frac{\pi \cdot D_c^2}{4} = P_2 \cdot \frac{\pi \cdot \left(D_c^2 - D_v^2\right)}{4} + F_b + F_p + F_{roz}$$

$$151,5 \cdot \frac{\pi \cdot 20^2}{4} = P_2 \cdot \frac{\pi \cdot \left(20^2 - 14^2\right)}{4} + 40\,000 + 2500 + 150 \; ; \qquad P_2 = 30,86 \; kp/cm^2$$

siendo las pérdidas en el regulador unidireccional

$$\Delta P_{RUD}(Q_2) = P_2 - \Delta P_{BT}(Q_2) - \Delta P_{arF}(Q_2 + Q_{VLP\,ecc}) =$$

$$= 30{,}86 - 0{,}35 - 3 = 27{,}51\ kp/cm^2$$

Se admite que estas pérdidas son suficientes para regular el caudal circulante al valor $Q_2 = 50{,}20$ l/min. En caso de no ser suficientes, se debería elevar la presión de tarado de la válvula limitadora de presión.

Nótese que, si se hubiese elegido la válvula de secuencia *VS* de tamaño nominal 10, con pérdidas en el antirretorno de 14 kp/cm² cuando circula por el mismo el caudal Q_1, la presión P_2 calculada sería de 8,32kp/cm² y las pérdidas en el regulador unidireccional *RUD* de 4,97 kp/cm². Podemos pensar que estas pérdidas son insuficientes para regular el caudal circulante al valor deseado.

Descenso del vástago sin carga, señal eléctrica *a*:

Teniendo en cuenta que la presión de tarado de la válvula de secuencia es de 145 kp/cm² (apartado b), y que para el descenso del vástago esta válvula deberá abrirse, las presiones del sistema serán ahora

$$P_4 = P_{VS}(Q_4) = 155 kp/cm^2$$

$$P_4 \cdot \frac{\pi \cdot D_c^2}{4} + F_{roz} = P_3 \cdot \frac{\pi \cdot \left(D_c^2 - D_v^2\right)}{4} + F_p$$

$$155 \cdot \frac{\pi \cdot 20^2}{4} + 150 = P_3 \cdot \frac{\pi \cdot \left(20^2 - 14^2\right)}{4} + 2.500 \quad ; \qquad P_3 = 289{,}25\ kp/cm^2$$

$$P_{b\,dsc} = P_3 + \Delta P_{arRUD}(Q_3) + \Delta P_{PB}(Q_3) = 289{,}25 + 6{,}6 + 1 = 296{,}85\ kp/cm^2$$

Esta presión de bomba para efectuar el descenso del vástago sin carga es bastante mayor que la presión de tarado de la válvula limitadora de presión fijada anteriormente, $P_{TVLP} = 150$ kp/cm², y ello es debido a la presión P_4 necesaria para abrir la válvula de secuencia *VS*. En este caso, al activarse la señal eléctrica *a* el vástago no descendería, sino que se abriría la válvula limitadora de presión y el caudal de bomba se descargaría a tanque a través de la misma, lo que impediría realizar la mencionada maniobra. Por ello, ante esta eventualidad caben dos soluciones, como veremos a continuación.

Solución 1. Aumentar la presión de tarado de la válvula limitadora de presión

Una primera solución sería aumentar la presión de tarado de la válvula limitadora de presión hasta un valor mayor que $P_{b\,dsc}$, por ejemplo 305 kp/cm², lo que equivale a un aumento de la presión de tarado de 155 kp/cm² respecto del valor de 150 kp/cm² fijado anteriormente. Con esta nueva presión de tarado las presiones del sistema en el movimiento de elevación del vástago con carga (señal eléctrica *b*), serían

$$P_{b\,ecc} = \Delta P_{VLP}(Q_{VLP\,ecc}) + \Delta P_{arF}(Q_{VLP\,ecc} + Q_2) = 306,5 + 3 = 309,5 \; kp/cm^2$$

$$P_1 = P_{b\,ecc} - \Delta P_{PA}(Q_1) - \Delta P_{arVS}(Q_1) = 309,5 - 0,5 - 2,5 = 306,5 \; kp/cm^2$$

$$306,5 \cdot \frac{\pi \cdot 20^2}{4} = P_2 \cdot \frac{\pi \cdot \left(20^2 - 14^2\right)}{4} + 40\,000 + 2500 + 150 \;; \quad P_2 = 334,79 \; kp/cm^2$$

$$\Delta P_{RUD}(Q_2) = P_2 - \Delta P_{BT}(Q_2) - \Delta P_{arF}(Q_{VLP\,ecc} + Q_2) =$$
$$= 334,79 - 0,35 - 3 = 331,44 \; kp/cm^2$$

lo cual pone de manifiesto que en estas condiciones las presiones de funcionamiento del sistema son elevadas, con unas pérdidas en el regulador unidireccional para imponer el caudal $Q_2 = 50,20$ l/min excesivamente grandes (331,44 kp/cm²).

Solución 2. Modificar el circuito propuesto

Una segunda solución, considerada como más acertada, es modificar el circuito anterior, incluyendo una válvula distribuidora *VD2* de cuatro orificios, dos posiciones de trabajo, y una válvula de secuencia *VS2* sin antirretorno, como se indica en la Figura 15.3. En esta figura la válvula distribuidora *VD* pasa a ser la *VD1*, y la válvula de secuencia *VS* pasa a ser la *VS1*, para distinguirlas de la *VD2* y *VS2* que se acaban de introducir.

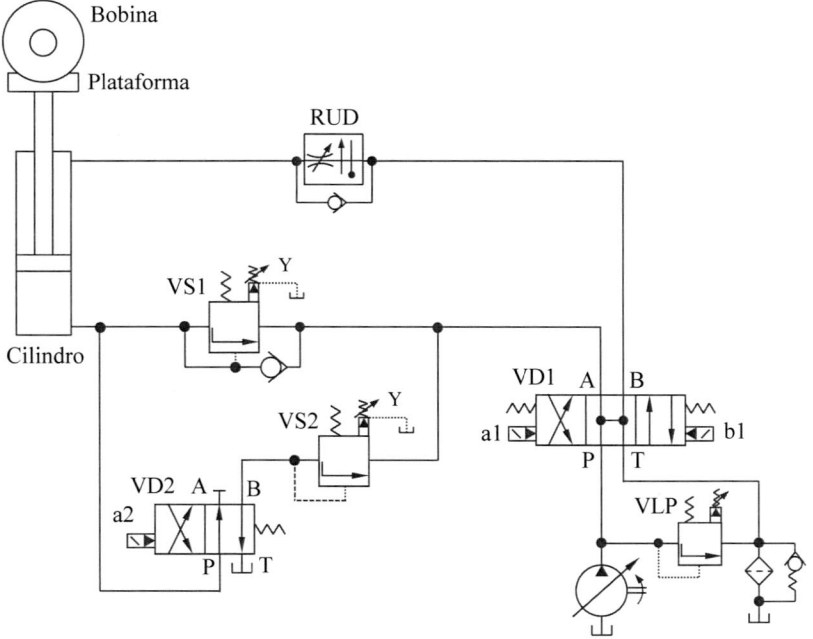

Figura 15.3. Circuito oleohidráulico modificado para elevación de bobinas de chapa laminada.

Con el circuito modificado, el movimiento de elevación del vástago con carga se conseguirá activando la señal eléctrica *b1*, con la señal eléctrica *a2* desactivada. Además, una vez la carga elevada, y mientras se procede a su retirada mediante el correspondiente puente grúa, se puede desactivar la señal eléctrica *b1* y pasar la válvula distribuidora *VD1* a la posición de reposo, soportándose dicha carga mediante la presión sostenedora actuando en la cámara posterior del cilindro con la válvula de secuencia *VS1* cerrada. De todas maneras, y mientras el vástago eleva la carga, los caudales y presiones del sistema serán los calculados anteriormente, a saber,

$$Q_1 = 98,44 \; l/min \quad ; \quad Q_2 = 50,20 \; l/min \quad ; \quad Q_{VLP \, ecc} = 48,54 \; l/min$$

$$P_{b \, ecc} = 154,5 \; kp/cm^2; \quad P_1 = 151,5 \; kp/cm^2;$$

$$P_2 = 30,86 \; kp/cm^2; \quad \Delta P_{RUD}(Q_2) = 27,51 \; kp/cm^2$$

Con esta solución, el descenso del vástago sin carga se conseguirá activando simultáneamente las señales eléctricas *a1* y *a2*, accionando esta última la válvula distribuidora *VD2* contra la acción del resorte. De esta manera el caudal Q_4 circulará ahora a través de las válvulas distribuidora *VD2* y de secuencia *VS2*, y no a través de la válvula de secuencia *VS1* que permanecerá cerrada durante este movimiento. En estas condiciones, y para obtener un tiempo de descenso del vástago sin carga de 15,37 s, los caudales del sistema serán los calculados anteriormente,

$$Q_3 = Q_b = 146,98 \; l/min \quad ; \quad Q_4 = 288,19 \; l/min$$

Selección de nuevos componentes:

- Válvula distribuidora *VD2*. Se selecciona con el caudal $Q_4 = 288,19$ l/min, y será del tipo *H-4WEH* indicado en la Referencia [13], de cuatro orificios y dos posiciones de trabajo, accionamiento electrohidráulico y retorno por muelle, de tamaño nominal 16 con caudal máximo 300 l/min y corredera tipo *C*.

- Válvula de secuencia *VS2*. Se selecciona mediante el caudal $Q_4 = 288,19$ l/min, y será del tipo *DZ 5x/YM*, Referencia [18], de accionamiento indirecto, tamaño nominal 25, con caudal máximo 400 l/min y sin antirretorno.

Con el vástago sin carga, la presión sostenedora sería ahora

$$P_{sost} = \frac{F_p}{A_c} = \frac{4 \cdot 2.500}{\pi \cdot 20^2} = 7,96 \; kp/cm^2$$

La presión de tarado de la válvula de secuencia *VS2* deberá ser mayor que la presión sostenedora con el vástago sin carga, por ejemplo, $P_{T \, VS2} = 25$ kp/cm^2.

Con esta presión de tarado de la válvula de secuencia *VS2*, la presión P_4 con la que bajará el vástago sin carga con las señales eléctricas *a1* y *a2* activas será

$$P_4 = \Delta P_{PB \, VD2}(Q_4) + P_{VS2 \, dsc}(Q_4) = 4,5 + 33 = 37,5 \; kp/cm^2$$

Además, para esta maniobra, la presión a la salida de la válvula de secuencia *VS2* será:

$$P_{VS2 \, s} = \Delta P_{AT \, VD1}(Q_4) + \Delta P_{arF}(Q_4) = 10 + 3 = 13 \; kp/cm^2$$

siendo la diferencia de presiones entre la entrada y la salida de la válvula de secuencia *VS2*,

$$\Delta P_{VS2\,e-s} = P_{VS2\,dsc}(Q_4) - P_{VS2\,s}(Q_4) = 33 - 13 = 20 \; kp/cm^2$$

A su vez, para calcular la presión de bomba que consigue el descenso del vástago sin carga tendremos:

$$P_4 \cdot \frac{\pi \cdot D_c^2}{4} + F_{roz} = P_3 \cdot \frac{\pi \cdot \left(D_c^2 - D_v^2\right)}{4} + F_p$$

$$37,5 \cdot \frac{\pi \cdot 20^2}{4} + 150 = P_3 \cdot \frac{\pi \cdot \left(20^2 - 14^2\right)}{4} + 2.500 \quad ; \qquad P_3 = 58,86 \; kp/cm^2$$

$$P_{b\,dsc} = P_3 + \Delta P_{arRUD}(Q_3) + \Delta P_{PB\,VD1}(Q_3) = 58,86 + 6,6 + 1 = 66,46 \; kp/cm^2$$

Esta presión de bomba es menor que la presión de tarado de la válvula limitadora de presión $P_{T\,VLP} = 150$ kp/cm², por lo que el descenso del vástago sin carga se realizará como estaba previsto.

Apartado e)

La presión máxima a la que trabajará la bomba es cuando, finalizada la carrera de elevación o de descenso del vástago, se mantiene la señal eléctrica que ha provocado dicho movimiento. En este caso todo el caudal de bomba se descargará a tanque a través de la válvula limitadora de presión. Como este caudal es de 146,98 l/min, y la presión de tarado de la válvula limitadora de presión es de 150 kp/cm², la presión de bomba máxima será:

$$P_{b\,máx} = \Delta P_{VLP}(Q_b) + \Delta P_{arF}(Q_b) = 158 + 3 = 161 \; kp/cm^2$$

De esta manera, la potencia máxima de accionamiento de la bomba será:

$$P_{accb\,máx} = \frac{Q_b \cdot P_{b\,máx}}{\eta_b} = \frac{146,98 \cdot 161}{0,82} \cdot \frac{9,81}{6.000} = 47,18 \; kW$$

Se instalará un motor de potencia nominal 55 kW girando a 1450 rpm.

Apartado f)

Si se desea hacer descender la plataforma con carga, utilizando el circuito de la Figura 15.3, ello se podría conseguir activando la señal eléctrica *a1* de la válvula distribuidora *VD1*, y desactivando la señal eléctrica *a2* de la válvula distribuidora *VD2*. De esta manera la carga descendería contra la presión de tarado de la válvula de secuencia *VS1*, la cual se ha fijado en 145 kp/cm² (ver apartado b).

Sin embargo, en este caso todo el caudal de bomba circularía por el antirretorno abierto del regulador unidireccional *RUD*, provocando un tiempo de descenso del vástago de

$$T_{dcc} = \frac{\pi \cdot \left(D_c^2 - D_v^2\right)}{4} \cdot \frac{L_c}{Q_b} = \frac{\pi \cdot \left(20^2 - 14^2\right)}{4} \cdot \frac{235}{146,98} \cdot \frac{60}{1.000} = 15,37 \; s$$

tiempo de descenso ya calculado en el apartado c) al elegir la bomba.

Podemos suponer que este tiempo de descenso del vástago con carga es excesivamente bajo, estableciéndose una velocidad de descenso de la carga importante y produciéndose un golpe excesivo contra la estructura en el momento en que la carga es detenida mediante el choque contra la tapa posterior del cilindro.

Por ello es necesario modificar de nuevo el diseño del circuito, añadiendo un regulador unidireccional *RUD2* en paralelo con el regulador unidireccional *RUD*, que ahora llamaremos *RUD1*, y una válvula distribuidora *VD3* que seleccionará el funcionamiento de uno u otro regulador unidireccional según descienda el vástago sin o con carga. En la Figura 15.4 se presenta el diseño del circuito actualizado.

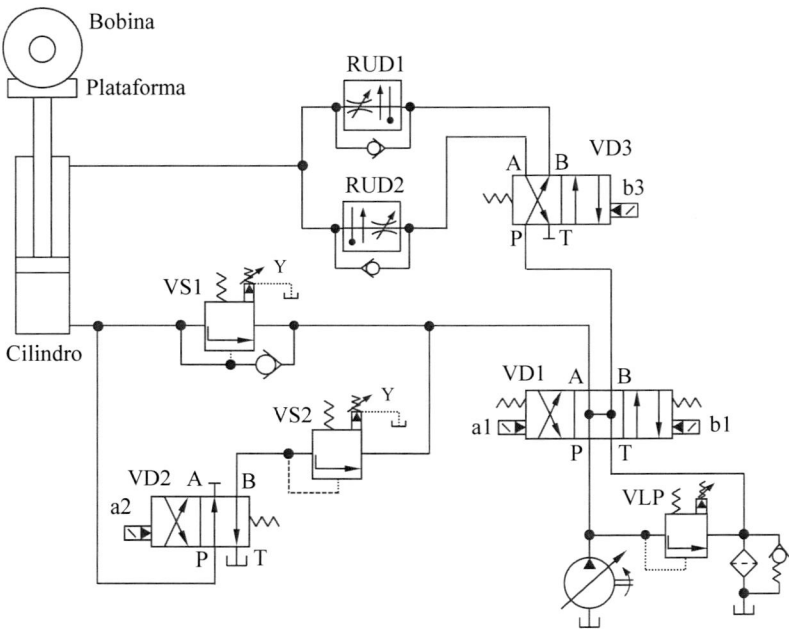

Figura 15.4. Circuito oleohidráulico actualizado para controlar el descenso del vástago del cilindro con carga.

Como podemos observar en la Figura 15.4, el circuito funciona como se ha indicado en los apartados anteriores cuando se pretende elevar el vástago del cilindro con carga (señal eléctrica *b1* activada y señales eléctricas *a2* y *b3* desactivadas), o hacerlo descender sin carga (señales eléctricas *a1* y *a2* activadas, y señal eléctrica *b3* desactivada).

Descenso del vástago con carga

Para hacer descender el vástago del cilindro con carga, e imponerle una cierta velocidad de descenso, ello se conseguirá regulando el caudal que llega a la cámara anterior del cilindro mediante el regulador unidireccional *RUD2* (señales eléctricas *a1* y *b3* activadas, y señal eléctrica *a2* desactivada). Como se ha indicado anteriormente, en estas circunstancias la carga descenderá contra la presión de tarado de la válvula de secuencia *VS1*.

Así, para hacer descender el vástago del cilindro con carga con un tiempo de descenso de 60 s, a partir de la Figura 15.2 tendremos los siguientes caudales:

$$Q_{3\,dcc} = \frac{\pi \cdot \left(D_c^2 - D_v^2\right)}{4} \cdot \frac{L_c}{T_{dcc}} = \frac{\pi \cdot \left(20^2 - 14^2\right)}{4} \cdot \frac{235}{60} = 627,53 \; cm^3/s = 37,65 \; l/min$$

$$Q_{4\,dcc} = \frac{D_c^2}{D_c^2 - D_v^2} \cdot Q_{3\,dcc} = \frac{20^2}{20^2 - 14^2} \cdot 37,65 = 73,83 \; l/min$$

y si tenemos en cuenta que el caudal de bomba es de 146,98 l/min, para obtener el tiempo de descenso de 60 s la válvula limitadora de presión *VLP* deberá estar abierta, descargando a tanque un caudal de

$$Q_{VLP\,dcc} = Q_b - Q_{3\,dcc} = 146,98 - 37,65 = 109,33 \; l/min$$

Con respecto a la elección de los nuevos componentes del circuito tenemos:

- Válvula distribuidora *VD3*. Se podría seleccionar esta válvula, de cuatro orificios y dos posiciones de trabajo, con el caudal $Q_b = 146,98$ l/min que circulará por el antirretorno del regulador unidireccional *RUD1* en el movimiento de descenso del vástago sin carga, y sería del tipo WE, tamaño nominal 10, símbolo de conexiones *B* y caudal máximo 160 l/min indicado en la Referencia [12]. Pero las pérdidas en la vía *PB* de la válvula *VD3* de tamaño nominal 10 cuando circula por la misma el caudal de bomba, son del orden de 16 kp/cm², perdidas que se consideran excesivas y que obligarían a reconsiderar las soluciones obtenidas en apartados anteriores. Por ello, para la válvula distribuidora *VD3* se seleccionará una de cuatro orificios y dos posiciones de trabajo del tipo *H-4WEH* indicado en la Referencia [13], con accionamiento electrohidráulico y retorno por muelle, de tamaño nominal 16 con corredera tipo *Y* y caudal máximo 300 l/min.

- Regulador unidireccional *RUD2*. Se selecciona un regulador del tipo *2FRM* indicado en la Referencia [20], tamaño nominal 10 y caudal máximo 50 l/min. En este regulador el estrangulamiento variable se consigue mediante un pistón tipo *50L*, y estará dotado de un antirretorno en paralelo. Para imponer mediante este regulador el caudal $Q_{3\,dcc} = 37,65$ l/min, la sección de estrangulamiento correspondiente se obtiene disponiendo el mando giratorio en la posición 7,5.

Para el movimiento de descenso del vástago con carga, con las señales eléctricas *a1* y *b3* activadas y la *a2* desactivada, y teniendo en cuenta que la presión de tarado de la válvula de secuencia *VS1* es de 145 kp/cm² (apartado b), las presiones del sistema serán:

$$P_{b\,dcc} = \Delta P_{VLP}\left(Q_{VLP\,dcc}\right) + \Delta P_{arF}\left(Q_{VLP\,dcc} + Q_{4\,dcc}\right) = 153,5 + 3 = 156,5 \; kp/cm^2$$

$$P_{4\,dcc} = P_{VS1\,dcc}\left(Q_{4\,dcc}\right) = 147,5 \; kp/cm^2$$

$$P_{4\,dcc} \cdot \frac{\pi \cdot D_c^2}{4} + F_{roz} = P_{3\,dcc} \cdot \frac{\pi \cdot \left(D_c^2 - D_v^2\right)}{4} + F_b + F_p$$

$$147{,}5 \cdot \frac{\pi \cdot 20^2}{4} + 150 = P_{3\,dcc} \cdot \frac{\pi \cdot \left(20^2 - 14^2\right)}{4} + 40.000 + 2.500$$

$$P_{3\,dcc} = 24{,}89 \; kp/cm^2$$

siendo las pérdidas en el regulador unidireccional *RUD2*,

$$\Delta P_{RUD2}(Q_{3\,dcc}) = P_{b\,dcc} - \Delta P_{PB\,VD1}(Q_{3\,dcc}) - \Delta P_{PA\,VD3}(Q_{3\,dcc}) - P_{3\,dcc} =$$

$$= 156{,}5 - 0{,}15 - 0{,}15 - 24{,}89 = 131{,}31 \; kp/cm^2$$

Se admite que con estas pérdidas el regulador unidireccional *RUD2* regula adecuadamente el caudal circulante al valor $Q_{3\,dcc} = 37{,}65$ l/min.

Y durante esta maniobra, la diferencia de presiones entre la entrada y la salida de la válvula de secuencia *VS1* será

$$\Delta P_{VS1\,e-s} = P_{4\,dcc}(Q_{4\,dcc}) - \Delta P_{AT\,VD1}(Q_{4\,dcc}) - \Delta P_{arF}(Q_{VLP\,dcc} + Q_{4\,dcc}) =$$

$$= 147{,}5 - 0{,}8 - 3 = 143{,}7 \; kp/cm^2$$

Elevación del vástago sin carga

Por otra parte, si se pretende elevar la plataforma en vacío, ello se consigue mediante la combinación de señales eléctricas *b1* y *b3* activadas, y *a2* desactivada. De esta manera el caudal de bomba se dirigirá hacia la cámara posterior del cilindro a través del antirretorno de la válvula de secuencia *VS1*, descargándose a tanque el caudal que sale de la cámara anterior del cilindro a través del antirretorno del regulador unidireccional *RUD2*.

En estas condiciones el tiempo de elevación de la plataforma sin carga sería

$$T_{esc} = \frac{\pi \cdot D_c^2}{4} \cdot \frac{L_c}{Q_b} = \frac{\pi \cdot 20^2}{4} \cdot \frac{235}{146{,}98} \cdot \frac{60}{1.000} = 30{,}14 \; s$$

el cual es prácticamente el mismo que el indicado en el enunciado del apartado f) para este movimiento.

Así, los caudales en las tuberías del sistema serían ahora

$$Q_{1\,esc} = Q_b = 146{,}98 \; l/min$$

$$Q_{2\,esc} = \frac{D_c^2 - D_v^2}{D_c^2} \cdot Q_{1\,esc} = \frac{20^2 - 14^2}{20^2} \cdot 146{,}98 = 74{,}96 \; l/min$$

y siendo las presiones,

$$P_{2\,esc} = \Delta P_{arRUD2}(Q_{2\,esc}) + \Delta P_{AP\,VD3}(Q_{2\,esc}) + \Delta P_{BT\,VD1}(Q_{2\,esc}) + \Delta P_{arF}(Q_{2\,esc}) =$$

$$= 10,5 + 0,25 + 0,8 + 3 = 14,55\ kp/cm^2$$

$$P_{1\,esc} \cdot \frac{\pi \cdot D_c^2}{4} = P_{2\,esc} \cdot \frac{\pi \cdot \left(D_c^2 - D_v^2\right)}{4} + F_p + F_{roz}$$

$$P_{1\,esc} \cdot \frac{\pi \cdot 20^2}{4} = 14,55 \cdot \frac{\pi \cdot \left(20^2 - 14^2\right)}{4} + 2.500 + 150 \quad ; \quad P_{1\,esc} = 15,86\ kp/cm^2$$

$$P_{b\,esc} = P_{1\,esc} + \Delta P_{arVS1\,esc}(Q_{1\,esc}) + \Delta P_{PA\,VD1}(Q_{1\,esc}) = 15,86 + 3,7 + 1 = 20,56\ kp/cm^2$$

Con estas presiones el movimiento de elevación de la plataforma sin carga se realizará según lo previsto, y sin abrirse la válvula limitadora de presión.

Por último, en la Tabla 15.1 se indica el estado de las señales eléctricas que pilotan las válvulas distribuidoras de la Figura 15.4, para conseguir los movimientos de elevación y descenso de la plataforma con o sin carga.

Tabla 15.1. Estado de las señales eléctricas que gobiernan los movimientos de la plataforma con o sin carga.

Movimiento	Señales eléctricas			
	a1	b1	a2	b3
Elevación con carga	Desactivada	Activada	Desactivada	Desactivada
Descenso sin carga	Activada	Desactivada	Activada	Desactivada
Descenso con carga	Activada	Desactivada	Desactivada	Activada
Elevación sin carga	Desactivada	Activada	Desactivada	Activada

Problema 16. Cilindros, válvula de secuencia, válvula reguladora de presión y bomba compensada en presión

Se pretende diseñar el circuito oleohidráulico de la Figura 16.1 para automatizar el mecanizado de piezas en una determinada fase de fabricación. Para ello el cilindro A sujetará la pieza a mecanizar y el cilindro B, en una serie de movimientos alternativos de salida y entrada, arrastrará la herramienta de corte lineal en el proceso de desbaste.

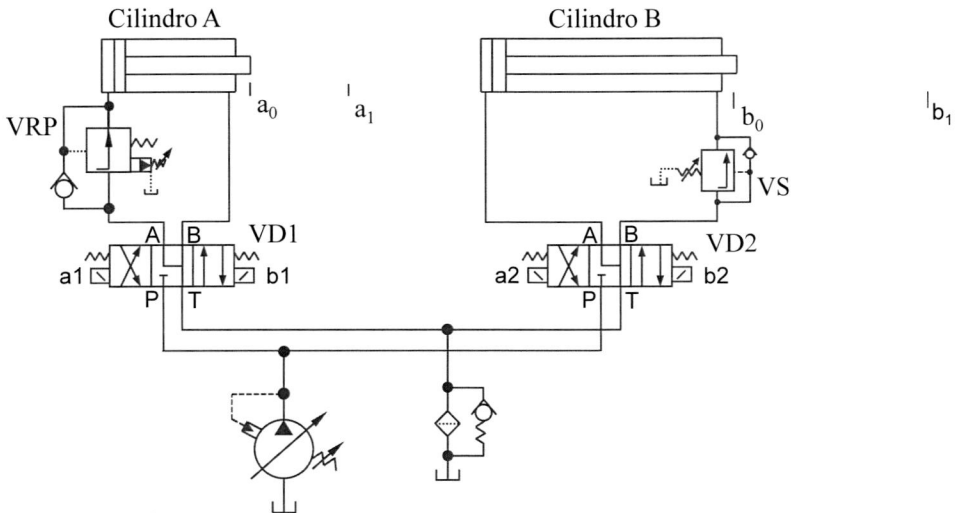

Figura 16.1. Circuito oleohidráulico para automatizar el mecanizado de piezas.

Los datos de los cilindros son:

Cilindro A:

- Longitud de carrera: 25 cm
- Fuerza de apriete de la pieza: 3000 kp
- Retroceso en vacío
- Fuerza de rozamiento 50 kp
- Presión de trabajo, del orden de 100 kp/cm^2
- Factor de carrera del vástago: 2

Cilindro B:

- Longitud de carrera: 200 cm
- Tiempo de avance: 12,5 s
- Esfuerzo de mecanizado en el movimiento de avance de la herramienta: 9500 kp
- Retroceso en vacío

- Fuerza de rozamiento 100 kp
- Presión de trabajo, del orden de 150 kp/cm²
- Factor de carrera del vástago: 1,5

Para este circuito, y suponiendo filtro colmatado, determinar:

a) Dimensiones de los cilindros y caudal de bomba necesario

b) Elegir los componentes del circuito a partir de la información de catálogo disponible

c) Presión de tarado de la válvula reguladora de presión y de la válvula de secuencia. Se deberá tener en cuenta que la fuerza de apriete de la pieza no deberá ser superior a 3000 kp

d) Potencia nominal del motor de arrastre de la bomba, si ésta tiene un rendimiento del 80 %

Solución

Apartado a)

Elección del cilindro A:

$$F_{avA} + F_{rozA} = \frac{\pi \cdot D_{cA}^2}{4} \cdot P_{tA} \quad ; \qquad 3.000 + 50 = \frac{\pi \cdot D_{cA}^2}{4} \cdot 100$$

de donde se obtiene D_{cA} = 6,23 cm. Haciendo uso de la información de catálogo respecto de las características de los cilindros comerciales, Referencia [6], se elegirá un cilindro de diámetro nominal 63 mm.

El vástago, para evitar los efectos del pandeo, deberá cumplir la condición

$$D_{vA} \geq \sqrt[4]{\frac{64 \cdot s \cdot F_{avA} \cdot \left(K_A \cdot L_{cA}\right)^2}{\pi^3 \cdot E}} = \sqrt[4]{\frac{64 \cdot 2,5 \cdot 3.000 \cdot \left(2 \cdot 25\right)^2}{\pi^3 \cdot 2,1 \cdot 10^6}} = 2,07 \, cm$$

Por ello, para el cilindro A se adopta un vástago de 28 mm, que es el menor de los diámetros de vástago del cilindro de DN 63.

Elección del cilindro B:

$$F_{avB} + F_{rozB} = \frac{\pi D_{cB}^2}{4} \cdot P_{tB} \quad ; \qquad 9.500 + 100 = \frac{\pi D_{cB}^2}{4} \cdot 150$$

de donde se obtiene D_{cB} = 9,03 cm. En este caso se elige un cilindro de diámetro nominal 100 mm, Referencia [6]. Como en el caso anterior, y para evitar el pandeo, el vástago deberá cumplir la condición

$$D_{vB} \geq \sqrt[4]{\frac{64 \cdot s \cdot F_{avB} \cdot \left(K_B \cdot L_{cB}\right)^2}{\pi^3 \cdot E}} = \sqrt[4]{\frac{64 \cdot 2,5 \cdot 9.500 \cdot \left(1,5 \cdot 200\right)^2}{\pi^3 \cdot 2,1 \cdot 10^6}} = 6,77 \, cm$$

Para el cilindro *B* se adopta un vástago de 70 mm, que es uno de los diámetros comerciales del cilindro de DN 100.

El caudal de bomba necesario estará condicionado por la velocidad de salida del vástago *B*. Así, tendremos:

$$Q_b = \frac{\pi \cdot D_{cB}^2}{4} \cdot \frac{L_{cB}}{T_{avB}} = \frac{\pi \cdot 10^2}{4} \cdot \frac{200}{12,5} = 1.256,64 \; cm3/s = 75,40 \; l/min$$

Apartado b)

Para elegir los componentes del circuito es necesario conocer los caudales de circulación por el sistema. Tomando como referencia la Figura 16.2, tendremos:

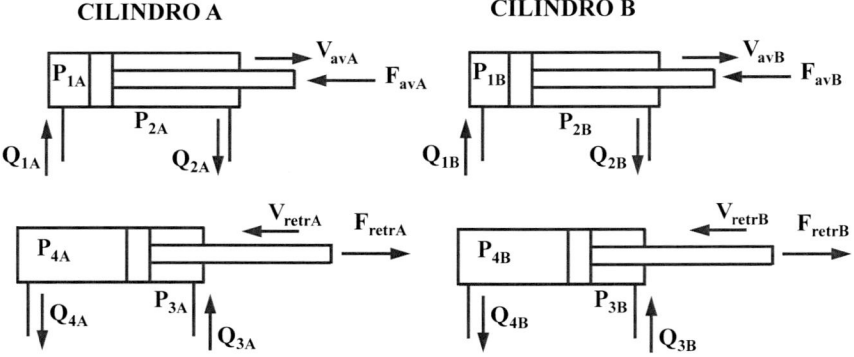

Figura 16.2. Movimientos de avance y retroceso de los cilindros A y B.

Movimiento *A*+:

$$Q_{1A} = Q_b = 75,40 l/min$$

$$Q_{2A} = \frac{D_{cA}^2 - D_{vA}^2}{D_{cA}^2} Q_{1A} = \frac{6,3^2 - 2,8^2}{6,3^2} \cdot 75,40 = 60,51 \; l/min$$

Movimiento *B*+:

$$Q_{1B} = Q_b = 75,40 \; l/min$$

$$Q_{2B} = \frac{D_{cB}^2 - D_{vB}^2}{D_{cB}^2} Q_{1B} = \frac{10^2 - 7^2}{10^2} \cdot 75,40 = 38,45 \; l/min$$

Movimiento *B*-:

$$Q_{3B} = Q_b = 75,40 \; l/min$$

$$Q_{4B} = \frac{D_{cB}^2}{D_{cB}^2 - D_{vB}^2} Q_{3B} = \frac{10^2}{10^2 - 7^2} \cdot 75,40 = 147,84 \; l/min$$

Movimiento *A*-:

$$Q_{3A} = Q_b = 75{,}40\ l/min$$

$$Q_{4A} = \frac{D_{cA}^2}{D_{cA}^2 - D_{vA}^2} \cdot Q_{3A} = \frac{6{,}3^2}{6{,}3^2 - 2{,}8^2} \cdot 75{,}40 = 93{,}96\ l/min$$

Si suponemos para la bomba un rendimiento volumétrico del 95 %, el caudal nominal de la misma será

$$Q_{Nb} = \frac{Q_b}{\eta_{vb}} = \frac{75{,}40}{0{,}95} = 79{,}37\ l/min$$

Y si admitimos que la bomba a instalar va a girar a una velocidad de rotación de 1450 rpm, la cilindrada necesaria será

$$c_b = \frac{Q_{Nb}}{N_b} = \frac{79{,}37 \cdot 1.000}{1.450} = 54{,}74\ cm^3/rev$$

Se selecciona una bomba de pistones axiales y plato inclinado, compensada en presión, del tipo indicado en la Referencia [4]. Esta bomba será de tamaño nominal 71, girando a 1450 rpm, y ajustando su cilindrada de 71 a 54,74 cm³/rev. La presión nominal de esta bomba es de 280 bar.

Selección de componentes:

- Válvula distribuidora *VD1*, para caudal Q_{4A} = 93,96 l/min. Se selecciona la válvula distribuidora tipo *WE* presentada en la Referencia [12], de cuatro orificios, tres posiciones de trabajo, centro tipo *J* y caudal máximo 160 l/min

- Válvula distribuidora *VD2*, para caudal Q_{4B} = 147,84 l/min. Se selecciona la válvula distribuidora tipo *WE* presentada en la Referencia [12], de cuatro orificios, tres posiciones de trabajo, centro tipo *J* y caudal máximo 160 l/min

- Válvula reguladora de presión *VRP* tipo DR y tamaño nominal 10 de la Referencia [19], seleccionada tanto por el caudal Q_{1A} = 75,40 l/min que circula a través de la misma, como por el caudal Q_{4A} = 93,96 l/min que circula por su antirretorno. Curva característica del antirretorno con corredera principal completamente abierta. Caudal máximo 150 l/min.

- Válvula de secuencia *VS*. Se selecciona con el caudal Q_{3B} = 75,40 l/min, y será del tipo *DZ 5x/Y*, Referencia [18], de accionamiento indirecto, tamaño nominal 10, con caudal máximo 200 l/min y antirretorno en paralelo.

- Filtro con antirretorno, para caudal Q_{4B} = 147,84 l/min. Se selecciona el filtro *RF 045* de la Referencia [1], con antirretorno en paralelo y caudal máximo 160 l/min. La presión de apertura del antirretorno es de 3 bar.

Apartado c)

Para cada uno de los movimientos a efectuar, las presiones en el circuito serán:

Movimiento A+, señal eléctrica b1:

Mientras está saliendo el vástago A, el esfuerzo a vencer es el rozamiento en el cilindro, de manera que

$$P_{2A} = \Delta P_{BT1}(Q_{2A}) + \Delta P_{arF}(Q_{2A}) = 4 + 3 = 7 \ kp/cm^2$$

$$P_{1A} \cdot \frac{\pi \cdot D_{cA}^2}{4} = P_{2A} \cdot \frac{\pi \cdot \left(D_{cA}^2 - D_{vA}^2\right)}{4} + F_{rozA}$$

$$P_{1A} \cdot \frac{\pi \cdot 6,3^2}{4} = 7 \cdot \frac{\pi \cdot \left(6,3^2 - 2,8^2\right)}{4} + 50 \ ; \qquad P_{1A} = 7,22 \ kp/cm^2$$

Para una presión $P_{1A} = 7,22$ kp/cm² a la salida de la válvula reguladora de presión *VRP*, esta válvula permanecerá completamente abierta durante el movimiento $A+$. En estas condiciones la curva característica de la válvula sería la curva que representa la presión diferencial en el paso de B hacia A con presión de salida menor que la presión de tarado. Así, si suponemos que la caída de presión en la válvula cuando por ella circula el caudal Q_{1A} es de 1,7 kp/cm², la presión de bomba en el movimiento $A+$ será

$$P_{bA+} = P_{1A} + \Delta P_{VRP}(Q_{1A}) + \Delta P_{PA1}(Q_{1A}) = 7,22 + 1,7 + 3 = 11,92 \ kp/cm^2$$

Con el vástago fuera, y ya $Q_{1A} = Q_{2A} = 0$, dicho vástago deberá ejercer solamente la fuerza de apriete de la pieza. En este caso la presión de apriete en la cámara posterior del cilindro A deberá ser

$$P_{1A \ apr} = \frac{4 \cdot F_{sujecc}}{\pi \cdot D_{cA}^2} = \frac{4 \cdot 3.000}{\pi \cdot 6,3^2} = 96,24 \ kp/cm^2$$

La presión de tarado de la válvula reguladora de presión deberá ser $P_{T \ VRP} = P_{1A \ apr} = 96,24$ kp/cm², ya que con esta presión a la salida de dicha válvula ésta cerrará manteniendo el esfuerzo de apriete de la pieza al valor deseado. Y la presión de entrada de esta válvula será la presión de bomba durante los movimientos alternativos de salida y entrada del vástago B, la cual deberá ser en todo momento superior a la presión de tarado de la válvula reguladora de presión. De esta manera la pieza se mantendrá sujeta todo el tiempo que dure el trabajo de mecanizado, aunque con un esfuerzo de apriete controlado.

Movimiento B+, señal eléctrica b2:

$$P_{2B} = \Delta P_{arVS}(Q_{2B}) + \Delta P_{BT2}(Q_{2B}) + \Delta P_{arF}(Q_{2B}) = 4,5 + 1,8 + 3 = 9,3 \ kp/cm^2$$

$$P_{1B} \cdot \frac{\pi \cdot D_{cB}^2}{4} = P_{2B} \cdot \frac{\pi \cdot \left(D_{cB}^2 - D_{vB}^2\right)}{4} + F_{avB} + F_{rozB}$$

$$P_{1B} \cdot \frac{\pi \cdot 10^2}{4} = 9,3 \cdot \frac{\pi \cdot \left(10^2 - 7^2\right)}{4} + 9.500 + 100 \quad ; \qquad P_{1B} = 126,97 \; kp/cm^2$$

$$P_{b\,B+} = P_{1B} + \Delta P_{PA2}\left(Q_{1B}\right) = 126,97 + 3 = 129,97 \; kp/cm^2$$

Con esta presión de bomba la válvula reguladora de presión estará cerrada y la pieza sujeta a la bancada, mientras se efectúa el avance de la herramienta de mecanizado.

Movimiento B-, señal eléctrica a2:

$$P_{4B} = \Delta P_{AT2}\left(Q_{4B}\right) + \Delta P_{arF}\left(Q_{4B}\right) = 19 + 3 = 22 \; kp/cm^2$$

$$P_{3B} \cdot \frac{\pi \cdot \left(D_{cB}^2 - D_{vB}^2\right)}{4} = P_{4B} \cdot \frac{\pi \cdot D_{cB}^2}{4} + F_{rozB}$$

$$P_{3B} \cdot \frac{\pi \cdot \left(10^2 - 7^2\right)}{4} = 22 \cdot \frac{\pi \cdot 10^2}{4} + 100 \quad ; \qquad P_{3B} = 45,63 \; kp/cm^2$$

Si en el conducto que conecta con la cámara anterior del cilindro *B* no se hubiese dispuesto la válvula de secuencia *VS*, la presión de bomba durante el movimiento *B-* sería:

$$P_{b\,B-} = P_{3B} + \Delta P_{PB}\left(Q_{3B}\right) = 45,63 + 3 = 48,63 \; kp/cm^2$$

Por ello, la presión de la cámara posterior del cilindro *A* se reduciría hasta esta presión de bomba a través del antirretorno de la válvula reguladora de presión *VRP*, con lo cual la pieza se aflojaría, o bien se soltaría de la bancada de trabajo, durante el retroceso de la herramienta. Así, para mantener sujeta la pieza durante todo el proceso de mecanizado, se dispondrá la válvula de secuencia *VS* tarada a una presión mayor que la presión de tarado de la válvula reguladora de presión,

$$P_{T\,VS} > P_{T\,VRP} = 96,24 \; kp/cm^2 \quad ; \qquad \text{se adoptará} \quad P_{T\,VS} = 115 \; kp/cm^2$$

Y la presión de bomba para el retroceso del vástago *B*,

$$P_{b\,B-} = P_{VS}\left(Q_{3B}\right) + \Delta P_{PB}\left(Q_{3B}\right) = 120 + 3 = 123 \; kp/cm^2$$

Con esta presión de bomba la válvula reguladora de presión estará cerrada y la pieza sujeta a la bancada, mientras se efectúa el retroceso de la herramienta de mecanizado.

Movimiento A-, señal eléctrica a1:

$$P_{4A} = \Delta P_{arVRP}\left(Q_{4A}\right) + \Delta P_{AT}\left(Q_{4A}\right) + \Delta P_{arF}\left(Q_{4A}\right) = 2,5 + 4,8 + 3 = 10,3 \; kp/cm^2$$

$$P_{3A} \cdot \frac{\pi \cdot \left(D_{cA}^2 - D_{vA}^2\right)}{4} = P_{4A} \cdot \frac{\pi \cdot D_{cA}^2}{4} + F_{rozA}$$

$$P_{3A} \cdot \frac{\pi \cdot \left(6,3^2 - 2,8^2\right)}{4} = 10,3 \cdot \frac{\pi \cdot 6,3^2}{4} + 50 \quad ; \qquad P_{3A} = 14,83 \; kp/cm^2$$

$$P_{b\,A-} = P_{3A} + \Delta P_{PB}\left(Q_{3A}\right) = 14,83 + 3 = 17,83 \; kp/cm^2$$

Apartado d)

La presión de tarado de la bomba deberá ser mayor que $P_{bB+} = 129,97$ kp/cm², la cual es la máxima presión de bomba durante el proceso de mecanizado de la pieza. Se adoptará

$$P_{Tb} = 145 \; kp/cm^2$$

Y la potencia máxima de accionamiento de la bomba,

$$P_{accb\,máx} = \frac{Q_b \cdot P_{Tb}}{\eta_b} = \frac{75,40 \cdot 145}{0,8} \cdot \frac{9,81}{6.000} = 22,34 \; kW$$

Se seleccionará un motor eléctrico de potencia nominal del orden de 26 kW girando a 1450 rpm.

Problema 17. Cilindro telescópico, antirretorno pilotado, estrangulamientos regulables y bomba convencional

Se pretende instalar un cilindro telescópico en una carretilla elevadora para transporte y manipulación de bobinas de chapa de acero laminadas. Este cilindro telescópico será de dos expansiones, según el esquema indicado en la Figura 17.1, con las siguientes características:

Primera expansión:

- Longitud de carrera L_{c1} = 140 cm
- Fuerza de rozamiento F_{roz1} = 75 kp
- Presión de trabajo P_{t1} = 75 kp/cm²

Segunda expansión:

- Longitud de carrera L_{c2} = 165 cm
- Fuerza de rozamiento F_{roz2} = 50 kp
- Presión de trabajo P_{t2} = 220 kp/cm²

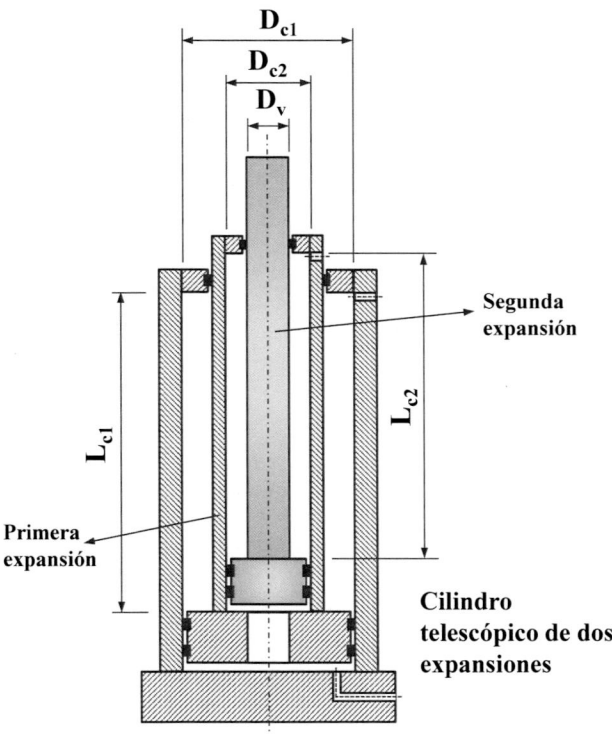

Figura 17.1. Cilindro telescópico a instalar en carretilla elevadora.

Siendo el peso máximo de la bobina a elevar de $F_b = 32$ Tm, el peso de la plataforma que soporta la bobina de $F_p = 4$ Tm, el tiempo total de elevación de la bobina del orden de $T_{elev} = 20$ s cuando el motor de la carretilla en aceleración máxima acciona la bomba a una velocidad de rotación $N_b = 1200$ rpm, y el rendimiento global de la bomba del 85 %, se pide:

a) Diseñar el esquema oleohidráulico a instalar en la carretilla para elevar las bobinas. Describir su funcionamiento.

b) Diámetro de cilindro de ambas expansiones.

c) Seleccionar la bomba y determinar las condiciones de funcionamiento del sistema en el movimiento de elevación del cilindro, tanto en carga como en vacío.

d) Determinar las condiciones de funcionamiento del sistema en el movimiento de descenso del cilindro, tanto en carga como en vacío, para un tiempo total de descenso del orden de 40 s.

e) Presión de tarado de la válvula limitadora de presión y potencia máxima de accionamiento de la bomba.

Solución

Apartado a)

El circuito oleohidráulico a instalar en la carretilla elevadora se representa en la Figura 17.2.

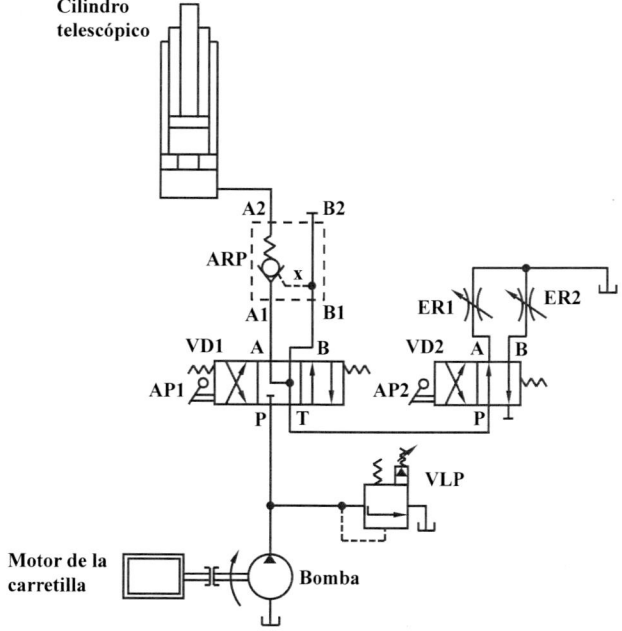

Figura 17.2. Esquema del circuito oleohidráulico a instalar en carretilla elevadora.

El funcionamiento de este esquema es el siguiente:

- *Posición de reposo, con cilindro telescópico parado en cualquier posición.*

Esta posición se consigue con las válvulas distribuidoras *VD1* y *VD2* en reposo, lo que equivale a que los accionamientos por palanca *AP1* y *AP2* estén sin accionar. En estas condiciones el cilindro telescópico, con carga o sin ella, se encuentra parado con el antirretorno pilotado *ARP* cerrado, al encontrarse su pilotaje *x* conectado con tanque a través del estrangulador regulable *ER1*. Y el caudal impulsado por la bomba se dirige a tanque a través de la válvula limitadora de presión *VLP*.

- *Movimiento de elevación del cilindro, con o sin carga.*

Se consigue accionando la palanca *AP1* hacia la izquierda, con lo que la válvula distribuidora *VD1* toma la posición de flechas paralelas. Estando inicialmente el cilindro totalmente recogido, el caudal de bomba se dirige hacia la cámara inferior del cilindro a través de la vía *PA* de la válvula distribuidora y del antirretorno pilotado abierto en sentido directo. Con una determinada presión en dicha cámara del cilindro avanza la primera expansión y, una vez finalizado este avance, aumenta la presión en esta cámara provocando con ello el avance de la segunda expansión. Durante estas maniobras el pilotaje *x* del antirretorno se encuentra conectado a tanque a través de estrangulamiento regulable *ER1*, o bien del *ER2*, dependiendo de la posición de la palanca *AP2*.

Finalizado el movimiento de elevación del cilindro, o si en cualquier posición del mismo se deja de accionar la palanca *AP1*, el movimiento se detiene y el caudal impulsado por la bomba se dirige a tanque a través de la válvula limitadora de presión *VLP*.

- *Movimiento de descenso del cilindro, con o sin carga.*

Se consigue accionando la palanca *AP1* hacia la derecha, con lo que la válvula distribuidora *VD1* toma la posición de flechas cruzadas. En estas condiciones la presión de bomba se transmite hacia el pilotaje *x* del antirretorno pilotado, y el caudal impulsado por la bomba se dirige a tanque a través de la válvula limitadora de presión. Con ello se abre el antirretorno pilotado en sentido inverso, lo que permite el descenso del cilindro. Estando inicialmente el cilindro totalmente expandido, con una presión determinada en la cámara inferior que sostiene el cilindro expandido con o sin carga, al conectar a tanque dicha cámara retrocede la segunda expansión y, finalizado este movimiento, disminuye la presión en la cámara y retrocede a su vez la primera expansión.

Durante los movimientos de descenso del cilindro, el caudal que sale de la cámara inferior se dirige a tanque a través del antirretorno pilotado abierto en sentido inverso, de la vía *AT* de la válvula distribuidora *VD1*, y, si la palanca *AP2* está sin accionar, a través de la vía *PA* de la válvula distribuidor *VD2* y del estrangulamiento regulable *ER1*. Pero si la palanca *AP2* está accionada hacia la derecha, el caudal irá a tanque a través de la vía *PB* de la válvula distribuidora *VD2* y del estrangulamiento regulable *ER2*. Se admite que el coeficiente de pérdidas del estrangulamiento *ER1* deberá ser mayor que el del estrangulamiento *ER2*, de manera que para el descenso del cilindro con carga el caudal circulará hacia tanque a través del estrangulamiento *ER1* (palanca *AP2* sin accionar), lo que provocará una presión en la cámara inferior del cilindro suficientemente elevada para evitar la caída libre de la carga. Sin embargo, para el descenso del cilindro sin carga, la presión en la cámara inferior deberá ser menor, lo que se conseguirá circulando el caudal hacia tanque a través del estrangulamiento *ER2* (palanca *AP2* accionada).

En definitiva, el movimiento de descenso del cilindro con carga se efectuará accionando solamente la palanca *AP1* hacia la derecha. Y el movimiento de descenso del cilindro sin carga se obtendrá accionando la palanca *AP1* asimismo hacia la derecha, a la vez que se acciona la palanca *AP2* también hacia la derecha. O si en este segundo movimiento no se acciona la palanca *AP2*, dicho movimiento será más lento que si se acciona esta palanca.

Apartado b)

Para estimar el diámetro de cilindro de la primera expansión tenemos:

$$F_b + F_p + F_{roz1} = \frac{\pi D_{c1}^2}{4} \cdot P_{t1} \quad ; \quad 32.000 + 4.000 + 75 = \frac{\pi D_{c1}^2}{4} \cdot 75$$

de donde se obtiene $D_{c1} = 24{,}75$ cm. Se elegirá para la primera expansión un cilindro de diámetro nominal 250 mm.

Respecto de la segunda expansión tendremos:

$$F_b + F_p + F_{roz2} = \frac{\pi D_{c2}^2}{4} \cdot P_{t2} \quad ; \quad 32.000 + 4.000 + 50 = \frac{\pi D_{c2}^2}{4} \cdot 220$$

de donde se obtiene $D_{c2} = 14{,}44$ cm. Se elegirá para la segunda expansión un cilindro de diámetro nominal 150 mm.

Para estimar el diámetro de vástago de la segunda expansión admitiremos que el cilindro se fija a la carretilla mediante brida delantera, con extremo de vástago articulado y guía rígida. En estas condiciones, y según la Referencia [7], el factor de carrera vale $K = 0{,}7$. Y para evitar el pandeo aplicaremos la expresión

$$D_v \geq \sqrt[4]{\frac{64 \cdot s \cdot \left(F_b + F_p\right) \cdot \left[K \cdot \left(L_{c1} + L_{c2}\right)\right]^2}{\pi^3 \cdot E}} =$$

$$= \sqrt[4]{\frac{64 \cdot 2{,}5 \cdot (32.000 + 4.000) \cdot \left[0{,}7 \cdot \left(140 + 165\right)\right]^2}{\pi^3 \cdot 2{,}1 \cdot 10^6}} = 7{,}97 \ cm$$

Según esta expresión, el diámetro de vástago de la segunda expansión debería ser por lo menos 80 mm. De todas maneras, y debido a la incertidumbre que genera la aplicación de la expresión anterior al caso de un cilindro telescópico, el diámetro de vástago de la segunda expansión será de 100 mm.

Apartado c)

Para seleccionar la bomba a instalar, y atendiendo a los movimientos de elevación del cilindro representados en la Figura 17.3, el caudal de bomba necesario se calculará mediante las expresiones:

Elevación de la primera expansión:

$$Q_b = \frac{\pi \cdot D_{c1}^2}{4} \cdot \frac{L_{c1}}{T_{elev1}} = \frac{\pi \cdot 25^2}{4} \cdot \frac{140}{T_{elev1}}$$

Elevación de la segunda expansión:

$$Q_b = \frac{\pi \cdot D_{c2}^2}{4} \cdot \frac{L_{c2}}{T_{elev2}} = \frac{\pi \cdot 15^2}{4} \cdot \frac{165}{T_{elev2}}$$

siendo

$$T_{elev1} + T_{elev2} = T_{elev} = 20 \ s$$

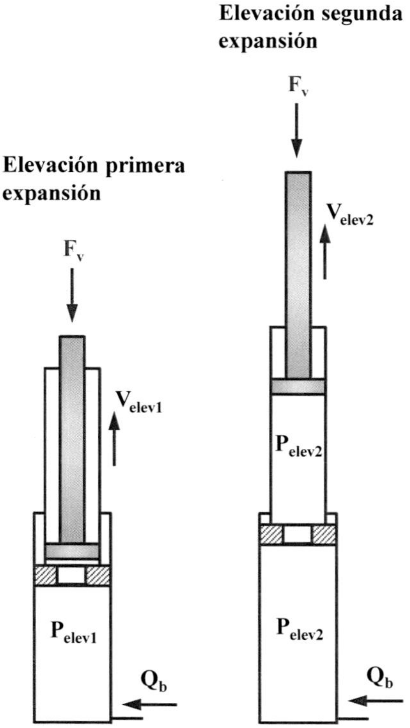

Figura 17.3. Movimientos de elevación del cilindro telescópico.

Se obtiene de esta manera un sistema de tres ecuaciones con tres incógnitas, cuya solución es:

$$T_{elev1} = 14{,}04 \ s \quad ; \quad T_{elev2} = 5{,}96 \ s \quad ; Q_b = 4.894{,}01 cm3/s = 293{,}64 l/min$$

Admitiendo que la bomba a instalar tiene un rendimiento volumétrico del 97,5 %, la cilindrada necesaria será

$$c_b = \frac{Q_b}{\eta_{vb} \cdot N_b} = \frac{293,64 \cdot 1.000}{0,975 \cdot 1.200} = 250,97 \; cm^3/rev$$

Se adoptará una bomba de pistones axiales, eje inclinado, de caudal constante y de tamaño nominal 250, la cual tiene una cilindrada de 250 cm³/rev como se indica en la Referencia [5]. Esta bomba, girando a 1200 rpm, proporciona un caudal útil de 292,5 l/min, prácticamente el caudal de 293,64 l/min deseado (que tomaremos como caudal útil de la bomba).

Elección de componentes relativos al movimiento de elevación del cilindro:

- Válvula distribuidora *VD1*, para caudal $Q_b = 293,64$ l/min. Se selecciona la válvula distribuidora tipo *WMM* presentada en la Referencia [10], de cuatro orificios y tres posiciones de trabajo, accionada por palanca y centrada por muelles, tamaño nominal 25, con centro tipo *J* y caudal máximo 450 l/min. La válvula distribuidora del mismo tipo, pero de tamaño nominal 16, podría servir, pues su caudal máximo es de 300 l/min. Sin embargo, las pérdidas de presión en las vías de retorno a tanque de este último tamaño son excesivas para las condiciones de funcionamiento del cilindro telescópico en cuestión.

- Antirretorno pilotado *ARP*. Se selecciona mediante el caudal $Q_b = 293,64$ l/min, y será del tipo *Z2S versión A,* tamaño nominal 25, con caudal máximo 450 l/min indicado en la Referencia [25]. Se adopta una presión de apertura de 3 bar para flujo directo $A1 \rightarrow A2$ (curva 1). La apertura del antirretorno mediante la señal de pilotaje *x* se realiza por acción de una corredera de mando, siendo las pérdidas para flujo inverso ($A2 \rightarrow A1$) las indicadas por la curva 7.

  Para este antirretorno pilotado no se selecciona el tamaño nominal *16,* Referencia [24], por falta de información sobre la curva de pérdidas para flujo inverso en cada antirretorno.

Para el movimiento de elevación del cilindro, las condiciones de funcionamiento del sistema serán:

Movimiento de elevación del cilindro con carga:

$$P_{elev1\,cc} = \frac{4 \cdot \left(F_b + F_p + F_{roz1} \right)}{\pi \cdot D_{c1}^2} = \frac{4 \cdot (32.000 + 4.000 + 75)}{\pi \cdot 25^2} = 73,49 \; kp/cm^2$$

$$P_{b\,elev1\,cc} = P_{elev1\,cc} + \Delta P_{PA1}(Q_b) + \Delta P_{ARP}(Q_b) = 73,49 + 4 + 8,7 = 86,19 \; kp/cm^2$$

$$P_{accb\,elev1\,cc} = \frac{Q_b \cdot P_{b\,elev1\,cc}}{\eta_b} = \frac{293,64 \cdot 86,19}{0,85} \cdot \frac{9,81}{6.000} = 48,68 \; kW$$

$$P_{elev2\,cc} = \frac{4 \cdot \left(F_b + F_p + F_{roz2} \right)}{\pi \cdot D_{c2}^2} = \frac{4 \cdot (32.000 + 4.000 + 50)}{\pi \cdot 15^2} = 204,0 \; kp/cm^2$$

$$P_{b\,elev2\,cc} = P_{elev2\,cc} + \Delta P_{PA1}(Q_b) + \Delta P_{ARP}(Q_b) = 204,0 + 4 + 8,7 = 216,7 \; kp/cm^2$$

$$P_{accb\,elev2\,cc} = \frac{Q_b \cdot P_{b\,elev2\,cc}}{\eta_b} = \frac{293{,}64 \cdot 216{,}7}{0{,}85} \cdot \frac{9{,}81}{6.000} = 122{,}40\,kW$$

Movimiento de elevación del cilindro sin carga:

$$P_{elev1\,sc} = \frac{4 \cdot \left(F_p + F_{roz1}\right)}{\pi \cdot D_{c1}^2} = \frac{4 \cdot \left(4.000 + 75\right)}{\pi \cdot 25^2} = 8{,}30\,kp/cm^2$$

$$P_{b\,elev1\,sc} = P_{elev1\,sc} + \Delta P_{PA1}(Q_b) + \Delta P_{ARP}(Q_b) = 8{,}30 + 4 + 8{,}7 = 21{,}0\,kp/cm^2$$

$$P_{accb\,elev1\,sc} = \frac{Q_b \cdot P_{b\,elev1\,sc}}{\eta_b} = \frac{293{,}64 \cdot 21{,}0}{0{,}85} \cdot \frac{9{,}81}{6.000} = 11{,}86\,kW$$

$$P_{elev2\,sc} = \frac{4 \cdot \left(F_p + F_{roz2}\right)}{\pi \cdot D_{c2}^2} = \frac{4 \cdot \left(4.000 + 50\right)}{\pi \cdot 15^2} = 22{,}92\,kp/cm^2$$

$$P_{b\,elev2\,sc} = P_{elev2\,sc} + \Delta P_{PA1}(Q_b) + \Delta P_{ARP}(Q_b) = 22{,}92 + 4 + 8{,}7 = 35{,}62\,kp/cm^2$$

$$P_{accb\,elev2\,sc} = \frac{Q_b \cdot P_{b\,elev2\,sc}}{\eta_b} = \frac{293{,}64 \cdot 35{,}62}{0{,}85} \cdot \frac{9{,}81}{6.000} = 20{,}12\,kW$$

Apartado d)

Para el movimiento de descenso del cilindro hemos de tener en cuenta que los tiempos de descenso de las expansiones, y los correspondientes caudales de retorno a tanque, dependen del coeficiente de pérdidas de los estrangulamientos regulables *ER1* y *ER2*. Para el descenso con carga el retorno a tanque se realizará a través del estrangulamiento regulable *ER1* (válvula distribuidora *VD2* sin accionar), mientras que para el descenso sin carga el retorno a tanque se realizará a través del estrangulamiento regulable *ER2* (válvula distribuidora *VD2* accionada). Por otra parte, las pérdidas en los estrangulamientos regulables serán función del caudal que los atraviesa según la expresión $\Delta P_{ER} = K_{ER} \cdot Q_{ER}^2$, donde el coeficiente de pérdidas K_{ER} depende del tipo de estrangulamiento, de su tamaño nominal, y del grado de apertura.

En la Figura 17.4 se representan los movimientos de descenso del cilindro. Para determinar las condiciones de funcionamiento del sistema durante dichos movimientos prescindiremos en principio de las pérdidas en las válvulas distribuidoras *VD1* y *VD2*, así como en el antirretorno pilotado *ARP* abierto por la señal de pilotaje *x*, ya que no se pueden estimar dichas pérdidas al no conocerse *a priori* los caudales de retorno. Con esta hipótesis de trabajo, las condiciones de funcionamiento del sistema para el movimiento de descenso del cilindro serán:

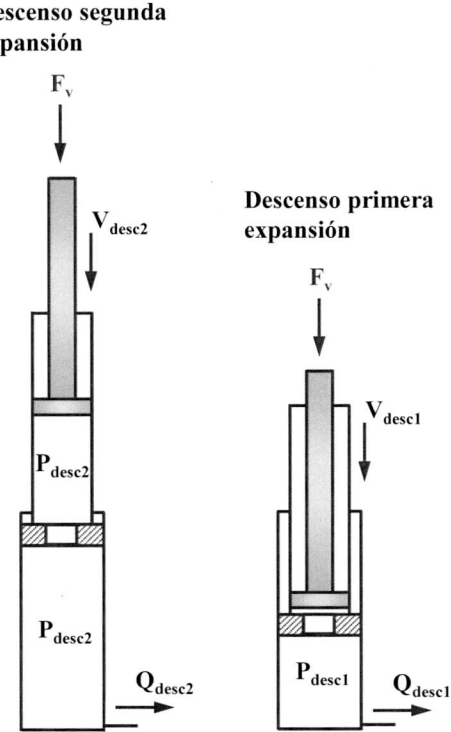

Figura 17.4. Movimientos de descenso del cilindro telescópico.

Movimiento de descenso del cilindro con carga, retorno a tanque por ER1:

$$P_{desc2\,cc} = \frac{4 \cdot \left(F_b + F_p - F_{roz2} \right)}{\pi \cdot D_{c2}^2} = \frac{4 \cdot (32.000 + 4.000 - 50)}{\pi \cdot 15^2} = 203,44 \; kp/cm^2$$

$$P_{desc2\,cc} = K_{ER1} \cdot Q_{desc2\,cc}^2 \quad ; \quad 203,44 = K_{ER1} \cdot Q_{desc2\,cc}^2$$

$$Q_{desc2\,cc} = \frac{\pi \cdot D_{c2}^2}{4} \cdot \frac{L_{c2}}{T_{desc2\,cc}} \quad ; \quad Q_{desc2\,cc} = \frac{\pi \cdot 1,5^2}{4} \cdot \frac{16,5}{T_{desc2\,cc}}$$

$$P_{desc1\,cc} = \frac{4 \cdot \left(F_b + F_p - F_{roz1} \right)}{\pi \cdot D_{c1}^2} = \frac{4 \cdot (32.000 + 4.000 - 75)}{\pi \cdot 25^2} = 73,19 \; kp/cm^2$$

$$P_{desc1\,cc} = K_{ER1} \cdot Q_{desc1\,cc}^2 \quad ; \quad 73,19 = K_{ER1} \cdot Q_{desc1\,cc}^2$$

$$Q_{desc1\,cc} = \frac{\pi \cdot D_{c1}^2}{4} \cdot \frac{L_{c1}}{T_{desc1\,cc}} \quad ; \quad Q_{desc1\,cc} = \frac{\pi \cdot 2,5^2}{4} \cdot \frac{14}{T_{desc1\,cc}}$$

$$T_{desc2\,cc} + T_{desc1\,cc} = T_{desc} = 40 \; s = 0,667 \; min$$

Se obtiene un sistema de cinco ecuaciones con cinco incógnitas ($Q_{desc1\,cc}$ y $Q_{desc2\,cc}$ en l/min, $T_{desc1\,cc}$ y $T_{desc2\,cc}$ en minutos, y K_{ER1} en (kp/cm²)/(l/min)²), cuya solución es:

$$Q_{desc2\,cc} = 215,60\ l/min \quad ; \quad Q_{desc1\,cc} = 129,32\ l/min$$

$$T_{desc2\,cc} = 8,11\ s \quad ; \quad T_{desc1\,cc} = 31,89\ s$$

$$K_{ER1} = 4,376 \cdot 10^{-3}\ \left(kp/cm2\right)/\left(l/min\right)^2$$

Movimiento de descenso del cilindro sin carga, retorno a tanque por ER2:

$$P_{desc2\,sc} = \frac{4 \cdot \left(F_p - F_{roz2}\right)}{\pi \cdot D_{c2}^2} = \frac{4 \cdot \left(4.000 - 50\right)}{\pi \cdot 15^2} = 22,35\ kp/cm2$$

$$P_{desc2\,sc} = K_{ER2} \cdot Q_{desc2\,sc}^2 \quad ; \quad 22,35 = K_{ER2} \cdot Q_{desc2\,sc}^2$$

$$Q_{desc2\,sc} = \frac{\pi \cdot D_{c2}^2}{4} \cdot \frac{L_{c2}}{T_{desc2\,sc}} \quad ; \quad Q_{desc2\,sc} = \frac{\pi \cdot 1,5^2}{4} \cdot \frac{16,5}{T_{desc2\,sc}}$$

$$P_{desc1\,sc} = \frac{4 \cdot \left(F_p - F_{roz1}\right)}{\pi \cdot D_{c1}^2} = \frac{4 \cdot \left(4.000 - 75\right)}{\pi \cdot 25^2} = 8,0\ kp/cm2$$

$$P_{desc1\,sc} = K_{ER2} \cdot Q_{desc1\,sc}^2 \quad ; \quad 8,0 = K_{ER2} \cdot Q_{desc1\,sc}^2$$

$$Q_{desc1\,sc} = \frac{\pi \cdot D_{c1}^2}{4} \cdot \frac{L_{c1}}{T_{desc1\,sc}} \quad ; \quad Q_{desc1\,sc} = \frac{\pi \cdot 2,5^2}{4} \cdot \frac{14}{T_{desc1\,sc}}$$

$$T_{desc2\,sc} + T_{desc1\,sc} = T_{desc} = 40\ s = 0,67\ min$$

La solución de este sistema, de cinco ecuaciones con cinco incógnitas, es:

$$Q_{desc2\,sc} = 216,09\ l/min \quad ; \quad Q_{desc1\,sc} = 129,24\ l/min$$

$$T_{desc2\,sc} = 8,10\ s \quad ; \quad T_{desc1\,sc} = 31,90\ s$$

$$K_{ER2} = 4,787 \cdot 10^{-4}\ \left(kp/cm2\right)/\left(l/min\right)^2$$

Conocidos aproximadamente los caudales de retorno en el movimiento de descenso del cilindro, la válvula distribuidora *VD2* se selecciona mediante el caudal $Q_{des2\,sc} = 216,09$ l/min, y será del tipo *WMM* presentado en la Referencia [10], de cuatro orificios y dos posiciones de trabajo, accionada por palanca y retorno por muelle, tamaño nominal 25, símbolo K, con caudal máximo 450 l/min. Se selecciona este tamaño de válvula, con preferencia a la de tamaño nominal 16 y caudal máximo 300 l/min, para disminuir las pérdidas en las vías *PA* y *PB*.

A su vez, conociendo las presiones de descenso de las dos expansiones, así como los caudales de retorno, podemos seleccionar los estrangulamientos regulables. Así tendremos:

- Estrangulamiento regulable *ER1*, para el descenso del cilindro con carga. Se selecciona mediante los pares de valores $P_{desc2\,cc} = 203,44$ kp/cm², $Q_{desc2\,cc} = 215,60$ l/min y $P_{desc1\,cc} = 73,19$ kp/cm², $Q_{desc1\,cc} = 129,32$ l/min, y será del tipo *Z2FS* presentado en la

Referencia [21], tamaño nominal 25, versión A, con caudal máximo 360 l/min. Para que el estrangulamiento regulable *ER1* trabaje con la curva característica definida por los dos pares de valores indicados, el mando giratorio del estrangulamiento se dispondrá en la posición 7,8. La pendiente de esta curva reproduce aproximadamente el coeficiente de pérdidas $K_{ER1} = 4{,}376 \cdot 10^{-3}$ (kp/cm²)/(l/min)².

- Estrangulamiento regulable *ER2*, para el descenso del cilindro sin carga. Se selecciona mediante los pares de valores $P_{desc2\ sc} = 22{,}35$ kp/cm², $Q_{desc2\ sc} = 216{,}09$ l/min y $P_{desc1\ sc} = 8$ kp/cm², $Q_{desc1\ sc} = 129{,}24$ l/min, y será del tipo *Z2FS* presentado en la Referencia [21], tamaño nominal 25, versión A, con caudal máximo 360 l/min. Para que el estrangulamiento regulable *ER2* trabaje con la curva característica definida por los dos pares de valores indicados, el mando giratorio del estrangulamiento se dispondrá en la posición 10,5. La pendiente de esta curva reproduce aproximadamente el coeficiente de pérdidas $K_{ER2} = 4{,}787 \cdot 10^{-4}$ (kp/cm²)/(l/min)².

En la Figura 17.5 se indican las curvas características con las que deberán trabajar los estrangulamientos regulables *ER1* y *ER2* en los movimientos de descenso del cilindro con o sin carga (ver Referencia [21]).

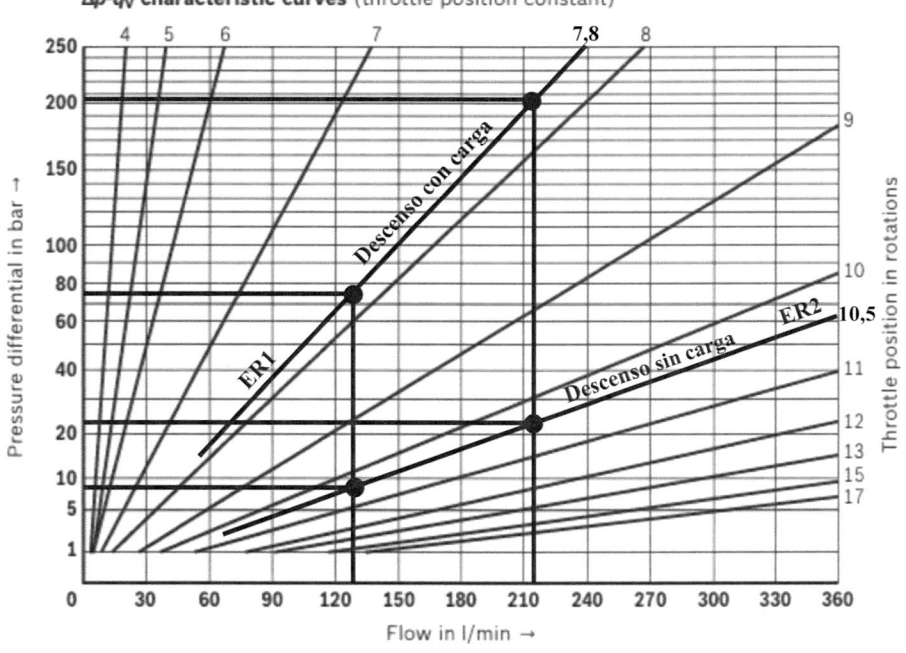

Figura 17.5. Curva característica de los estranguladores regulables ER1 y ER2 para controlar el movimiento de descenso del cilindro con o sin carga (ver Referencia [21]).

Vamos a replantear ahora los cálculos referentes al descenso del cilindro, con o sin carga, pero teniendo en cuenta las pérdidas en el antirretorno pilotado y en las válvulas distribuidoras *VD1* y *VD2*. Para la válvula distribuidor *VD2*, símbolo *K*, y a falta de información más concreta, las curvas de pérdidas se asimilarán a las de la válvula *VD1*, símbolo *J*. Para replantear los cálculos, las pérdidas en los componentes atravesados por los caudales de retorno del cilindro se estimarán a partir de los caudales calculados en el paso anterior, aceptando que los nuevos caudales que se van a obtener no sean muy diferentes a los ya obtenidos. Además, se hará uso de los coeficientes de pérdidas K_{ER1} y K_{ER2}, también del paso anterior, que representan las curvas características de los estrangulamientos regulables seleccionados (Figura 17.5). Los cálculos a realizar son los siguientes:

Movimiento de descenso del cilindro con carga, retorno a tanque por ER1:

$$4{,}376 \cdot 10^{-3} \cdot Q^2_{desc2\,cc} =$$

$$= P_{desc2\,cc} - \Delta P_{ARPx}(Q_{desc2\,cc}) - \Delta P_{AT1}(Q_{desc2\,cc}) - \Delta P_{PA2}(Q_{desc2\,cc}) =$$

$$= 203{,}44 - 5 - 1{,}6 - 2 = 194{,}84 \; kp/cm^2$$

$$T_{desc2\,cc} = \frac{\pi \cdot 1{,}5^2}{4} \cdot \frac{16{,}5}{Q_{desc2\,cc}}$$

$$4{,}376 \cdot 10^{-3} \cdot Q^2_{desc1\,cc} =$$

$$= P_{desc1\,cc} - \Delta P_{ARPx}(Q_{desc1\,cc}) - \Delta P_{AT1}(Q_{desc1\,cc}) - \Delta P_{PA2}(Q_{desc1\,cc}) =$$

$$= 73{,}19 - 2{,}5 - 0{,}5 - 0{,}65 = 69{,}54 \; kp/cm^2$$

$$T_{desc1\,cc} = \frac{\pi \cdot 2{,}5^2}{4} \cdot \frac{14}{Q_{desc1\,cc}}$$

de donde resulta

$$Q_{desc2\,cc} = 211{,}0 \; l/min \quad ; \quad Q_{desc1\,cc} = 126{,}05 \; l/min$$

$$T_{desc2\,cc} = 8{,}29 \; s \quad ; \quad T_{desc1\,cc} = 32{,}71 \; s \quad ; \quad T_{desc\,cc} = 41{,}0 \; s$$

Movimiento de descenso del cilindro sin carga, retorno a tanque por ER2:

$$4{,}787 \cdot 10^{-4} \cdot Q^2_{desc2\,sc} =$$

$$= P_{desc2\,sc} - \Delta P_{ARPx}(Q_{desc2\,sc}) - \Delta P_{AT1}(Q_{desc2\,sc}) - \Delta P_{PA2}(Q_{desc2\,sc}) =$$

$$= 22{,}35 - 5 - 1{,}6 - 2 = 13{,}75 \; kp/cm^2$$

$$T_{desc2\,sc} = \frac{\pi \cdot 1{,}5^2}{4} \cdot \frac{16{,}5}{Q_{desc2\,sc}}$$

$$4{,}787 \cdot 10^{-4} \cdot Q^2_{desc1\ sc} =$$

$$= P_{desc1\ sc} - \Delta P_{ARPx}(Q_{desc1\ sc}) - \Delta P_{AT1}(Q_{desc1\ sc}) - \Delta P_{PA2}(Q_{desc1\ sc}) =$$

$$= 8{,}0 - 2{,}5 - 0{,}5 - 0{,}65 = 4{,}35\ kp/cm^2$$

$$T_{desc2\ sc} = \frac{\pi \cdot 2{,}5^2}{4} \cdot \frac{14}{Q_{desc1\ sc}}$$

obteniéndose

$$Q_{desc2\ sc} = 169{,}48\ l/min \quad ; \quad Q_{desc1\ sc} = 95{,}33\ l/min$$
$$T_{desc2\ sc} = 10{,}32\ s \quad ; \quad T_{desc1\ sc} = 43{,}25\ s \quad ; \quad T_{desc\ sc} = 53{,}58\ s$$

Vemos cómo, para el descenso del cilindro con carga, el tiempo total de descenso es de 41,0 s, valor prácticamente igual al propuesto (40 s). Sin embargo, para el descenso sin carga, el tiempo total de descenso es de 53,58 s, algo mayor que el propuesto. Ello es debido a que este descenso está condicionado por el peso de la plataforma vacía, valor mucho menor que el peso de plataforma y bobina en caso de descenso con carga. De todas maneras, el tiempo de descenso sin carga podría ser menor si, en la fase de ajuste de las maniobras de la carretilla, el mando giratorio del estrangulamiento regulable *ER2* se abre un poco por encima de la posición 10,5 indicada en la Figura 17.5.

Descenso del cilindro con carga y diferentes pesos de bobina

Cabe pensar que, en caso de descenso del cilindro con carga y dirigiendo a tanque el caudal de retorno a través del estrangulamiento regulable *ER1* (válvula distribuidora *VD2* sin accionar), si disminuye el peso de la bobina los caudales de retorno disminuirán, lo que hará aumentar el tiempo total de descenso. Si admitimos que el coeficiente de pérdidas del estrangulamiento regulable *ER1* es $K_{ER1} = 4{,}376 \cdot 10^{-3}$ (kp/cm²)/(l/min)² y despreciamos las pérdidas en el antirretorno pilotado *ARP* y en las válvulas distribuidoras *VD1* y *VD2*, las expresiones anteriores nos permitirán estimar los tiempos de descenso en caso de cilindro cargado con bobinas de diferente peso. Los resultados de estos cálculos se indican en la Figura 17.6, donde se observa que el tiempo total de descenso varía entre aproximadamente 40 y 121 s, con bobinas de peso entre 32 y 0 Tm.

Sin embargo, también sería posible hacer descender el cilindro con carga dirigiendo el caudal de retorno a tanque a través del estrangulamiento regulable *ER2* (válvula distribuidora *VD2* accionada). En este caso si resolvemos las ecuaciones en las mismas condiciones del caso anterior, y siendo el coeficiente de pérdidas del estrangulamiento regulable $K_{ER2} = 4{,}787 \cdot 10^{-4}$ (kp/cm²)/(l/min)², los tiempos de descenso con bobinas de diferente peso son los que se indican en la Figura 17.7. Se observa en esta figura que el tiempo total de descenso varía ahora entre aproximadamente 13 y 40 s, con bobinas de peso entre 32 y 0 Tm. Se puede pensar, con razón, que al menos para las bobinas más pesadas los tiempos de descenso en estas circunstancias son excesivamente bajos (o las velocidades de descenso excesivamente altas), lo que podría dar origen a golpes de ariete importantes en los conductos del sistema al final del descenso de la segunda expansión (cambio en la velocidad de descenso al pasar de una a otra expansión), y/o choques contra la estructura de la carretilla al final del descenso de la primera expansión (frenado de la carga).

En consecuencia, el descenso del cilindro con carga se debería hacer circulando el caudal de retorno a tanque a través del estrangulamiento regulable *ER1*, y el descenso del cilindro sin carga circulando dicho caudal a través del estrangulamiento regulable *ER2*. Ello se consigue a partir de la posición de la válvula distribuidora *VD2* durante el descenso, como se ha indicado anteriormente.

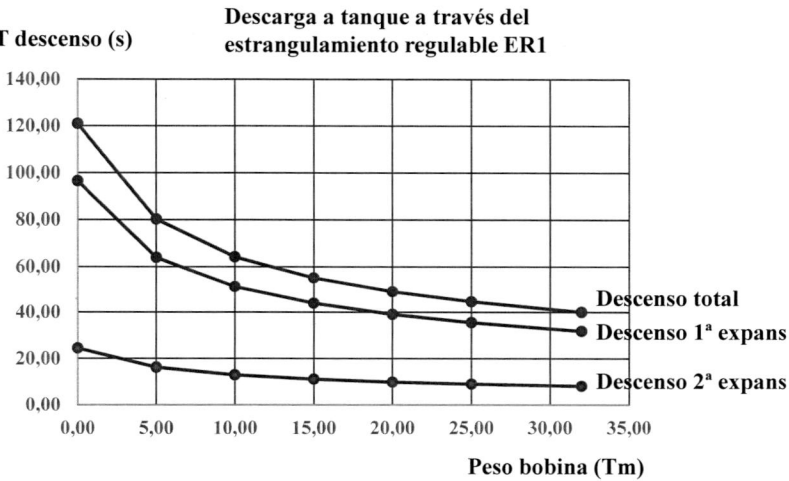

Figura 17.6. Tiempos de descenso del cilindro con carga, para diferentes pesos de la bobina, con caudal de retorno a través del estrangulamiento regulable ER1.

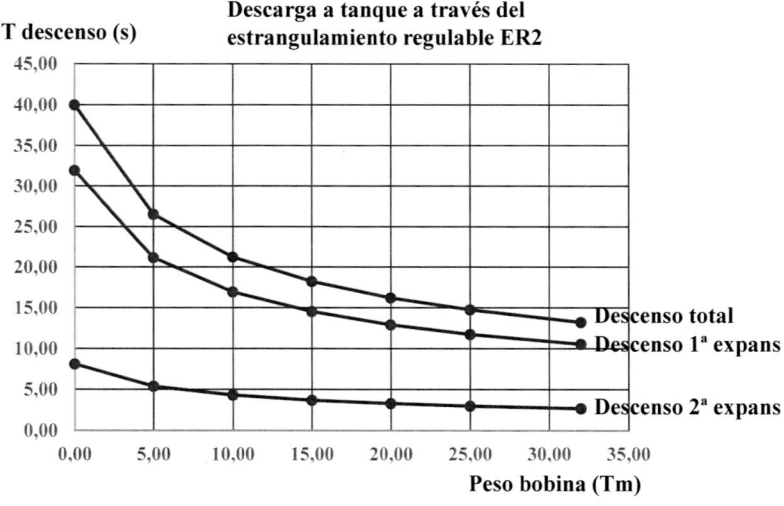

Figura 17.7. Tiempos de descenso del cilindro con carga, para diferentes pesos de la bobina, con caudal de retorno a través del estrangulamiento regulable ER2.

Apartado e)

El caudal de bomba se dirigirá a tanque a través de la válvula limitadora de presión *VLP* en las siguientes posiciones de la válvula distribuidora *VD1*:

- En reposo.

- Con la válvula accionada hacia la izquierda, en la posición de flechas paralelas, una vez finalizado el movimiento de salida del cilindro.

- Con la válvula accionada hacia la derecha, en la posición de flechas cruzadas, durante el movimiento de entrada del cilindro o una vez finalizado dicho movimiento.

Así, la válvula limitadora de presión *VLP* se seleccionará a partir del caudal de bomba $Q_b = 293,64$ l/min, y será del tamaño nominal 25 y caudal máximo 500 l/min indicados en la Referencia [16].

La presión de tarado de la válvula limitadora de presión deberá ser mayor que la presión de bomba en el movimiento de elevación del cilindro, esto es, $P_{T\,VLP} > P_{b\,elev2\,cc} = 216,70$ kp/cm². Por ello,

$$P_{T\,VLP} = 225 \text{ kp/cm}^2$$

Y la potencia máxima de accionamiento de la bomba,

$$P_{accb\,máx} = \frac{Q_b \cdot P_{VLP}(Q_b)}{\eta_b} = \frac{293,64 \cdot 235}{0,85} \cdot \frac{9,81}{6.000} = 132,73 \; kW$$

Problema 18. Motor y bomba compensada en presión

Se pretende diseñar el circuito oleohidráulico de la Figura 18.1 para accionar el giro en ambos sentidos de la plataforma donde se apoya un determinado elemento de máquina. Según se indica en esta figura, la rotación del eje del motor se transmite al eje de la plataforma a través de un reductor de velocidad, constituido por un piñón y una rueda ambos dentados. Los datos de diseño son:

- Par resistente en el eje de la plataforma $M_R = 30$ kp·m
- Velocidad de rotación de la plataforma $N_R = 150$ rpm
- Número de dientes de la rueda $Z_R = 132$
- Número de dientes del piñón $Z_P = 15$

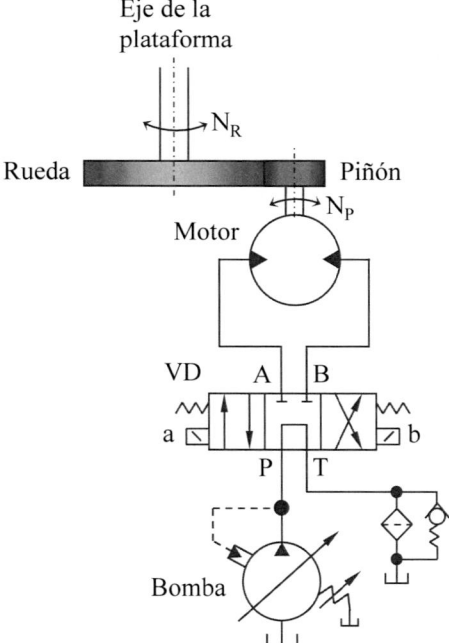

Figura 18.1. Circuito oleohidráulico para accionar el giro de una plataforma.

Para accionar el giro del piñón se selecciona un motor de engranajes exteriores, reversible, de tamaño nominal 25, y cuyos rendimientos se estiman en $\eta_{vm} = 0{,}95$ y $\eta_{mm} = 0{,}90$. En estas condiciones, determinar:

a) Punto de funcionamiento del motor (Q_m y P_m) cuando está haciendo girar la plataforma.

b) Presión de tarado de la bomba y potencia nominal del motor de accionamiento de dicha bomba. Se admite un rendimiento global de la bomba del 80 %.

Solución

Apartado a)

La velocidad tangencial del punto de contacto de las circunferencias medias de la rueda y del piñón será:

$$V_t = \omega_R \cdot r_R = \omega_P \cdot r_P$$

y de aquí,

$$\frac{N_R}{N_P} = \frac{\omega_R}{\omega_P} = \frac{r_P}{r_R} = \frac{Z_P}{Z_R}$$

Así, la velocidad de rotación del motor, la misma que la velocidad de rotación del piñón, resulta:

$$N_m = N_P = \frac{Z_R}{Z_P} \cdot N_R = \frac{132}{15} \cdot 150 = 1.320 \, rpm$$

A partir de las características del motor de engranajes externos de tamaño nominal 25 indicadas en la Referencia [8], vemos que este motor tiene una cilindrada de 25 cm³/rev. Por ello, el caudal de alimentación del motor deberá ser:

$$Q_m = \frac{N_m \cdot c_m}{\eta_{vm}} = \frac{1.320 \cdot 25}{1.000 \cdot 0,95} = 34,74 \, l/min$$

Por otra parte, la potencia transmitida del piñón a la rueda será

$$P_{transm\,P-R} = M_P \cdot \omega_P = M_R \cdot \omega_R$$

de donde el par transmitido por el motor, igual al par transmitido por el piñón, será

$$M_m = M_P = \frac{\omega_R}{\omega_P} \cdot M_R = \frac{N_R}{N_P} \cdot M_R = \frac{150}{1.320} \cdot 30 = 3,41 \, kp \cdot m$$

A su vez, la diferencia de presiones entre la entrada y la salida del motor se calculará por medio de la expresión

$$\Delta P_m = \frac{2 \cdot \pi \cdot M_m}{c_m \cdot \eta_{mm}} = \frac{2 \cdot \pi \cdot 3,41 \cdot 100}{25 \cdot 0,90} = 95,20 \, kp/cm^2$$

En definitiva, el punto de funcionamiento del motor será:

$$Q_m = 34,74 \, l/min \quad ; \quad P_m = 95,20 \, kp/cm^2$$

Apartado b)

El caudal de bomba deberá ser el mismo que el caudal del motor,

$$Q_b = Q_m = 34,74 \, l/min$$

Admitiendo que la velocidad de rotación de la bomba sea de 1450 rpm, y que ésta tenga un rendimiento volumétrico del 95 %, la cilindrada necesaria será

$$c_b = \frac{Q_b}{\eta_{vb} N_b} = \frac{34,74 \cdot 1.000}{0,95 \cdot 1.450} = 25,22 \, cm^3/rev$$

Se elegirá una bomba de paletas compensada en presión tipo PV7, tamaño nominal *25*, cilindrada 30 cm³/rev y presión máxima de salida 160 bar, cuyas características se indican en la Referencia [3]. A la bomba elegida, girando a 1450 rpm, se le reducirá la cilindrada hasta un valor del orden de 25,22 cm³/rev, con lo que se obtendrá el caudal de bomba deseado.

La válvula distribuidora *VD* se selecciona mediante el caudal $Q_b = 34,74$ l/min, y será del tipo *WE* y tamaño nominal 6 de la Referencia [11], de cuatro orificios y tres posiciones de trabajo, con centro *T* y caudal máximo 80 l/min.

El filtro con antirretorno se selecciona para el caudal $Q_b = 34,74$ l/min. Será el filtro *RF 014* de la Referencia [1], con antirretorno en paralelo y caudal máximo 60 l/min. La presión de apertura del antirretorno es de 3 bar.

Para hacer girar la plataforma con la señal eléctrica *a* actuando la válvula distribuidora hacia la derecha, la presión de bomba será:

$$P_b = \Delta P_{PA}(Q_b) + P_m + \Delta P_{BT}(Q_b) + \Delta P_{ArF}(Q_b) =$$

$$= 4,65 + 95,20 + 2,85 + 3 = 105,70 \ kp/cm^2$$

Para hacer girar la plataforma en sentido contrario al anterior, con la señal eléctrica *b* accionando la válvula distribuidora *VD* hacia la izquierda, la presión de bomba será la misma que la que se acaba de calcular.

La presión de tarado de la bomba, P_{Tb}, deberá ser mayor que la P_b. Así,

$$P_{Tb} = 115 \ kp/cm^2$$

La potencia máxima de accionamiento de la bomba se consumirá en caso de que se bloquee el giro de la plataforma sin eliminar la señal eléctrica *a* o *b* que la estaba haciendo girar, y ello en el instante en que dicha bomba entre en la zona de compensación. Así, tenemos:

$$P_{accb\,máx} = \frac{Q_b \cdot P_{Tb}}{\eta_b} = \frac{34,74 \cdot 115}{0,8} \cdot \frac{9,81}{6.000} = 8,16 \ kW$$

Se seleccionará un motor eléctrico de potencia nominal del orden de 10 kW girando a 1450 rpm.

Problema 19. Motor, cilindro, antirretorno pilotado, regulador unidireccional y bomba convencional

El esquema de la Figura 19.1 representa el circuito oleohidráulico utilizado para accionar un dispositivo de perforación de pozos, el cual se monta en la parte trasera de un camión. Para ello el cilindro *A* en su salida a velocidad constante, y por medio de una varilla larga, hace avanzar el taladro a la vez que el motor hidráulico *M* proporciona su velocidad de rotación. Los datos de la instalación son los siguientes:

- *Bomba B*: Velocidad de rotación $N_b = 2400$ rpm; Desplazamiento por revolución $c_b = 30$ cm³/rev; Rendimiento volumétrico $\eta_{vb} = 96,67$ %; Rendimiento mecánico $\eta_{mb} = 88,50$ %.

- *Cilindro A*: Velocidad de avance $V_{av} = 4$ m/min; Diámetro del cilindro $D_c = 100$ mm; Diámetro del vástago $D_v = 70$ mm; Fuerza de rozamiento $F_{roz} = 150$ kp; Peso muerto asociado al vástago $F_{pm} = 1600$ kp; Fuerza con que el terreno se opone al avance del taladro $F_{av} = 12\,500$ kp.

- *Motor M*: Velocidad de rotación $N_m = 100$ rpm; Desplazamiento por revolución $c_m = 182$ cm³/rev; Par resistente a vencer $M_m = 40$ kp·m; Rendimiento volumétrico $\eta_{vm} = 93,81$ %; Rendimiento mecánico $\eta_{mm} = 89,50$ %.

Para cada una de las válvulas del circuito, los coeficientes de pérdidas son los siguientes:

- *Válvula distribuidora VD1*: $K_{PA1} = 2,8 \cdot 10^{-3}$ (kp/cm²)/(l/min)²; $K_{BT1} = 2,5 \cdot 10^{-3}$ (kp/cm²)/(l/min)²; $K_{PB1} = 3,3 \cdot 10^{-3}$ (kp/cm²)/(l/min)²; $K_{AT1} = 6,9 \cdot 10^{-3}$ (kp/cm²)/(l/min)².

- *Válvula distribuidora VD2*: $K_{PA2} = 1,5 \cdot 10^{-3}$ (kp/cm²)/(l/min)²; $K_{PB2} = 2,5 \cdot 10^{-3}$ (kp/cm²)/(l/min)².

- *Antirretorno del regulador unidireccional RUD*: $K_{arRUD} = 1,6 \cdot 10^{-3}$ (kp/cm²)/(l/min)².

- *Antirretorno pilotado ARP*: $K_{ARP} = 1,6 \cdot 10^{-3}$ (kp/cm²)/(l/min)²; Con presión de pilotaje > 5 kp/cm², $K_{ARP\,x} = 1,2 \cdot 10^{-3}$ (kp/cm²)/(l/min)².

- *Válvula limitadora de presión VLP*: La presión de entrada es $P_{VLP} = P_{T\,VLP} + K_{VLP} \cdot Q^2$, con $P_{VLP} > P_{T\,VLP}$; $K_{VLP} = 7,5 \cdot 10^{-3}$ (kp/cm²)/(l/min)².

Con todo ello, y despreciando pérdidas de presión en tuberías, determinar:

a) Describir el funcionamiento del circuito.

b) Coeficiente de pérdidas que deberá tener el estrangulamiento del regulador unidireccional *RUD* para conseguir la velocidad de avance del cilindro *A* y de rotación del motor hidráulico *M* indicadas, cuando se produce la maniobra de perforación del pozo.

c) Punto de funcionamiento de la bomba en el apartado anterior, así como en caso de producirse el movimiento de retroceso del vástago del cilindro.

d) ¿En qué caso se produce la máxima potencia de accionamiento de la bomba? Determinar su valor.

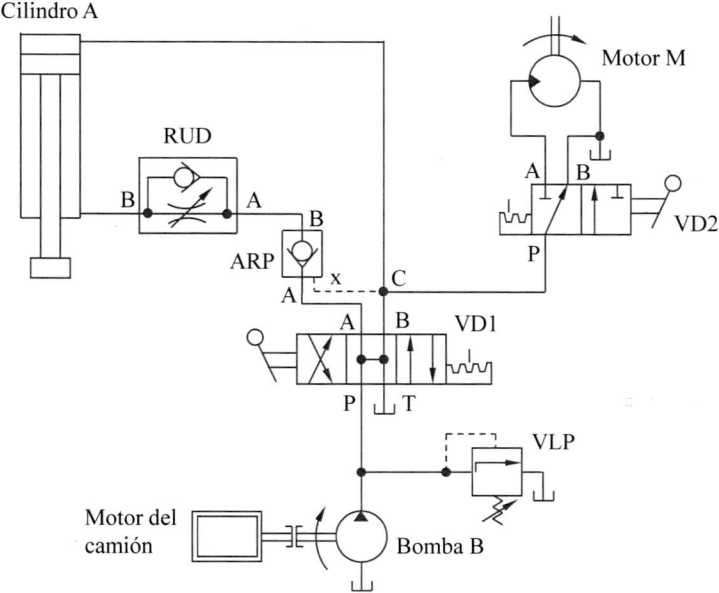

Figura 19.1. Circuito oleohidráulico para accionar un dispositivo de perforación de pozos.

Solución

Apartado a)

Vamos a suponer que, en la posición inicial del circuito, la válvula distribuidora *VD1* se encuentra centrada, al estar su palanca de accionamiento en la posición central y sujeta por el enclavamiento. En estas condiciones el vástago del cilindro *A* estará parado en cualquier posición, con la cámara anterior de dicho cilindro cerrada mediante el antirretorno pilotado *ARP*.

Además, en la posición inicial la palanca de la válvula distribuidora *VD2* estará desplazada hacia la derecha y sujeta mediante el correspondiente enclavamiento, con lo cual el motor *M* estará parado al tener su conexión de entrada cerrada, y su conexión de salida conectada con tanque. A su vez, el caudal impulsado por la bomba se dirigirá a tanque a través de la conexión *P-T* de la válvula distribuidora *VD1* en posición centrada.

Estando el circuito en las condiciones iniciales, el proceso de perforado del pozo se conseguirá accionando y enclavando la palanca de la válvula distribuidora *VD1* hacia la derecha, a la vez que se acciona y enclava la palanca de la válvula distribuidora *VD2* hacia la izquierda. Con ello parte del caudal impulsado por la bomba se dirigirá hacia la cámara posterior del cilindro *A*, haciendo salir el vástago y desalojando a tanque el aceite que llena la cámara anterior de este cilindro a través del estrangulamiento del regulador unidireccional *RUD*, del antirretorno pilotado *ARP* abierto por el pilotaje *x*, y por la conexión *A-T* de la válvula distribuidora *VD1*.

El resto del caudal impulsado por la bomba se dirigirá hacia la entrada del motor a través de la conexión *P-A* de la válvula distribuidora *VD2*, haciéndolo girar y desalojando a tanque este caudal a través de la conexión entre la salida del motor y la utilización *B* de la válvula *VD2*.

En esta maniobra la salida del vástago del cilindro (palanca de la válvula distribuidora *VD1* accionada hacia la izquierda) hace avanzar el taladro, a la vez que el giro del motor (palanca de la válvula distribuidora *VD2* accionada hacia la derecha) provoca el corte del terreno. Como se puede observar en el circuito de la Figura 19.1, si solamente se acciona una de estas dos palancas en el sentido indicado, y la otra no, no se realiza ninguno de los dos movimientos de perforación.

Por otra parte, la maniobra de elevación del taladro, mediante el movimiento de entrada del vástago del cilindro *A*, se conseguirá accionando la palanca de la válvula distribuidora *VD1* hacia la izquierda, a la vez que se acciona la palanca de la válvula distribuidora *VD2* hacia la derecha. De esta manera el caudal impulsado por la bomba se dirigirá a la cámara anterior del cilindro a través de la conexión *P-A* de la válvula distribuidora *VD1*, del antirretorno pilotado *ARP* abierto en sentido directo, y del antirretorno del regulador unidireccional *RUD*, mientras que el aceite de la cámara posterior del cilindro se desalojará a tanque repartido entre la conexión *B-T* de la válvula *VD1* y la conexión *P-B* de la válvula distribuidora *VD2*.

Por último, si al final del recorrido de entrada del vástago del cilindro la palanca de la válvula distribuidora *VD1* se mantiene accionada hacia la izquierda y la palanca de la válvula distribuidora *VD2* se mantiene accionada hacia la derecha, el caudal impulsado por la bomba se dirigirá a tanque a través de la válvula limitadora de presión *VLP*. Esto mismo podría ocurrir si, durante la maniobra de perforación, una sobrecarga hiciese detener tanto el movimiento de avance del vástago del cilindro como el movimiento de giro del motor.

Apartado b)

Caudales de bomba:

$$Q_{tb} = N_b \cdot c_b = 2.400 \cdot \frac{30}{1.000} = 72 \, l/min$$

$$Q_b = Q_{tb} \cdot \eta_{vb} = 72 \cdot 0,9667 = 69,60 \, l/min$$

Caudales del motor:

$$Q_{tm} = N_m \cdot c_m = 100 \cdot \frac{182}{1.000} = 18,20 \, l/min$$

$$Q_m = \frac{Q_{tm}}{\eta_{vm}} = \frac{18,20}{0,9381} = 19,40 \, l/min$$

Y siendo P_m la presión de entrada al motor, con presión de salida la presión de tanque, el rendimiento mecánico del motor responde a la expresión

$$\eta_{mm} = \frac{M_m}{M_{tm}} = \frac{M_m}{\dfrac{P_m \cdot c_m}{2\pi}}$$

de donde la presión de entrada al motor deberá ser:

$$P_m = \frac{2\pi \cdot M_m}{c_m \cdot \eta_{mm}} = \frac{2\pi \cdot (40 \cdot 100)}{182 \cdot 0,895} = 154,29 \; kp/cm^2$$

La potencia de alimentación del motor será:

$$P_{alim\,m} = P_m \cdot Q_m = 154,29 \cdot 19,40 \cdot \frac{9,81}{6.000} = 4,89 \; kW$$

y la potencia útil del motor,

$$P_{u\,m} = P_{alim\,m} \cdot \eta_{vm} \cdot \eta_{mm} = 4,89 \cdot 0,9381 \cdot 0,895 = 4,11 \; kW$$

Accionando la palanca de la válvula distribuidora *VD1* hacia la derecha y la palanca de la válvula distribuidora *VD2* hacia la izquierda se producen simultáneamente los movimientos $A+$ (avance del vástago del cilindro A) y $M+$ (giro del motor M), necesarios para la perforación del pozo. En estas condiciones la presión en el punto C (ver Figura 19.1) será:

$$P_C = P_m + K_{PA2} \cdot Q_m^2 = 154,29 + 1,5 \cdot 10^{-3} \cdot 19,40^2 = 154,85 \; kp/cm^2$$

la cual es suficiente para mantener abierto, como señal x, el antirretorno pilotado que permite descargar a tanque el caudal de salida de la cámara anterior del cilindro en el movimiento $A+$.

En la Figura 19.2 se indican los caudales y presiones en el cilindro para los movimientos de avance y retroceso del taladro de perforación del pozo.

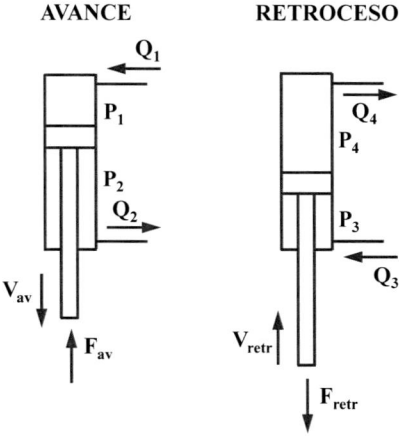

Figura 19.2. Movimientos de avance y retroceso del vástago del cilindro para perforación de pozos.

A partir de la Figura 19.2, los caudales correspondientes al movimiento $A+$ serán:

$$Q_1 = \frac{\pi \cdot D_c^2}{4} \cdot V_a = \frac{\pi \cdot 10^2}{4} \cdot \frac{400}{1.000} = 31,42 \ l/min$$

$$Q_2 = \frac{D_c^2 - D_v^2}{D_c^2} \cdot Q_1 = \frac{10^2 - 7^2}{10^2} \cdot 31,42 = 16,02 \ l/min$$

En estas condiciones de funcionamiento la válvula limitadora de presión VLP estará abierta, pues el regulador unidireccional RUD tiene que limitar el movimiento de avance del taladro, descargando a tanque un caudal de

$$Q_{VLP} = Q_b - Q_m - Q_1 = 69,60 - 19,40 - 31,42 = 18,78 \ l/min$$

El regulador unidireccional deberá tener un coeficiente de pérdidas tal que, a partir de una presión $P_1 = P_C = 154,85 \ kp/cm2$, circule un caudal Q_m hacia el motor y un caudal Q_1 hacia la cámara posterior del cilindro. De esta manera tendremos

$$P_1 \cdot \frac{\pi \cdot D_c^2}{4} + F_{pm} = P_2 \cdot \frac{\pi \cdot \left(D_c^2 - D_v^2\right)}{4} + F_{av} + F_{roz}$$

$$154,85 \cdot \frac{\pi \cdot 10^2}{4} + 1.600 = P_2 \cdot \frac{\pi \cdot \left(10^2 - 7^2\right)}{4} + 12.500 + 150 \ ; \quad P_2 = 27,76 \ kp/cm2$$

Además,

$$P_2 = \Delta P_{RUD}(Q_2) + \Delta P_{ARPx}(Q_2) + \Delta P_{AT1}(Q_2)$$

$$27,76 = \left(K_{RUD} + 1,2 \cdot 10^{-3} + 6,9 \cdot 10^{-3}\right) \cdot 16,02^2$$

de donde se obtiene el coeficiente de pérdidas que deberá tener el estrangulamiento del regulador unidireccional,

$$K_{RUD} = 0,10 \ \left(kp/cm2\right)/\left(l/min\right)^2$$

Apartado c)

En el caso del apartado anterior, accionando la palanca de la válvula distribuidora $VD1$ hacia la derecha y la palanca de la válvula distribuidora $VD2$ hacia la izquierda, tenemos:

$$P_{b\,A+M+} = P_C + \Delta P_{PB1}(Q_1 + Q_m) = 155,80 + 3,3 \cdot 10^{-3} \cdot (31,42 + 19,40)^2 = 163,37 \ kp/cm2$$

Y la potencia de accionamiento de la bomba en estas condiciones,

$$P_{accb\,A+M+} = \frac{P_{b\,A+M+} \cdot Q_{tb}}{\eta_{mb}} = \frac{164,32 \cdot 72}{0,885} \cdot \frac{9,81}{6.000} = 21,73 \ kW$$

Para calcular la presión de tarado de la válvula limitadora de presión utilizaremos la expresión que define su curva característica,

$$P_{VLP} = P_{T\,VLP} + K_{VLP} \cdot Q_{VLP}^2$$

Como en estas condiciones $P_{VLP} = P_{b\,A+M+}$, aplicando la expresión anterior obtendremos la presión de tarado de la *VLP*,

$$163,37 = P_{T\,VLP} + 7,5 \cdot 10^{-3} \cdot 18,78^2 \quad ; \qquad P_{T\,VLP} = 160,72 \; kp/cm2$$

Accionando la palanca de la válvula distribuidora *VD1* hacia la izquierda, y la palanca de la válvula distribuidora *VD2* hacia la derecha, se produce el movimiento de retroceso del vástago del cilindro, movimiento *A-* con el motor parado, lo que permite ir extrayendo la varilla (retroceso levantando el peso muerto), o dejar espacio para añadir un nuevo tramo de varilla conforme se avanza en la perforación (retroceso sin carga).

Para el movimiento *A-*, y admitiendo que durante este movimiento la válvula limitadora de presión *VLP* estará cerrada, los caudales del cilindro se indican en la Figura 19.2. Así tendremos:

$$Q_3 = Q_b = 69,60 \; l/min$$

$$Q_4 = \frac{D_c^2}{D_c^2 - D_v^2} \cdot Q_3 = \frac{10^2}{10^2 - 7^2} \cdot 69,60 = 136,47 \; l/min$$

siendo la velocidad de retroceso del vástago

$$V_{retr} = \frac{4 \cdot Q_3}{\pi \cdot \left(D_c^2 - D_v^2\right)} = \frac{4 \cdot 69,60 \cdot 10^{-3}}{\pi \cdot \left(0,1^2 - 0,07^2\right)} = 17,38 \; m/min$$

El caudal Q_4, desde el punto C, se dirige a tanque tanto por la válvula *VD1* como por la válvula *VD2*. Y como $K_{BT1} = K_{PB2} = 2,5 \cdot 10^{-3}$ (kp/cm²)/(l/min)², dicho caudal se divide en dos partes iguales para circular hacia tanque a través de estas válvulas. Así, tenemos:

$$P_4 = P_C = K_{BT1} \cdot \left(\frac{Q_4}{2}\right)^2 = 2,5 \cdot 10^{-3} \cdot \left(\frac{136,47}{2}\right)^2 = 11,64 \; kp/cm2$$

Para el caso de retroceso del vástago levantando el peso muerto de la varilla, la presión P_3 cumplirá la expresión

$$P_3 \cdot \frac{\pi \cdot \left(D_c^2 - D_v^2\right)}{4} = P_4 \cdot \frac{\pi \cdot D_c^2}{4} + F_{pm} + F_{roz}$$

$$P_3 \cdot \frac{\pi \cdot \left(10^2 - 7^2\right)}{4} = 11,64 \cdot \frac{\pi \cdot 10^2}{4} + 1.600 + 150 \quad ; \qquad P_3 = 66,51 kp/cm2$$

Y la presión de bomba durante esta maniobra,

$$P_{b\,A-} = P_3 + \left(K_{arRUD} + K_{ARP} + K_{PA1}\right) \cdot Q_3^2 =$$
$$= 66,51 + \left(1,6 + 1,6 + 2,8\right) \cdot 10^{-3} \cdot 69,60^2 = 95,57 \; kp/cm2$$

la cual, como se ha supuesto anteriormente, no llegará a abrir la válvula limitadora de presión.

En estas condiciones la potencia de accionamiento de la bomba será

$$P_{accb\,A-} = \frac{P_{b\,A-} \cdot Q_{tb}}{\eta_{mb}} = \frac{95,57 \cdot 72}{0,885} \cdot \frac{9,81}{6.000} = 12,71 \; kW$$

Para el caso de retroceso del vástago sin carga tendremos:

$$P_3 \cdot \frac{\pi \cdot \left(D_c^2 - D_v^2\right)}{4} = P_4 \cdot \frac{\pi \cdot D_c^2}{4} + F_{roz}$$

$$P_3 \cdot \frac{\pi \cdot \left(10^2 - 7^2\right)}{4} = 11,64 \cdot \frac{\pi \cdot 10^2}{4} + 150 \quad ; \quad P_3 = 26,57 \, kp/cm^2$$

La presión de bomba será ahora

$$P_{b\,A-} = P_3 + \left(K_{arRUD} + K_{ARP} + K_{PA1}\right) \cdot Q_3^2 =$$
$$= 26,57 + \left(1,6 + 1,6 + 2,8\right) \cdot 10^{-3} \cdot 69,60^2 = 55,63 \, kp/cm^2$$

la cual tampoco abrirá la válvula limitadora de presión.

La potencia de accionamiento de la bomba será ahora,

$$P_{accb\,A-} = \frac{P_{B\,A-} \cdot Q_{tb}}{\eta_{mb}} = \frac{55,63 \cdot 72}{0,885} \cdot \frac{9,81}{6.000} = 7,40 \, kW$$

Si para obtener el retroceso del vástago con o sin carga, movimiento *A-*, las palancas de las válvulas distribuidoras *VD1* y *VD2* se accionan simultáneamente hacia la izquierda, el caudal Q_4 se dirigirá a tanque bien en su totalidad a través de la conexión *B-T* de la válvula distribuidora *VD1* (motor parado), o bien en parte por esta conexión y el resto por la conexión *P-A* de la válvula distribuidora *VD2* (motor girando a una cierta velocidad de rotación). Ello depende de la resistencia al giro que en este caso ofrece dicho motor, en comparación con los coeficientes de pérdidas de las referidas conexiones de las válvulas distribuidoras. Como esta situación queda indeterminada, para el movimiento de retroceso del vástago se propone el accionamiento de la palanca de la válvula distribuidora *VD1* hacia la izquierda y de la palanca de la válvula distribuidora *VD2* hacia la derecha, como se ha visto anteriormente.

Apartado d)

La potencia máxima de accionamiento de la bomba será cuando, finalizado el movimiento *A-*, la palanca de la válvula distribuidora *VD1* se mantiene accionada hacia la izquierda, y la palanca de la válvula distribuidora *VD2* se mantiene accionada hacia la derecha. En estas condiciones todo el caudal bombeado se derivará a tanque a través de la válvula limitadora de presión.

La presión de bomba en estas condiciones será

$$P_{b\,máx} = P_{T\,VLP} + K_{VLP} \cdot Q_b^2 = 160,72 + 7,5 \cdot 10^{-3} \cdot 69,60^2 = 197,05 \, kp/cm^2$$

la cual da origen a una potencia máxima de accionamiento de la bomba de

$$P_{accb\,máx} = \frac{P_{b\,máx} \cdot Q_{tb}}{\eta_{mb}} = \frac{197,05 \cdot 72}{0,885} \cdot \frac{9,81}{6.000} = 26,21 \, kW$$

Problema 20. Motor de giro limitado, antirretornos pilotados y bomba compensada en presión

Se va a diseñar un automatismo oleohidráulico para producir el giro de un elemento de máquina en uno y otro sentido. Para ello se utilizará un motor de giro limitado como se indica en la Figura 20.1, el cual transmitirá un giro de 180° en ambos sentidos para accionar el elemento de máquina. En este automatismo, la misión del antirretorno pilotado doble es bloquear el elemento de máquina, e impedir su movimiento, cuando la válvula distribuidora se encuentre en posición de reposo.

Los datos de la instalación son los siguientes:

- Par a vencer mediante el giro del elemento de máquina, en uno y otro sentido: $M_e = 400$ kp·m

- Giro del elemento de máquina, en ambos sentidos: $\alpha_m = 360° = 2\pi$ rad

- Duración aproximada de cada uno de los giros: $T_g = 5$ s

- Presión de trabajo, aproximada: $P_t = 150$ kp/cm²

- Suponer condiciones más desfavorables, las cuales se producen con el filtro colmatado

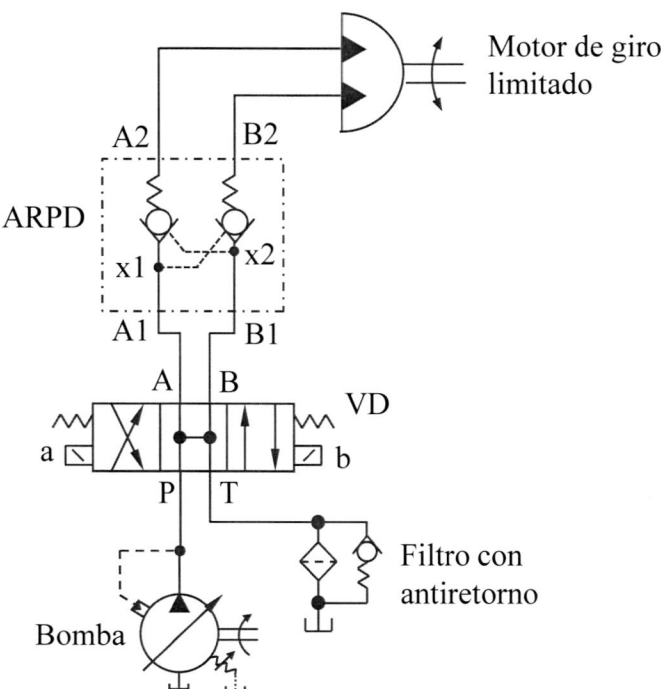

Figura 20.1. Circuito oleohidráulico para producir el giro en ambos sentidos de un elemento de máquina.

En estas condiciones, determinar:

a)   Elección del motor de giro limitado.

b)   Caudal que deberá impulsar la bomba. Seleccionar el tamaño de bomba más adecuado.

c)   Presión a la salida de la bomba durante el movimiento de giro de la carga en cada uno de los sentidos. Presión de tarado de la bomba.

d)   Potencia nominal del motor de accionamiento de la bomba, siendo el rendimiento de esta del 80 %.

Solución

Apartado a)

En la Figura 20.2 se indica el esquema de un motor de giro limitado de una o dos cremalleras, y que será el tipo de motor a seleccionar en el presente automatismo.

Una cremallera

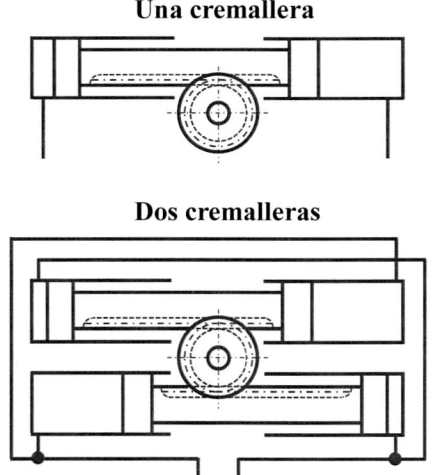

Dos cremalleras

Figura 20.2. Motor de giro limitado de una o dos cremalleras.

El par a vencer mediante el giro del elemento de máquina es de $M_e = 400$ kp · m $= 3924$ N · m. Para vencer este par con una presión de trabajo aproximada de 150 kp/cm², se selecciona el motor de giro limitado, o actuador de giro, modelo HCDH 225 indicado en la Referencia [9]. Este motor será de dos cremalleras, ángulo de rotación 360° y cilindrada, o desplazamiento volumétrico, $c_{ag} = 5,4$ cm³/°. La diferencia de presiones entre la entrada y la salida del motor durante el giro del elemento de máquina será

$$\Delta P_m = 3.924 \cdot \frac{210}{5.600} = 147,15 \ bar = 150 \ kp/cm2$$

valor igual a la presión de trabajo indicada en el enunciado.

Apartado b)

El volumen de aceite admitido por el motor en el giro de 360° del elemento de trabajo será

$$\forall_{360} = c_{ag} \cdot \alpha_m = 5,4 \cdot 360 = 1.944 \; cm^3 = 1,944 \; l$$

siendo el caudal que deberá impulsar la bomba,

$$Q_b = \frac{\forall_{360}}{T_g} = \frac{1,944}{5} \cdot 60 = 23,33 \; l/min$$

Se instalará una bomba de pistones axiales y plato inclinado, compensada en presión, del tipo indicado en la Referencia [4]. Con un rendimiento volumétrico estimado del 95 %, y girando a 1450 rpm, la cilindrada requerida por esta bomba sería de

$$c_b = \frac{Q_b}{N_b \cdot \eta_{vb}} = \frac{23,33 \cdot 1.000}{1.450 \cdot 0,95} = 16,94 \; cm^3/rev$$

Se selecciona una bomba de tamaño nominal 18, girando a 1450 rpm, y ajustando su cilindrada de 18 a 16,94 cm³/rev. La presión nominal de esta bomba es de 280 bar.

Apartado c)

En la Figura 20.3 se indican los caudales y presiones en el motor de giro limitado para conseguir los movimientos de giro positivo y negativo del elemento de máquina.

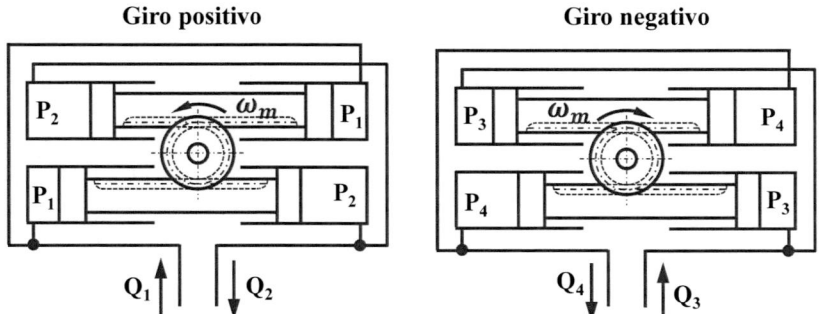

Figura 20.3. Movimientos de giro positivo y negativo del elemento de máquina obtenidos mediante el motor de giro limitado.

A partir de la Figura 20.3, los caudales correspondientes a los giros positivo y negativo son:

$$Q_1 = Q_2 = Q_3 = Q_4 = Q_b = 23,33 \; l/min$$

Selección de componentes del sistema:

- Válvula distribuidora *VD*. Se selecciona con el caudal $Q_b = 23,33$ l/min, y será del tipo *WE* y tamaño nominal 6 de la Referencia [11], de cuatro orificios y tres posiciones de trabajo, con centro *H* y caudal máximo 80 l/min.

- Antirretorno pilotado doble *ARPD*. Se selecciona con el caudal $Q_b = 23,33$ l/min, y será del tipo *Z2S 6*, tamaño nominal *6* y caudal máximo 80 l/min. Las características de este antirretorno se indican en la Referencia [22]. Se adopta una presión de apertura de 3 bar para flujo directo (curva 2). La apertura de cada antirretorno mediante la correspondiente señal de pilotaje *x* se realiza por acción de una corredera de mando, siendo las pérdidas para flujo inverso en cada antirretorno las indicadas por la curva 5.

- Filtro. El filtro con antirretorno se selecciona con el caudal $Q_b = 23,33$ l/min. La carcasa del filtro será la *RF 014* de la Referencia [1], con antirretorno en paralelo y caudal máximo 60 l/min. La presión de apertura del antirretorno es de 3 bar.

Presión de bomba en el giro positivo del elemento de máquina (señal eléctrica *b*):

$$P_2 = \Delta P_{ARPD\,B\,x1}(Q_b) + \Delta P_{BT}(Q_b) + \Delta P_{arF}(Q_b) = 3 + 1,1 + 3 = 7,1\ kp/cm^2$$

$$P_1 = P_2 + \Delta P_m = 7,1 + 150 = 157,1\ kp/cm^2$$

$$P_{b\,G+} = P_1 + \Delta P_{ARPD\,A}(Q_b) + \Delta P_{PA}(Q_b) = 157,1 + 7 + 1,1 = 165,2\ kp/cm^2$$

$$P_{x1} = P_{b\,G+} - \Delta P_{PA}(Q_b) = 165,2 - 1,1 = 164,1\ kp/cm^2$$

Presión de bomba en el giro negativo del elemento de máquina (señal eléctrica *a*):

$$P_4 = \Delta P_{ARPD\,A\,x2}(Q_b) + \Delta P_{AT}(Q_b) + \Delta P_{arF}(Q_b) = 3 + 1,1 + 3 = 7,1\ kp/cm^2$$

$$P_3 = P_4 + \Delta P_m = 7,1 + 150 = 157,1\ kp/cm^2$$

$$P_{b\,G-} = P_3 + \Delta P_{ARPD\,B}(Q_b) + \Delta P_{PB}(Q_b) = 157,1 + 7 + 0,9 = 165,0\ kp/cm^2$$

$$P_{x2} = P_{b\,G-} - \Delta P_{PB}(Q_b) = 165,0 - 0,9 = 164,1\ kp/cm^2$$

La presión de tarado de la bomba deberá ser mayor que $P_{b\,G+} = 165,2$ kp/cm². Se adopta

$$P_{Tb} = 175\ kp/cm^2$$

Vemos, además, que las presiones de pilotaje P_{x1} y P_{x2} de los antirretornos pilotados son suficientes para abrir dichos antirretornos durante los correspondientes giros del elemento de máquina.

Apartado d)

La potencia máxima de accionamiento de la bomba se consumirá en el instante en que dicha bomba entre en la zona de compensación, al final del giro del elemento de máquina y si la señal eléctrica *a* o *b* que ha dado origen a dicho giro se mantiene activa. Así, tenemos:

$$P_{accb\,máx} = \frac{P_{Tb} \cdot Q_b}{\eta_b} = \frac{175 \cdot 23,33}{0,8} \cdot \frac{9,81}{6.000} = 8,34\ kW$$

Se seleccionará un motor eléctrico de potencia nominal del orden de 11 kW girando a 1450 rpm.

Problema 21. Motores de giro limitado, antirretornos pilotados, divisor de caudal y bomba convencional

Se desea diseñar un automatismo oleohidráulico para hacer girar simultáneamente dos elementos de máquina, cada uno de ellos con su correspondiente motor de giro limitado. En la posición de reposo, ambos elementos de máquina estarán bloqueados para evitar que giren libremente. Los motores de giro limitado podrán ser de una o dos cremalleras, con el esquema indicado en la Figura 20.2.

Los datos disponibles son:

- Par a vencer por el giro del elemento de máquina 1 en sentido positivo: $M_{e1\,p} = 450$ kp·m
- Par a vencer por el giro del elemento de máquina 2 en sentido positivo: $M_{e2\,p} = 300$ kp·m
- Par a vencer por el giro del elemento de máquina 1 en sentido negativo: $M_{e1\,n} = 100$ kp·m
- Par a vencer por el giro del elemento de máquina 2 en sentido negativo: $M_{e2\,n} = 50$ kp·m
- Giro de cada elemento de máquina, en ambos sentidos: $\alpha_{M1} = \alpha_{M2} = \alpha_M = 420°$
- Duración aproximada de cada uno de los giros: $T_g = 6$ s

En estas condiciones, determinar:

a) Representar el esquema del automatismo oleohidráulico necesario para automatizar el giro simultáneo de los dos elementos de máquina.

b) Seleccionar los componentes de la instalación, a partir de la información de catálogo disponible.

c) Presión de bomba durante el movimiento de giro de los elementos de máquina en cada uno de los sentidos.

d) Presión de bomba durante los episodios de corrección de fase del divisor de caudal.

e) Presión de bomba al final del movimiento de giro de los elementos de máquina en ambos sentidos, y presión de tarado de la válvula limitadora de presión.

f) Potencia nominal del motor de accionamiento de la bomba, siendo el rendimiento de esta del 85 %.

Solución

Apartado a)

El esquema del automatismo se indica en la Figura 21.1. Como vemos en este esquema, el sistema dispone de un divisor de caudal *DC* cuya misión es dividir el caudal de bomba en dos partes iguales, con lo que se consigue el movimiento simultáneo de los dos motores de giro limitado, iguales, independientemente de la carga que arrastren. Y ello en el giro tanto positivo como negativo de los motores. Además, el antirretorno pilotado doble *ARPD* permite el bloqueo de los elementos de máquina cuando la válvula distribuidora *VD* se encuentra en la posición de reposo.

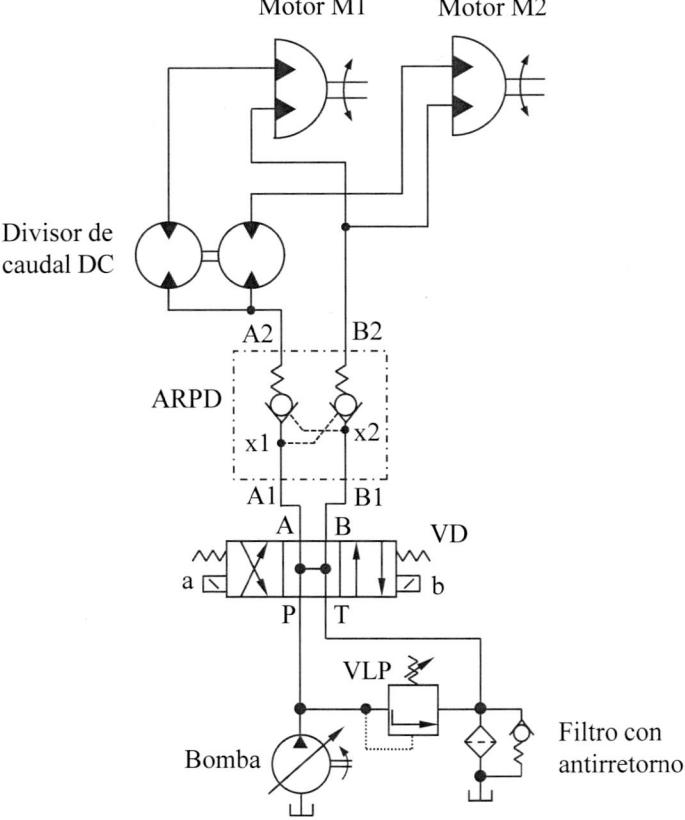

Figura 21.1. Esquema oleohidráulico para el accionamiento simultáneo de dos motores de giro limitado.

Apartado b)

Para conseguir el movimiento simultáneo de los dos motores de giro limitado ambos serán iguales, de la misma cilindrada, alimentados por el divisor de caudal *DC* que dividirá el caudal de bomba en dos partes iguales. Y será el elemento de máquina más cargado el que decidirá la selección de estos motores.

Así, para el giro positivo del motor *M1* tendremos:

$$M_{e1\,p} = 450\,kp \cdot m = 4.414,50\,N \cdot m$$

Se selecciona el motor de giro limitado modelo HCDH 225 indicado en la Referencia [9]. Este motor será de dos cremalleras, cilindrada $c_{ag} = 5{,}4$ cm³/°, y con una carrera de vástago de los cilindros constituyentes que proporcione un ángulo de giro $\alpha_M = 420°$. Como este motor produce un par en el eje de 5600 N·m cuando la diferencia de presiones entre la entrada y la salida es de 210 bar, esta diferencia de presiones durante el giro positivo del elemento de máquina 1 será

$$\Delta P_{M1\,p} = 4.414,50 \cdot \frac{210}{5.600} = 165{,}54 \; bar = 168{,}75 \; kp/cm^2$$

Y para el motor $M2$, igual al $M1$, las condiciones de funcionamiento durante el giro positivo del elemento de máquina 2 será

$$M_{e2\,p} = 300 \; kp \cdot m = 2.943{,}0 \; N \cdot m$$

$$\Delta P_{M2\,p} = 2.943{,}0 \cdot \frac{210}{5.600} = 110{,}36 \; bar = 112{,}50 \; kp/cm^2$$

A su vez, las condiciones de funcionamiento de los motores durante el giro negativo de los elementos de máquina serán:

$$M_{e1\,n} = 100 \; kp \cdot m = 981{,}0 \; N \cdot m$$

$$\Delta P_{M1\,n} = 981{,}0 \cdot \frac{210}{5.600} = 36{,}79 \; bar = 37{,}50 \; kp/cm^2$$

$$M_{e2\,n} = 50 \; kp \cdot m = 490{,}50 \; N \cdot m$$

$$\Delta P_{M2\,n} = 490{,}50 \cdot \frac{210}{5.600} = 18{,}39 \; bar = 18{,}75 \; kp/cm^2$$

En la Figura 21.2 se indican los caudales y presiones en los motores de giro limitado para conseguir los movimientos de giro positivo y negativo de los elementos de máquina.

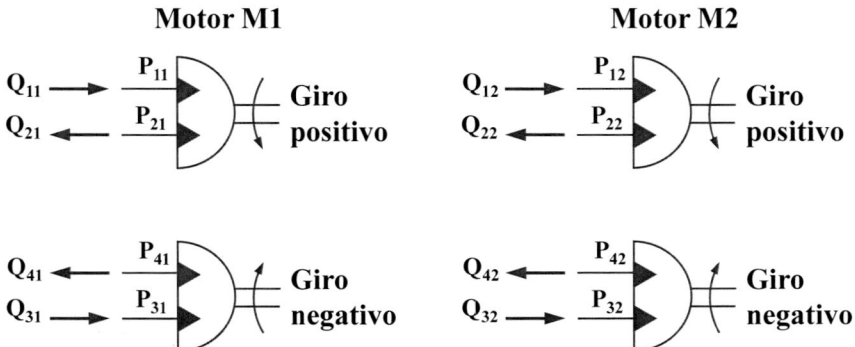

Figura 21.2. Movimientos de giro positivo y negativo de los elementos de máquina obtenidos mediante los motores de giro limitado.

El volumen de aceite admitido por cada uno de los motores en el giro de 420° de los elementos de máquina será

$$\forall_{420} = c_{ag} \cdot \alpha_m = 5,4 \cdot 420 = 2.268 \; cm^3 = 2,27 \; l$$

siendo el caudal que deberá impulsar la bomba,

$$Q_b = \frac{2 \cdot \forall_{420}}{T_g} = \frac{2 \cdot 2,27}{6} \cdot 60 = 45,36 \; l/min$$

Con un rendimiento volumétrico estimado del 95 %, y girando a 1450 rpm, la cilindrada requerida por esta bomba sería de

$$c_b = \frac{Q_b}{N_b \cdot \eta_{vb}} = \frac{42,12 \cdot 1.000}{1.450 \cdot 0,95} = 32,93 \; cm^3/rev$$

Se selecciona una bomba de pistones axiales de eje inclinado y caudal constante, Referencia [5], tamaño nominal 32 y cilindrada 32 cm³/rev. Esta bomba, girando a 1450 rpm, proporcionará un caudal de

$$Q_b = c_b N_b \eta_{vb} = \frac{32}{1.000} \cdot 1.450 \cdot 0,95 = 44,08 \; l/min$$

ligeramente menor que el calculado anteriormente, y con el que se obtendrá un tiempo de giro de la carga algo mayor que el indicado en el enunciado. Este tiempo de giro será

$$T_g = \frac{2 \cdot \forall_{420}}{Q_b} = \frac{2 \cdot 2,27}{44,08} \cdot 60 = 6,17 \; s$$

el cual es perfectamente admisible.

De esta manera, los caudales de entrada y salida de los motores serán

$$Q_{11} = Q_{21} = Q_{31} = Q_{44} = Q_{12} = Q_{22} = Q_{32} = Q_{42} = \frac{Q_b}{2} = \frac{44,08}{2} = 22,04 \; l/min$$

Selección de componentes del sistema:

- Válvula distribuidora *VD*. Se selecciona con el caudal $Q_b = 44,08$ l/min, y será del tipo *WE* y tamaño nominal 6 de la Referencia [11], de cuatro orificios y tres posiciones de trabajo, con centro *H* y caudal máximo 80 l/min.

- Antirretorno pilotado doble *ARPD*. Se selecciona con el caudal $Q_b = 44,08$ l/min, y será del tipo *Z2S 6*, tamaño nominal *6* y caudal máximo 80 l/min. Las características de este antirretorno se indican en la Referencia [22]. Se adopta una presión de apertura de 3 bar para flujo directo (curva 2). La apertura de cada antirretorno mediante la correspondiente señal de pilotaje *x* se realiza por acción de una corredera de mando, siendo las pérdidas para flujo inverso en cada antirretorno las indicadas por la curva 5.

- Válvula limitadora de presión *VLP*. Se selecciona con el caudal $Q_b = 44,08$ l/min, y será del tipo *ZDB* indicado en la Referencia [15], tamaño nominal 6 con caudal máximo 60 l/min.

- Filtro. El filtro con antirretorno se selecciona con el caudal $Q_b = 44,08$ l/min. La carcasa del filtro será la *RF 014* de la Referencia [1], con antirretorno en paralelo y caudal máximo 60 l/min. La presión de apertura del antirretorno es de 3 bar.

Respecto del divisor de caudal *DC*, los caudales y presiones requeridos para conseguir los movimientos de giro positivo y negativo de los elementos de máquina son los indicados en la Figura 21.3.

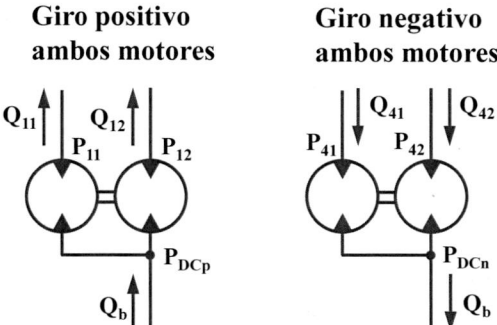

Figura 21.3. Caudales y presiones en el divisor de caudal para conseguir los movimientos de giro de los elementos de máquina.

El divisor de caudal será de engranajes con dos módulos, seleccionado a partir del caudal por módulo $Q_{m\,DC} = Q_b/2 = 22{,}04$ l/min. Se selecciona el divisor de caudal serie *XV* de la Referencia [26], modelo *3V/15x2* con corrector de fase en cada módulo, presión máxima 300 bar, y cuya cilindrada por módulo es $c_{m\,DC} = 15$ cm³/rev. De esta manera, la velocidad de rotación del divisor de caudal durante los movimientos de giro de los elementos de máquina será

$$N_{DC} = \frac{Q_{m\,DC}}{c_{m\,DC}} = \frac{22{,}04 \cdot 1.000}{15} = 1.469,33 \; rpm$$

Apartado c)

Para resolver este apartado supondremos en principio que las presiones de pilotaje *x1* y *x2* son suficientes para abrir el correspondiente antirretorno pilotado, y descargar a tanque el aceite de retorno de los motores en su giro simultáneo en uno u otro sentido.

Con la señal eléctrica *b* en la válvula distribuidora *VD* se produce el movimiento de giro positivo simultáneo *M+* de los dos motores. Las presiones en el sistema serán:

$$P_{21} = P_{22} = \Delta P_{ARPD\,B\,x1}(Q_b) + \Delta P_{BT}(Q_b) + \Delta P_{arF}(Q_b) = 10 + 3{,}5 + 3 = 16{,}5 \; kp/cm^2$$

$$P_{11} = P_{21} + \Delta P_{M1\,p} = 16{,}5 + 168{,}75 = 185{,}25 \; kp/cm^2$$
$$P_{12} = P_{22} + \Delta P_{M2\,p} = 16{,}5 + 112{,}50 = 129{,}0 \; kp/cm^2$$

$$P_{DCp} = \frac{P_{11} + P_{12}}{2} = \frac{185{,}25 + 129{,}0}{2} = 157{,}13 \; kp/cm^2$$

$$P_{b\,M+} = P_{DCp} + \Delta P_{ARPD\,A}(Q_b) + \Delta P_{PA}(Q_b) = 157{,}13 + 11{,}5 + 3{,}5 = 172{,}13 \; kp/cm^2$$

A su vez, con la señal eléctrica a en la válvula distribuidora VD se produce el movimiento de giro negativo simultáneo $M-$ de los dos motores. Las presiones en el sistema serán ahora:

$$P_{DCn} = \Delta P_{ARPD\,A\,x2}(Q_b) + \Delta P_{AT}(Q_b) + \Delta P_{arF}(Q_b) = 10 + 3,5 + 3 = 16,5 \; kp/cm^2$$

$$P_{DCn} = \frac{P_{41} + P_{42}}{2} \quad ; \quad P_{41} + P_{42} = 2 \cdot P_{DCn} = 2 \cdot 16,5 = 33,0 \; kp/cm^2$$

$$P_{31} = P_{41} + \Delta P_{M1\,n} = P_{41} + 37,50$$

$$P_{32} = P_{42} + \Delta P_{M2\,n} = P_{42} + 18,75$$

$$P_{31} = P_{32}$$

de donde se obtiene el sistema de tres ecuaciones con tres incógnitas

$$P_{41} + P_{42} = 33,0$$
$$P_{31} - P_{41} = 37,50$$
$$P_{31} - P_{42} = 18,75$$

cuya solución es:

$$P_{41} = 7,13 \; kp/cm^2 \quad ; \quad P_{42} = 25,88 \; kp/cm^2 \quad ; \quad P_{31} = P_{32} = 44,63 \; kp/cm^2$$

La presión de bomba para el movimiento $M-$ será

$$P_{b\,M-} = P_{31} + \Delta P_{ARPD\,B}(Q_b) + \Delta P_{PB}(Q_b) = 44,63 + 11,5 + 3 = 59,13 \; kp/cm^2$$

Por otra parte, y para cada uno de los movimientos de giro de los elementos de máquina, la presión de pilotaje de los antirretornos pilotados será:

$$P_{x1\,M+} = P_{b\,M+} - \Delta P_{PA}(Q_b) = 172,13 - 3,5 = 168,63 \; kp/cm^2$$

$$P_{x2\,M-} = P_{b\,M-} - \Delta P_{PB}(Q_b) = 59,13 - 3 = 56,13 kp/cm^2$$

presiones de pilotaje claramente suficientes para abrir los correspondientes antirretornos.

Para los pares negativos a vencer, $M_{e1\,n} = 100$ kp·m y $M_{e2\,n} = 50$ kp·m, la presión más baja del flujo de retorno de los motores de giro limitado vale $P_{41} = 7,13$ kp/cm². Pero si la diferencia entre los pares negativos a vencer aumenta, la presión P_{41} disminuirá, pudiendo alcanzar valores negativos. Incluso si la diferencia de pares negativos a vencer es tal que $M_{e2\,n} > M_{e1\,n}$, para un valor suficientemente elevado de esta diferencia la presión P_{42} es la que podría alcanzar valores negativos. Para evitar esta eventualidad se debería aumentar la presión P_{DCn}, aumentando con ello las presiones del sistema de manera que ninguna de ellas adopte valor negativo.

Para aumentar la presión P_{DCn} una posibilidad es instalar una válvula de secuencia VS entre el antirretorno pilotado doble $ARPD$ y la entrada al divisor de caudal DC, como se indica en la Figura 21.4. En la nueva configuración del sistema los caudales circulantes serían los mismos que en el sistema anterior, tarándose la válvula de secuencia con un valor no definido previamente pero que haga que las presiones en el giro negativo de los elementos de máquina, y en particular P_{41} y P_{42}, sean siempre positivas. Y en este caso habría que recalcular las presiones del sistema.

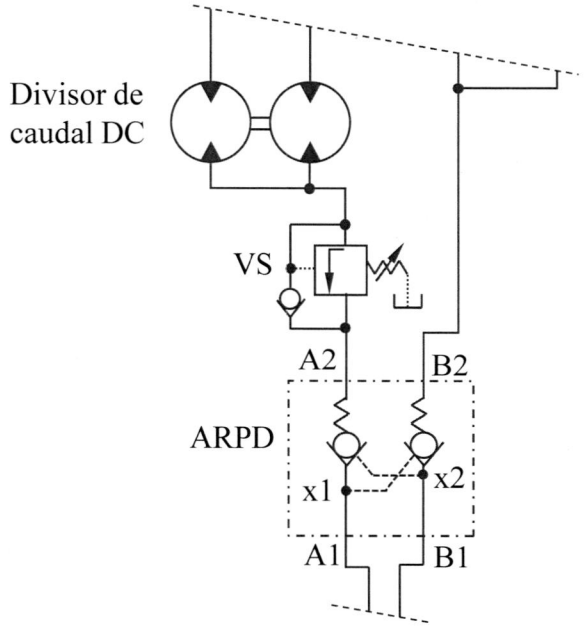

Figura 21.4. Accionamiento simultáneo de dos motores de giro limitado. Detalle con la inclusión de una válvula de secuencia para evitar presiones negativas en el sistema.

Apartado d)

Si se produce un desfase en el giro de ambos elementos de máquina, adelantándose o retrasándose uno de ellos respecto del otro, ello puede ser debido a las tolerancias y a las fugas tanto del divisor de caudal como de los motores de giro limitado. En este caso la misión del corrector de fase *CF*, Figura 21.5, es eliminar este desfase en cada ciclo de trabajo. En la Figura 21.5 se han separado el divisor de caudal *DC* y el corrector de fase *CF*, con objeto de proceder a la solución del presenta apartado. En realidad, ambos elementos formarán un solo componente, al haber seleccionado el divisor de caudal con corrector de fase en cada módulo.

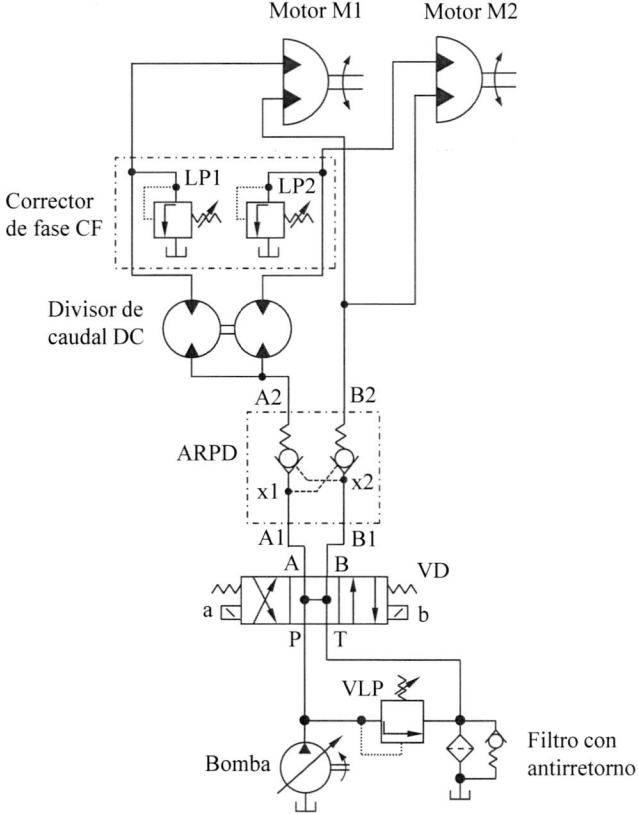

Figura 21.5. Accionamiento simultáneo de dos motores de giro limitado, con divisor de caudal y corrector de fase en cada módulo.

En este apartado veremos el funcionamiento del corrector de fase al final del giro de los motores en ambos sentidos. En cualquier caso, la corrección de fase en cada ciclo de trabajo tendrá una duración muy corta, suponiendo que el error de división del caudal entre los elementos del divisor es relativamente bajo.

El corrector de fase se compone de dos válvulas limitadoras de presión *LP1* y *LP2*, iguales, conectadas respectivamente al conducto de alimentación del giro positivo de cada uno de los motores. Estas válvulas se seleccionan con el caudal $Q_b = 44,08$ l/min, y serán del tipo *ZDB* indicado en la Referencia [15], tamaño nominal 6 con caudal máximo 60 l/min.

La presión de tarado de la válvula limitadora de presión *LP1* del corrector de fase deberá ser mayor que las presiones P_{11} y P_{41} en el funcionamiento normal del sistema. En este caso $P_{TLP1} > P_{11} = 185,25$ kp/cm², por lo que se adoptará

$$P_{TLP1} = 195 \, kp/cm^2$$

A su vez, la presión de tarado de la válvula limitadora de presión *LP2* del corrector de fase deberá ser mayor que las presiones P_{12} y P_{42} en el funcionamiento normal del sistema. En este caso $P_{TLP2} > P_{12} = 129{,}0$ kp/cm², por lo que

$$P_{TLP2} = 140 \, kp/cm^2$$

Admitiendo que durante la corrección de fase el sistema llega a trabajar en régimen permanente, que los caudales derivados a tanque a través de las válvulas limitadoras de presión *LP1* y *LP2* circularán también por el antirretorno del filtro, y que el caudal por dicho antirretorno será el caudal de bomba Q_b, los casos posibles de funcionamiento del sistema trabajando en esta modalidad son los indicados en las Figuras 21.6 y 21.7, para los cuales se plantean los siguientes cálculos:

Giro positivo *M+* con corrección de fase del motor *M2* (Figura 21.6)

El motor *M1* ha alcanzado el final de su giro positivo y se ha detenido, mientras que el motor *M2* sigue girando con retraso. En estas condiciones el caudal de salida del módulo de la izquierda del divisor de caudal *DC*, $Q_b/2 = 22{,}04$ l/min, se dirige a tanque a través de la válvula limitadora de presión *LP1* del corrector de fase. En este caso tendremos los siguientes valores:

$$Q_{11} = Q_{21} = 0 \; ; \quad Q_{12} = Q_{22} = \frac{Q_b}{2} = \frac{44{,}08}{2} = 22{,}04 \, l/min$$

$$P_{11} = \Delta P_{LP1}(Q_b/2) + \Delta P_{arF}(Q_b) = 200 + 3 = 203 \, kp/cm^2$$

$$P_{21} = P_{22} = \Delta P_{ARPD \, B \, x1}(Q_b/2) + \Delta P_{BT}(Q_b/2) + \Delta P_{arF}(Q_b) =$$
$$= 2{,}5 + 0{,}9 + 3 = 6{,}4 \, kp/cm^2$$

$$P_{12} = P_{22} + \Delta P_{M2\,p} = 6{,}4 + 112{,}50 = 118{,}90 \, kp/cm^2$$

$$P_{DCp} = \frac{P_{11} + P_{12}}{2} = \frac{203 + 118{,}90}{2} = 160{,}95 \, kp/cm^2$$

$$P_{b\,M2+\,CF} = P_{DCp} + \Delta P_{ARPD\,A}(Q_b) + \Delta P_{PA}(Q_b) =$$
$$= 160{,}95 + 11{,}5 + 3{,}5 = 175{,}95 kp/cm^2$$

Durante esta corrección de fase la válvula limitadora de presión *LP2* estará cerrada, al ser $P_{12} = 118{,}90 \, kp/cm^2 < P_{TLP2} = 140 \, kp/cm^2$. Además, la presión de pilotaje del antirretorno *B* del *ARPD* será suficiente para abrirlo, al ser

$$P_{x1\,M2+\,CF} = P_{b\,M2+\,CF} - \Delta P_{PA}(Q_b) = 175{,}95 - 3{,}5 = 172{,}45 \, kp/cm^2$$

Giro positivo *M+* con corrección de fase del motor *M1* (Figura 21.6)

El motor *M1* sigue girando con retraso, y el motor *M2* ha alcanzado el final de su giro y se ha detenido. En estas condiciones el caudal de salida del módulo de la derecha del divisor de caudal *DC*, $Q_b/2 = 22{,}04$ l/min, se dirige a tanque a través de la válvula limitadora de presión *LP2* del corrector de fase. En este caso tendremos los siguientes valores:

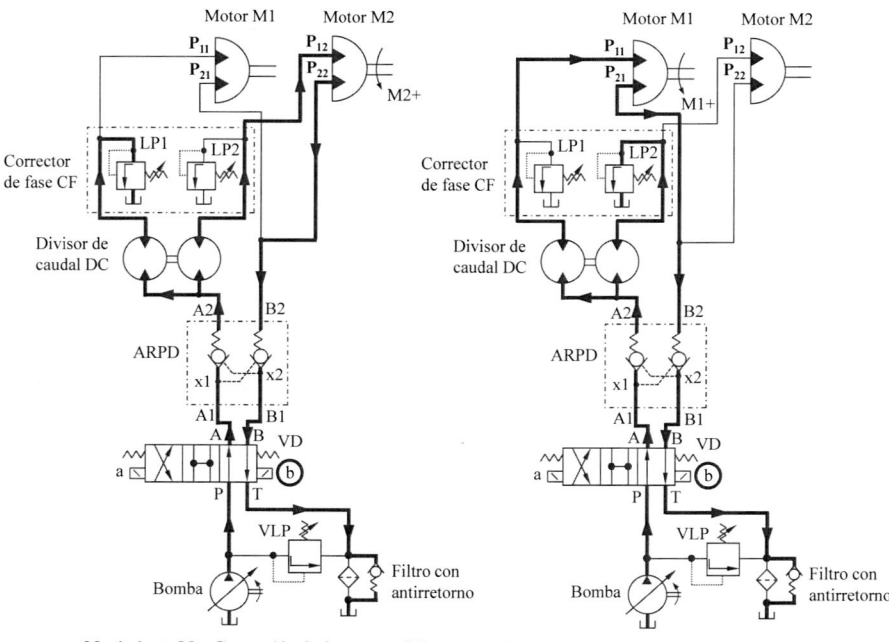

Figura 21.6. Funcionamiento del circuito en corrección de fase. Flujo de aceite con giro positivo de los motores de giro limitado.

$$Q_{11} = Q_{21} = \frac{Q_b}{2} = \frac{44{,}08}{2} = 22{,}04 \; l/min \;\; ; \qquad Q_{12} = Q_{22} = 0$$

$$P_{21} = P_{22} = \Delta P_{ARPD\,B\,x1}(Q_b/2) + \Delta P_{BT}(Q_b/2) + \Delta P_{arF}(Q_b) =$$
$$= 2{,}5 + 0{,}9 + 3 = 6{,}4 \; kp/cm^2$$

$$P_{11} = P_{21} + \Delta P_{M1\,p} = 6{,}4 + 168{,}75 = 175{,}15 \; kp/cm^2$$

$$P_{12} = \Delta P_{LP2}(Q_b/2) + \Delta P_{arF}(Q_b) = 145 + 3 = 148 \; kp/cm^2$$

$$P_{DCp} = \frac{P_{11} + P_{12}}{2} = \frac{175{,}15 + 148}{2} = 161{,}58 \; kp/cm^2$$

$$P_{b\,M1+\,CF} = P_{DCp} + \Delta P_{ARPD\,A}(Q_b) + \Delta P_{PA}(Q_b) = 161{,}58 + 11{,}5 + 3{,}5 = 176{,}58 \; kp/cm^2$$

Durante esta corrección de fase la válvula limitadora de presión *LP1* estará cerrada, al ser $P_{11} = 175{,}15\ kp/cm^2 < P_{T\,LP1} = 195\ kp/cm^2$. Además, la presión de pilotaje del antirretorno *B* del *ARPD* será ahora

$$P_{x1\ M1+\,CF} = P_{b\ M1+\,CF} - \Delta P_{PA}(Q_b) = 176{,}58 - 3{,}5 = 173{,}08\ kp/cm^2$$

presión suficiente para abrir dicho antirretorno.

Giro negativo *M-* con corrección de fase del motor *M2* (Figura 21.7)

El motor *M1* ha alcanzado el final de su giro y se ha detenido, y el motor *M2* sigue girando con retraso. En estas condiciones los caudales de entrada y de salida del motor *M1* son nulos, lo que anula el caudal de entrada al módulo de la izquierda del divisor de caudal *DC*, bloqueando dicho divisor de caudal e impidiendo su funcionamiento. Por ello el caudal de salida del motor *M2* no puede circular por el divisor de caudal, dirigiéndose a tanque a través de la válvula limitadora de presión *LP2* del corrector de fase *CF*.

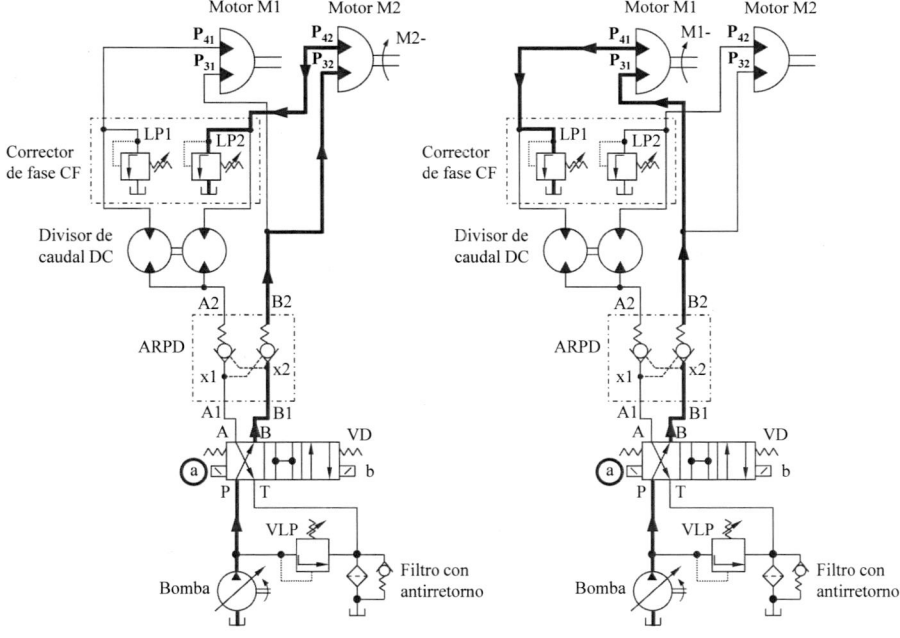

Figura 21.7. Funcionamiento del circuito en corrección de fase. Flujo de aceite con giro negativo de los motores de giro limitado.

En este caso tendremos los siguientes valores:

$$Q_{31} = Q_{41} = 0 \ ; \qquad Q_{32} = Q_{42} = Q_b = 44{,}08\ l/min$$

$$P_{42} = \Delta P_{LP2}(Q_b) + \Delta P_{arF}(Q_b) = 150 + 3 = 153 \ kp/cm^2$$

$$P_{32} = P_{31} = P_{42} + \Delta P_{M2\,n} = 153 + 18{,}75 = 171{,}75 \ kp/cm^2$$

$$P_{b\,M2-\,CF} = P_{32} + \Delta P_{ARPD\,B}(Q_b) + \Delta P_{PB}(Q_b) = 171{,}75 + 11{,}5 + 3 = 186{,}25 \ kp/cm^2$$

En estas condiciones de funcionamiento la posición de la válvula limitadora de presión *LP1*, abierta o cerrada, es indiferente, pues por ella no se va a derivar a tanque ningún caudal de salida del motor *M1*.

Giro negativo *M-* con corrección de fase del motor *M1* (Figura 21.7)

El motor *M1* sigue girando con retraso, y el motor *M2* ha alcanzado el final de su giro y se ha detenido. En estas condiciones los caudales de entrada y de salida del motor *M2* son nulos, lo que anula el caudal de entrada al módulo de la derecha del divisor de caudal *DC*, bloqueando dicho divisor de caudal e impidiendo su funcionamiento. Por ello el caudal de salida del motor *M1* no puede circular por el divisor de caudal, dirigiéndose a tanque a través de la válvula limitadora de presión *LP1* del corrector de fase *CF*. En este caso tendremos los siguientes valores:

$$Q_{31} = Q_{41} = Q_b = 44{,}08 \ l/min \quad ; \qquad Q_{32} = Q_{42} = 0$$

$$P_{41} = \Delta P_{LP1}(Q_b) + \Delta P_{arF}(Q_b) = 205 + 3 = 208 \ kp/cm^2$$

$$P_{31} = P_{32} = P_{41} + \Delta P_{M1\,n} = 208 + 37{,}50 = 245{,}50 \ kp/cm^2$$

$$P_{b\,M1-\,CF} = P_{31} + \Delta P_{ARPD\,B}(Q_b) + \Delta P_{PB}(Q_b) = 245{,}50 + 11{,}5 + 3 = 260{,}0 \ kp/cm^2$$

Apartado e)

Al final del movimiento de giro positivo de los elementos de máquina, y mientras se mantenga activa la señal eléctrica *b* que ha dado origen a dicho movimiento, el caudal bombeado circula por el divisor de caudal, dirigiéndose a tanque la mitad de dicho caudal a través de la válvula limitadora de presión *LP1*, y la otra mitad se dirigirá también a tanque a través de la válvula limitadora de presión *LP2*. En estas condiciones tenemos las siguientes presiones:

$$P_{11} = \Delta P_{LP1}(Q_b/2) + \Delta P_{arF}(Q_b) = 200 + 3 = 203 \ kp/cm^2$$

$$P_{12} = \Delta P_{LP2}(Q_b/2) + \Delta P_{arF}(Q_b) = 145 + 3 = 148 \ kp/cm^2$$

$$P_{DCp} = \frac{P_{11} + P_{12}}{2} = \frac{203 + 148}{2} = 175{,}5 \ kp/cm^2$$

$$P_{b\,M+final} = P_{DCp} + \Delta P_{ARPD\,A}(Q_b) + \Delta P_{PA}(Q_b) = 175{,}5 + 11{,}5 + 3{,}5 = 190{,}5 \ kp/cm^2$$

Al final del movimiento de giro negativo de los elementos de máquina, y mientras se mantenga activa la señal eléctrica *a* que ha dado origen a dicho movimiento, el caudal bombeado circulará hacia tanque a través de la válvula limitadora de presión *VLP* y del antirretorno del filtro (recordemos que el filtro se supone colmatado). Para conocer la presión de bomba en estas condiciones necesitamos previamente fijar la presión de tarado de la válvula limitadora de presión *VLP*, la cual deberá ser mayor que la presión de bomba en cualesquiera de las condiciones de funcionamiento vistas anteriormente,

$$P_{b\,M+}, \quad P_{b\,M-}, \quad P_{b\,M2+\,CF}, \quad P_{b\,M1+\,CF}, \quad P_{b\,M2-\,CF}, \quad P_{b\,M1-\,CF}, \quad P_{b\,M+final}$$

De esta manera $P_{T\,VLP} > P_{b\,M1-\,CF} = 260{,}0\,kp/cm^2$, por lo que

$$P_{T\,VLP} = 270\,kp/cm^2$$

Y la presión de bomba en estas condiciones será

$$P_{b\,M-final} = \Delta P_{VLP}(Q_b) + \Delta P_{arF}(Q_b) = 280 + 3 = 283kp/cm^2$$

siendo a su vez

$$P_{31} = P_{32} = P_{b\,M-final} = 283kp/cm^2$$

La presión de tarado de la válvula limitadora de presión $P_{T\,VLP}$= 270 kp/cm² justifica que, al final del movimiento de giro positivo de los elementos de máquina (con o sin corrección de fase), el caudal bombeado se dirija a tanque a través de las válvulas limitadoras de presión *LP1* y *LP2* del corrector de fase, y no a través de la válvula limitadora de presión *VLP*. Eso es así porque $P_{T\,VLP} > P_{b\,M+\,final}$= 190,5 kp/cm². Y el caudal de bomba se dirigirá a tanque a través de la válvula limitadora de presión *VLP* solamente al final del movimiento de giro negativo de los elementos de máquina.

Por otra parte, cuando la válvula distribuidora se encuentre en posición de reposo, con los elementos de máquina parados y bloqueados por acción del antirretorno pilotado doble *ARPD*, el caudal bombeado se dirige a tanque a través de la vía *PT* de dicha válvula distribuidora. Como se indica en la Referencia [11], las pérdidas de la vía *PT* de la válvula distribuidora de centro *H* se obtienen mediante la curva 4 de la gráfica, por lo que

$$P_{b\,0} = \Delta P_{PT}(Q_b) + \Delta P_{arF}(Q_b) = 4{,}4 + 3 = 7{,}4kp/cm^2$$

Apartado f)

En resumen, la presión de bomba para cada una de las condiciones de funcionamiento del sistema será:

$$P_{b\,M+} = 172{,}13\,kp/cm^2 \quad , \quad P_{b\,M-} = 59{,}13\,kp/cm^2$$

$$P_{b\,M2+\,CF} = 175{,}95\,kp/cm^2 \quad , \quad P_{b\,M1+\,CF} = 176{,}58\,kp/cm^2$$

$$P_{b\,M2-\,CF} = 186{,}25\,kp/cm^2 \quad , \quad P_{b\,M1-\,CF} = 260{,}0\,kp/cm^2$$

$$P_{b\,M+final} = 190{,}5\,kp/cm^2 \quad , \quad P_{b\,M-final} = 283{,}0\,kp/cm^2$$

$$P_{b\,0} = 7{,}4\,kp/cm^2$$

Vemos pues que la presión máxima de bomba se produce al final del movimiento de giro negativo de los elementos de máquina, y mientras se mantenga activa la señal eléctrica *a* que ha dado origen a dicho movimiento. En estas condiciones el caudal bombeado se dirige a tanque a través de la válvula limitadora de presión *VLP*, siendo la presión máxima a la salida de la bomba

$$P_{b\,máx} = P_{b\,M-final} = 283{,}0 kp/cm^2$$

por lo que la potencia máxima de accionamiento de la bomba será:

$$P_{accb\,máx} = \frac{P_{b\,máx} \cdot Q_b}{\eta_b} = \frac{283{,}0 \cdot 44{,}08}{0{,}85} \cdot \frac{9{,}81}{6.000} = 24{,}0\,kW$$

Se seleccionará un motor eléctrico de potencia nominal del orden de 30 kW, girando a 1450 rpm.

Por último, indicar que, si consideramos las presiones de entrada a los motores para cada una de las condiciones de funcionamiento del sistema, el valor máximo de estas presiones se da al final del giro negativo de ambos motores, y mientras se mantenga activa la señal eléctrica *a* que ha dado origen a dicho movimiento. Esta presión máxima vale

$$P_{M\,máx} = P_{b\,M-final} = P_{31} = P_{32} = 283{,}0 kp/cm^2$$

Por ello los motores de giro limitado elegidos, de dos cremalleras, deberán ser capaces de soportar una presión máxima de trabajo del orden de 300 bar.

Problema 22. Cilindro, válvula distribuidora proporcional y bomba compensada en presión

Se desea desplazar por un plano inclinado una masa de 750 kg una longitud de 2 m. La inclinación del plano será de 30°, desplazando la masa en sentido ascendente para devolverla luego a su posición inicial. Para ello se utilizará el circuito oleohidráulico indicado en la Figura 22.1, el cual incluirá una válvula distribuidora proporcional que consiga el diagrama de velocidades, tanto en ascenso como en descenso, indicado en la misma figura. Además, en la línea de presión se dispondrá de un filtro con antirretorno (filtro de presión), dotado de malla filtrante de paso 3 micras.

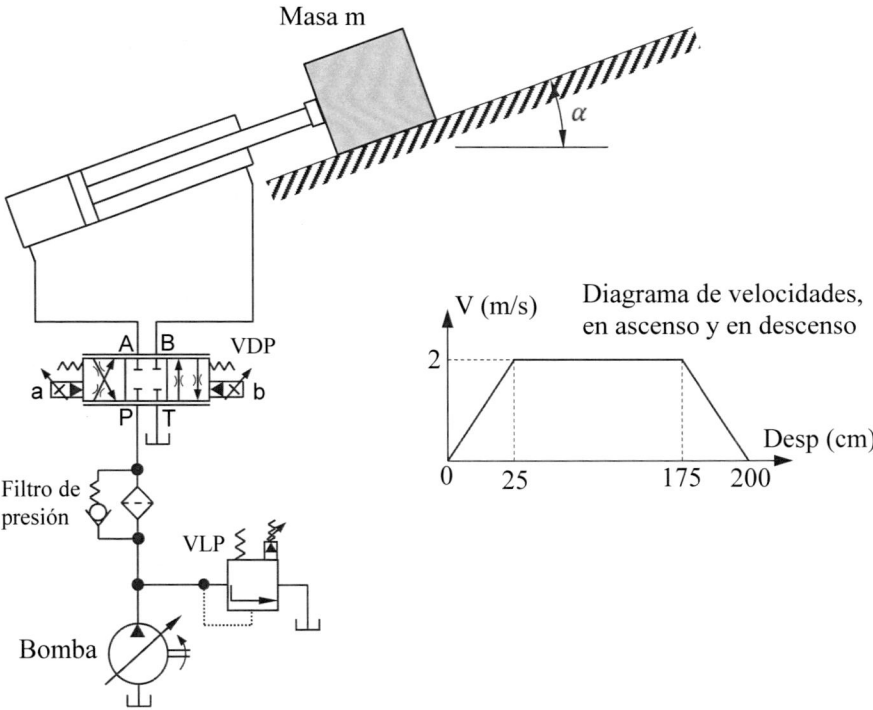

Figura 22.1. Válvula distribuidora proporcional, para desplazar una masa por un plano inclinado, con diagrama de velocidades impuesto.

Si el coeficiente de rozamiento de la masa sobre el plano inclinado es de 0,05, si se admite que el cilindro se va a fijar a la bancada mediante patas, con extremo de vástago apoyado y guía no rígida, y si el filtro de presión se encuentra limpio, determinar:

  a) Elección del cilindro y de la bomba a instalar. Se admite una presión de trabajo del cilindro del orden de 75 kp/cm².

  b) Elección de la válvula distribuidora proporcional a instalar.

c) Condiciones de funcionamiento de la válvula distribuidora proporcional en los movimientos de elevación y descenso de la carga.

d) Completar el circuito oleohidráulico de la Figura 22.1 con un compensador de presión de dos vías en la alimentación de la válvula distribuidora proporcional. ¿Cuál es la misión de este compensador de presión?

Solución

Cálculos preliminares

Fuerza sobre el vástago debido al peso a mover, tanto en ascenso como en descenso

$$F_v = m \cdot g \cdot \text{sen}\alpha = 750 \cdot 9,81 \cdot \text{sen}30^o = 3.678,75 \, N = 375 \, kp$$

Fuerza de rozamiento de la masa sobre el plano inclinado

$$F_{roz} = \mu_r \cdot m \cdot g \cdot \cos\alpha = 0,05 \cdot 750 \cdot 9,81 \cdot \cos30^o = 318,59 \, N = 32,48 \, kp$$

Aceleración de la carga, tanto al inicio como al final del movimiento

$$a = \frac{V_{unif}^2}{2 \cdot L_{ac}} = \frac{2^2}{2 \cdot 0,25} = 8 m/s^2$$

Duración de la aceleración, tanto al inicio como al final del movimiento

$$T_a = \frac{V_{unif}}{a} = \frac{2}{8} = 0,25 \, s$$

Duración del movimiento uniforme, tanto en el ascenso como en el descenso de la carga

$$T_{mu} = \frac{L_{mu}}{V_{unif}} = \frac{1,50}{2} = 0,75 \, s$$

Fuerza de inercia, tanto en la aceleración como en la deceleración de la carga

$$F_I = m \cdot a = 750 \cdot 8 = 6.000 \, N = 611,62 \, kp$$

Apartado a)

El diámetro del cilindro se obtiene a partir del esfuerzo máximo a vencer en el movimiento de ascenso de la carga, el cual corresponde a la fase de aceleración,

$$F_v + F_{roz} + F_I = \frac{\pi \cdot D_c^2}{4} \cdot P_t \quad ; \quad 375 + 32,48 + 611,62 = \frac{\pi \cdot D_c^2}{4} \cdot 75$$

de donde se obtiene $D_c = 41,59$ cm. Se adopta un cilindro de diámetro normalizado 50 mm, según la Referencia [6].

El diámetro del vástago se seleccionará para evitar los efectos de pandeo durante el movimiento de elevación de la carga. Para un cilindro sujeto a la bancada mediante patas y con extremo de vástago apoyado y guía no rígida, el factor de carrera vale $K = 2$, como se observa en la Referencia [7]. Si admitimos que las condiciones más desfavorables se producen con el vástago totalmente fuera y sosteniendo la carga en reposo, tendremos:

$$D_v \geq \sqrt[4]{\frac{64 \cdot s \cdot (F_v + F_{roz}) \cdot (K \cdot L_c)^2}{\pi^3 \cdot E}} = \sqrt[4]{\frac{64 \cdot 2,5 \cdot (375 + 32,48) \cdot (2 \cdot 200)^2}{\pi^3 \cdot 2,1 \cdot 10^6}} = 3,56 \, cm$$

Atendiendo a lo indicado en la Referencia [6] para los cilindros de diámetro nominal 50 mm, se adopta un diámetro de vástago $D_v = 36$ mm.

La bomba se seleccionará a partir de los caudales en condiciones de movimiento uniforme indicados en la Figura 22.2. A partir de esta figura tenemos:

Avance del vástago (ascenso de la carga):

$$Q_1 = \frac{\pi \cdot D_c^2}{4} \cdot V_{unif} = \frac{\pi \cdot 5^2}{4} \cdot 200 = 3.926,99 \, cm3/s = 235,62 \, l/min$$

$$Q_2 = \frac{D_c^2 - D_v^2}{D_c^2} \cdot Q_1 = \frac{5^2 - 3,6^2}{5^2} \cdot 235,62 = 113,47 \, l/min$$

Retroceso del vástago (descenso de la carga):

$$Q_3 = \frac{\pi \cdot \left(D_c^2 - D_v^2\right)}{4} \cdot V_{unif} = \frac{\pi \cdot \left(5^2 - 3,6^2\right)}{4} \cdot 200 = 1.891,24 \, cm3/s = 113,47 \, l/min$$

$$Q_4 = \frac{D_c^2}{D_c^2 - D_v^2} \cdot Q_3 = \frac{5^2}{5^2 - 3,6^2} \cdot 113,47 = 235,62 \, l/min$$

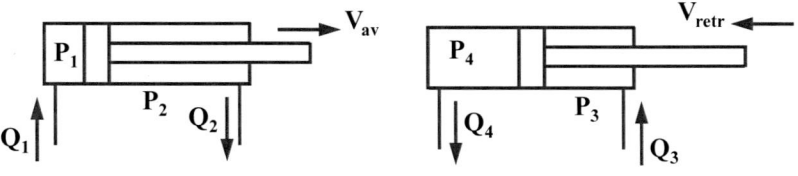

Figura 22.2. Movimientos de avance y retroceso del vástago del cilindro.

La bomba se elegirá mediante el caudal $Q_1 = Q_4 = 235,62$ l/min, y será de pistones axiales de eje inclinado y caudal constante del tipo indicado en la Referencia [5]. Suponiendo un rendimiento volumétrico del 95 %, y girando a 1450 rpm, la cilindrada requerida por esta bomba será de

$$c_b = \frac{Q_1}{N_b \cdot \eta_{vb}} = \frac{235,62 \cdot 1.000}{1.450 \cdot 0,95} = 171,05 \, cm3/rev$$

Se selecciona una bomba de tamaño nominal 180, la cual tiene una cilindrada de 180 cm³/rev. Con esta cilindrada el caudal impulsado por la bomba será

$$Q_b = c_b N_b \eta_{vb} = \frac{180}{1.000} \cdot 1.450 \cdot 0,95 = 247,95 \; l/min$$

De esta manera la bomba trabajará siempre descargando a tanque, a través de la válvula limitadora de presión *VLP*, parte del caudal bombeado, e impulsando hacia el sistema el caudal regulado por la válvula distribuidora proporcional *VDP* a una presión de bomba ligeramente mayor que la presión de tarado de la válvula limitadora de presión. Esta presión de tarado se adopta en principio de

$$P_{T\,VLP} = 80 \; kp/cm^2$$

La válvula limitadora de presión *VLP* se selecciona con el caudal $Q_b = 247,95$ l/min, y será del tipo *DB* indicado en la Referencia [16], tamaño nominal 16 con caudal máximo 250 l/min.

El filtro de presión se selecciona con el caudal $Q_l = 235,62$ l/min, y será del tipo *SFA* indicado en la Referencia [1]. El caudal nominal de este filtro es de 240 l/min, presión máxima 150 bar, carcasa *SFA-70* con curva de pérdidas *A*, paso de malla 3 μm con cartucho del filtro SE-*070-A* y curva de pérdidas *A-03*. La presión de apertura del antirretorno cuando el filtro se encuentra colmatado es de 6 bar.

Apartado b)

Siendo para el cilindro propuesto

$$\frac{A_c}{A_c - A_v} = \frac{D_c^2}{D_c^2 - D_v^2} = \frac{5^2}{5^2 - 3,6^2} = 2,08 \approx 2$$

la válvula distribuidora proporcional a instalar dispondrá de una corredera versión *W1* para la cual, en cualquier posición de dicha corredera para movimientos de avance o retroceso del vástago,

$$\frac{Q_1}{Q_2} = \frac{Q_4}{Q_3} = 2,08 \approx 2$$

Admitiremos también que las entalladuras en los émbolos de la corredera son tales que, en cualquier posición de la corredera,

$$\Delta P_{PA}(Q_1) = \Delta P_{BT}(Q_2) \quad ; \qquad \Delta P_{PB}(Q_3) = \Delta P_{AT}(Q_4)$$

Para estudiar el funcionamiento de la válvula distribuidora proporcional, la caída de presión en esta válvula para el movimiento de avance del vástago se define como $\Delta P_{V\,av} = \Delta P_{PA}(Q_1) + \Delta P_{BT}(Q_2)$, y para el movimiento de retroceso $\Delta P_{V\,retr} = \Delta P_{PB}(Q_3) + \Delta P_{AT}(Q_4)$.

En estas condiciones, la caída de presión ΔP_V en las distintas fases del movimiento de ascenso de la carga se calculará mediante las expresiones:

- *Final de la aceleración:*

   Caudales de cilindro:

$$Q_{1\,fin\,ac} = Q_1 = 235,62 \; l/min \quad ; \qquad Q_{2\,fin\,ac} = Q_2 = 113,47 \; l/min$$

Caudal derivado a tanque por la válvula limitadora de presión VLP:

$$Q_{VLP fin ac} = Q_b - Q_1 = 247{,}95 - 235{,}62 = 12{,}33 \; l/min$$

Presión a la salid de la bomba:

$$P_{b fin ac} = P_{VLP}\left(Q_{VLP fin ac}\right) = 80{,}5 \; kp/cm^2$$

Caída de presión en el filtro:

$$\Delta P_{Filtro} = \Delta P_{carcF}(Q_1) + \Delta P_{cartF}(Q_1) = 0{,}6 + 0{,}76 = 1{,}36 \; kp/cm^2$$

Caída de presión en la válvula distribuidora proporcional:

$$\left[P_{b fin ac} - \Delta P_{Filtro} - \Delta P_{PA}\left(Q_{1 fin ac}\right)\right] \cdot \frac{\pi \cdot D_c^2}{4} = \Delta P_{BT}\left(Q_{2 fin ac}\right) \cdot \frac{\pi \cdot \left(D_c^2 - D_v^2\right)}{4} + F_v + F_{roz} + F_l$$

$$\left[80{,}5 - 1{,}36 - \Delta P_{PA}\left(Q_{1 fin ac}\right)\right] \cdot \frac{\pi \cdot 5^2}{4} = \Delta P_{BT}\left(Q_{2 fin ac}\right) \cdot \frac{\pi \cdot \left(5^2 - 3{,}6^2\right)}{4} + 375 + 32{,}48 + 611{,}62$$

de donde resulta

$$\Delta P_{PA}\left(Q_{1 fin ac}\right) = \Delta P_{BT}\left(Q_{2 fin ac}\right) = 18{,}38 \; kp/cm^2$$

$$\Delta P_{V av fin ac} = \Delta P_{PA}\left(Q_{1 fin ac}\right) + \Delta P_{BT}\left(Q_{2 fin ac}\right) = 2 \cdot 18{,}38 = 36{,}77 \; kp/cm^2$$

Con estas expresiones se calcula también la caída de presión en la válvula distribuidora proporcional para el resto de movimientos del vástago.

- *Movimiento uniforme:*

$$Q_{1 mu} = Q_1 = 235{,}62 \; l/min \quad ; \quad Q_{2 mu} = Q_2 = 113{,}47 \; l/min$$

$$Q_{VLP mu} = Q_b - Q_1 = 247{,}95 - 235{,}62 = 12{,}33 \; l/min$$

$$P_{b mu} = P_{VLP}(Q_{VLP mu}) = 80{,}5 \; kp/cm^2$$

$$\Delta P_{Filtro} = \Delta P_{carcF}(Q_1) + \Delta P_{cartF}(Q_1) = 0{,}6 + 0{,}76 = 1{,}36 \; kp/cm^2$$

$$\left[P_{b mu} - \Delta P_{Filtro} - \Delta P_{PA}(Q_{1 mu})\right] \cdot \frac{\pi \cdot D_c^2}{4} = \Delta P_{BT}(Q_{2 mu}) \cdot \frac{\pi \cdot \left(D_c^2 - D_v^2\right)}{4} + F_v + F_{roz}$$

$$\left[80{,}5 - 1{,}36 - \Delta P_{PA}(Q_{1 mu})\right] \cdot \frac{\pi \cdot 5^2}{4} = \Delta P_{BT}(Q_{2 mu}) \cdot \frac{\pi \cdot \left(5^2 - 3{,}6^2\right)}{4} + 375 + 32{,}48$$

$$\Delta P_{PA}(Q_{1 mu}) = \Delta P_{BT}(Q_{2 mu}) = 39{,}41 \; kp/cm^2$$

$$\Delta P_{V av mu} = \Delta P_{PA}(Q_{1 mu}) + \Delta P_{BT}(Q_{2 mu}) = 2 \cdot 39{,}41 = 78{,}82 \; kp/cm^2$$

- *Inicio de la deceleración:*

$$Q_{1\ inic\ dec} = Q_1 = 235,62\ l/min\ \ ;\ \ \ \ \ Q_{2\ inic\ dec} = Q_2 = 113,47\ l/min$$

$$Q_{VLP\ inic\ dec} = Q_b - Q_1 = 247,95 - 235,62 = 12,33\ l/min$$

$$P_{b\ inic\ dec} = P_{VLP}(Q_{VLP\ inic\ dec}) = 80,5\ kp/cm^2$$

$$\Delta P_{Filtro} = \Delta P_{carcF}(Q_1) + \Delta P_{cartF}(Q_1) = 0,6 + 0,76 = 1,36\ kp/cm^2$$

$$\left[P_{b\ inic\ dec} - \Delta P_{Filtro} - \Delta P_{PA}(Q_{1\ inic\ dec})\right] \cdot \frac{\pi \cdot D_c^2}{4} =$$

$$= \Delta P_{BT}(Q_{2\ inic\ dec}) \cdot \frac{\pi \cdot \left(D_c^2 - D_v^2\right)}{4} + F_v + F_{roz} - F_I$$

$$\left[80,5 - 1,36 - \Delta P_{PA}(Q_{1\ inic\ dec})\right] \cdot \frac{\pi \cdot 5^2}{4} =$$

$$= \Delta P_{BT}(Q_{2\ inic\ dec}) \cdot \frac{\pi \cdot \left(5^2 - 3,6^2\right)}{4} + 375 + 32,48 - 611,62$$

$$\Delta P_{PA}(Q_{1\ inic\ dec}) = \Delta P_{BT}(Q_{2\ inic\ dec}) = 60,43\ kp/cm^2$$

$$\Delta P_{V\ av\ inic\ dec} = \Delta P_{PA}(Q_{1\ inic\ dec}) + \Delta P_{BT}(Q_{2\ inic\ dec}) = 2 \cdot 60,43 = 120,86\ kp/cm^2$$

Y la caída de presión ΔP_v en las distintas fases del movimiento de descenso de la carga será:

- *Final de la aceleración:*

$$Q_{3\ fin\ ac} = Q_3 = 113,47\ l/min\ \ ;\ \ \ \ \ Q_{4\ fin\ ac} = Q_4 = 235,62\ l/min$$

$$Q_{VLP\ fin\ ac} = Q_b - Q_3 = 247,95 - 113,47 = 134,48\ l/min$$

$$P_{b\ fin\ ac} = P_{VLP}\left(Q_{VLP\ fin\ ac}\right) = 83,5\ kp/cm^2$$

$$\Delta P_{Filtro} = \Delta P_{carcF}(Q_3) + \Delta P_{cartF}(Q_3) = 0,13 + 0,38 = 0,51\ kp/cm^2$$

$$\left[P_{b\ fin\ ac} - \Delta P_{Filtro} - \Delta P_{PB}\left(Q_{3\ fin\ ac}\right)\right] \cdot \frac{\pi \cdot \left(D_c^2 - D_v^2\right)}{4} = \Delta P_{AT}\left(Q_{4\ fin\ ac}\right) \cdot \frac{\pi \cdot D_c^2}{4} - F_v + F_{roz} + F_I$$

$$\left[83,5 - 0,51 - \Delta P_{PB}\left(Q_{3\ fin\ ac}\right)\right] \cdot \frac{\pi \cdot \left(5^2 - 3,6^2\right)}{4} = \Delta P_{AT}\left(Q_{4\ fin\ ac}\right) \cdot \frac{\pi \cdot 5^2}{4} - 375 + 32,48 + 611,62$$

$$\Delta P_{PB}\left(Q_{3\ fin\ ac}\right) = \Delta P_{AT}\left(Q_{4\ fin\ ac}\right) = 17,73\ kp/cm^2$$

$$\Delta P_{V\ retr\ fin\ ac} = \Delta P_{PB}\left(Q_{3\ fin\ ac}\right) + \Delta P_{AT}\left(Q_{4\ fin\ ac}\right) = 2 \cdot 17,73 = 35,45\ kp/cm^2$$

- *Movimiento uniforme:*

$$Q_{3\ mu} = Q_3 = 113{,}47\ l/min \quad ; \quad Q_{4\ mu} = Q_4 = 235{,}62\ l/min$$
$$Q_{VLP\ mu} = Q_b - Q_3 = 247{,}95 - 113{,}47 = 134{,}48\ l/min$$

$$P_{b\ mu} = P_{VLP}(Q_{VLP\ mu}) = 83{,}5\ kp/cm^2$$
$$\Delta P_{Filtro} = \Delta P_{carcF}(Q_3) + \Delta P_{cartF}(Q_3) = 0{,}13 + 0{,}38 = 0{,}51\ kp/cm^2$$

$$\left[P_{b\ mu} - \Delta P_{Filtro} - \Delta P_{PB}(Q_{3\ mu})\right] \cdot \frac{\pi \cdot \left(D_c^2 - D_v^2\right)}{4} = \Delta P_{AT}(Q_{4\ mu}) \cdot \frac{\pi \cdot D_c^2}{4} - F_v + F_{roz}$$

$$\left[83{,}5 - 0{,}51 - \Delta P_{PB}(Q_{3\ mu})\right] \cdot \frac{\pi \cdot \left(5^2 - 3{,}6^2\right)}{4} = \Delta P_{AT}(Q_{4\ mu}) \cdot \frac{\pi \cdot 5^2}{4} - 375 + 32{,}48$$

$$\Delta P_{PB}(Q_{3\ mu}) = \Delta P_{AT}(Q_{4\ mu}) = 38{,}75\ kp/cm^2$$
$$\Delta P_{V\ retr\ mu} = \Delta P_{PB}(Q_{3\ mu}) + \Delta P_{AT}(Q_{4\ mu}) = 2 \cdot 38{,}75 = 77{,}50\ kp/cm^2$$

- *Inicio de la deceleración:*

$$Q_{3\ inic\ dec} = Q_3 = 113{,}47\ l/min \quad ; \quad Q_{4\ inic\ dec} = Q_4 = 235{,}62\ l/min$$
$$Q_{VLP\ inic\ dec} = Q_b - Q_3 = 247{,}95 - 113{,}47 = 134{,}48\ l/min$$

$$P_{b\ inic\ dec} = P_{VLP}(Q_{VLP\ inic\ dec}) = 83{,}5\ kp/cm^2$$
$$\Delta P_{Filtro} = \Delta P_{carcF}(Q_3) + \Delta P_{cartF}(Q_3) = 0{,}13 + 0{,}38 = 0{,}51\ kp/cm^2$$

$$\left[P_{b\ inic\ dec} - \Delta P_{Filtro} - \Delta P_{PB}(Q_{3\ inic\ dec})\right] \cdot \frac{\pi \cdot \left(D_c^2 - D_v^2\right)}{4} =$$

$$= \Delta P_{AT}(Q_{4\ inic\ dec}) \cdot \frac{\pi \cdot D_c^2}{4} - F_v + F_{roz} - F_I$$

$$\left[83{,}5 - 0{,}51 - \Delta P_{PB}(Q_{3\ inic\ dec})\right] \cdot \frac{\pi \cdot \left(5^2 - 3{,}6^2\right)}{4} =$$

$$= \Delta P_{AT}(Q_{4\ inic\ dec}) \cdot \frac{\pi \cdot 5^2}{4} - 375 + 32{,}48 - 611{,}62$$

$$\Delta P_{PB}(Q_{3\ inic\ dec}) = \Delta P_{AT}(Q_{4\ inic\ dec}) = 59{,}77\ kp/cm^2$$

$$\Delta P_{V\ retr\ inic\ dec} = \Delta P_{PB}(Q_{3\ inic\ dec}) + \Delta P_{AT}(Q_{4\ inic\ dec}) = 2 \cdot 59{,}77 = 119{,}55\ kp/cm^2$$

Se selecciona una válvula distribuidora proporcional tipo *4WRZM* de 4 orificios y tres posiciones de trabajo según la Referencia [14], tamaño nominal 25, con símbolo de corredera *E1*, caudal nominal 220 l/min con 10 bar de diferencia de presión sobre la válvula, y relación de caudales 2:1.

Apartado c)

En las Figuras 22.3 y 22.4 se indican los puntos de funcionamiento de la válvula distribuidora proporcional *VDP* al final de la aceleración, al inicio de la deceleración, y en el movimiento uniforme del vástago, tanto para el ascenso como para el descenso de la carga.

De las dos figuras anteriores se deduce la intensidad de corriente que deberá atravesar el solenoide *b* de la válvula para el movimiento de avance de la carga, y la intensidad de corriente que deberá atravesar el solenoide *a* para el movimiento de descenso, todas ellas en % de la intensidad nominal de los solenoides. Estos valores se indican en la Tabla 22.1.

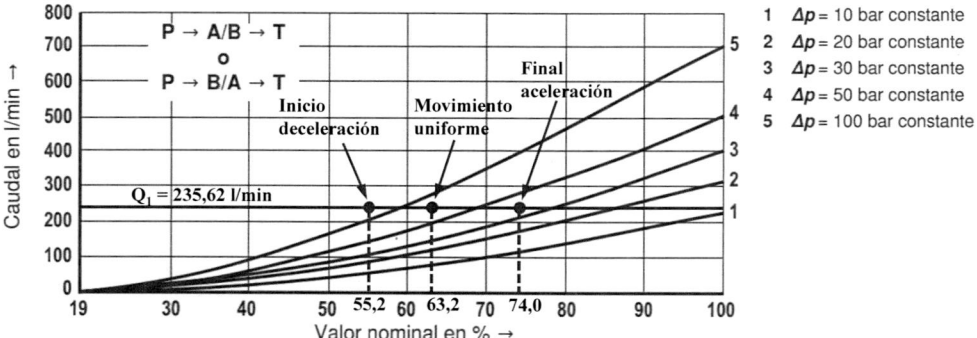

Figura 22.3. Válvula distribuidora proporcional seleccionada. Fases en el movimiento de ascenso de la carga (ver Referencia [14]).

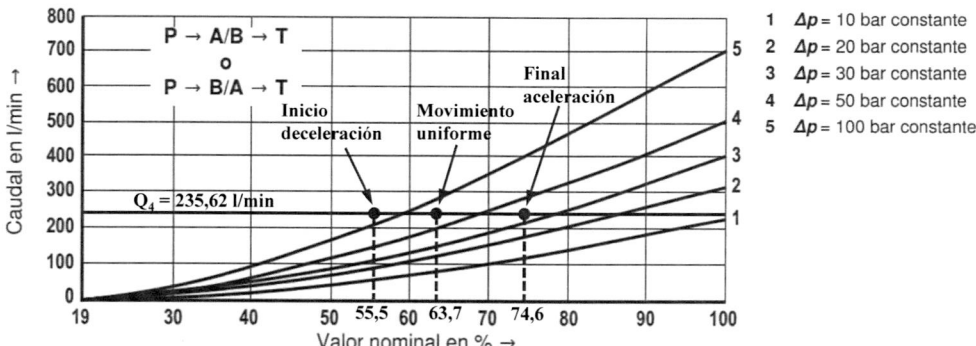

Figura 22.4. Válvula distribuidora proporcional seleccionada. Fases en el movimiento de descenso de la carga (ver Referencia [14]).

Tabla 22.1. Intensidad de corriente en los solenoides de la válvula distribuidora proporcional en las distintas fases del movimiento de elevación y descenso de la carga.

Fases del movimiento	Final aceleración	Movimiento uniforme	Inicio deceleración
Elevación carga. Solenoide *b*	74,0 %	63,2 %	55,2 %
Descenso carga. Solenoide *a*	74,6 %	63,7 %	55,5 %

En las Figuras 22.5 y 22.6 se indica la evolución de la intensidad de corriente en cada uno de los solenoides de la válvula distribuidora proporcional, para conseguir las velocidades y aceleraciones deseadas en los movimientos de elevación y descenso de la carga. Los cambios bruscos de intensidad de corriente en los solenoides que se reflejan en estas figuras son debidos al efecto de inercia de la carga, que aparece al inicio de los movimientos de aceleración y deceleración, y desaparece en el movimiento uniforme.

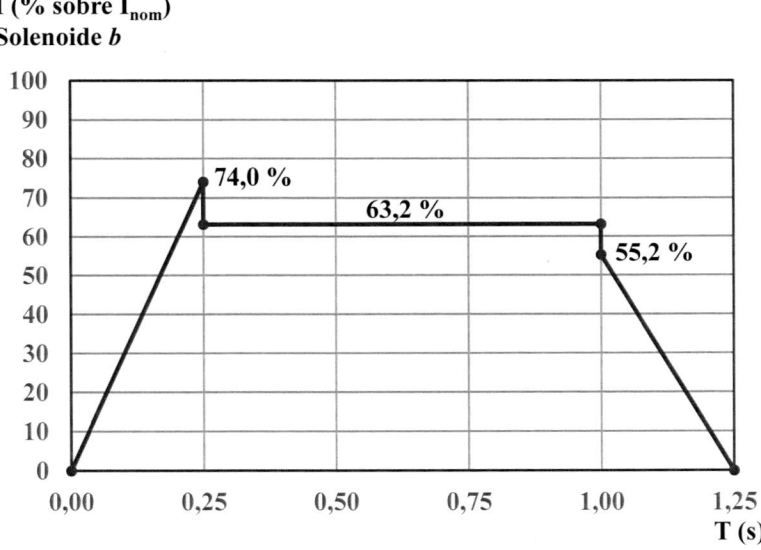

Figura 22.5. Evolución de la intensidad de corriente en el solenoide b de la válvula distribuidora proporcional para los movimientos de elevación de la carga.

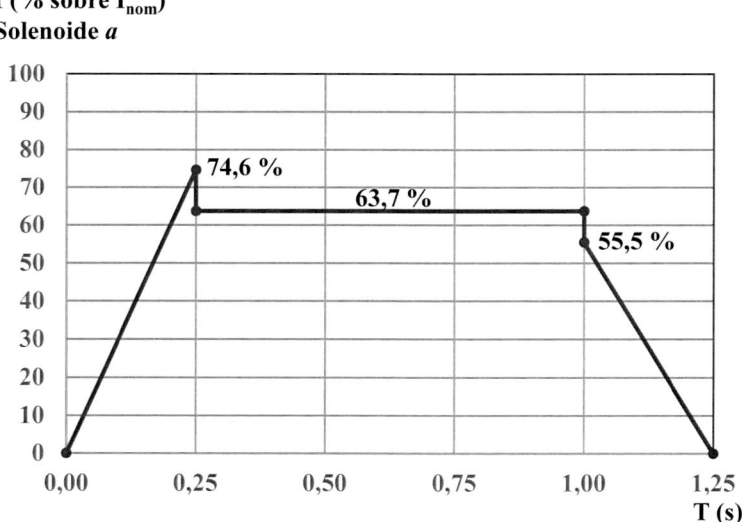

Figura 22.6. Evolución de la intensidad de corriente en el solenoide a de la válvula distribuidora proporcional para los movimientos de descenso de la carga.

Apartado d)

En la Figura 22.7 se representa el circuito oleohidráulico para elevación y descenso de la carga, completado con un compensador de presión de dos vías en la alimentación de la válvula distribuidora proporcional. Este compensador de presión trabaja de la misma manera que una válvula reguladora de caudal compensada en presión, y su misión es hacer que el caudal que atraviesa la válvula distribuidora solamente dependa de la intensidad de corriente que alimenta los solenoides, y no del esfuerzo a vencer en los movimientos de elevación y descenso de la carga.

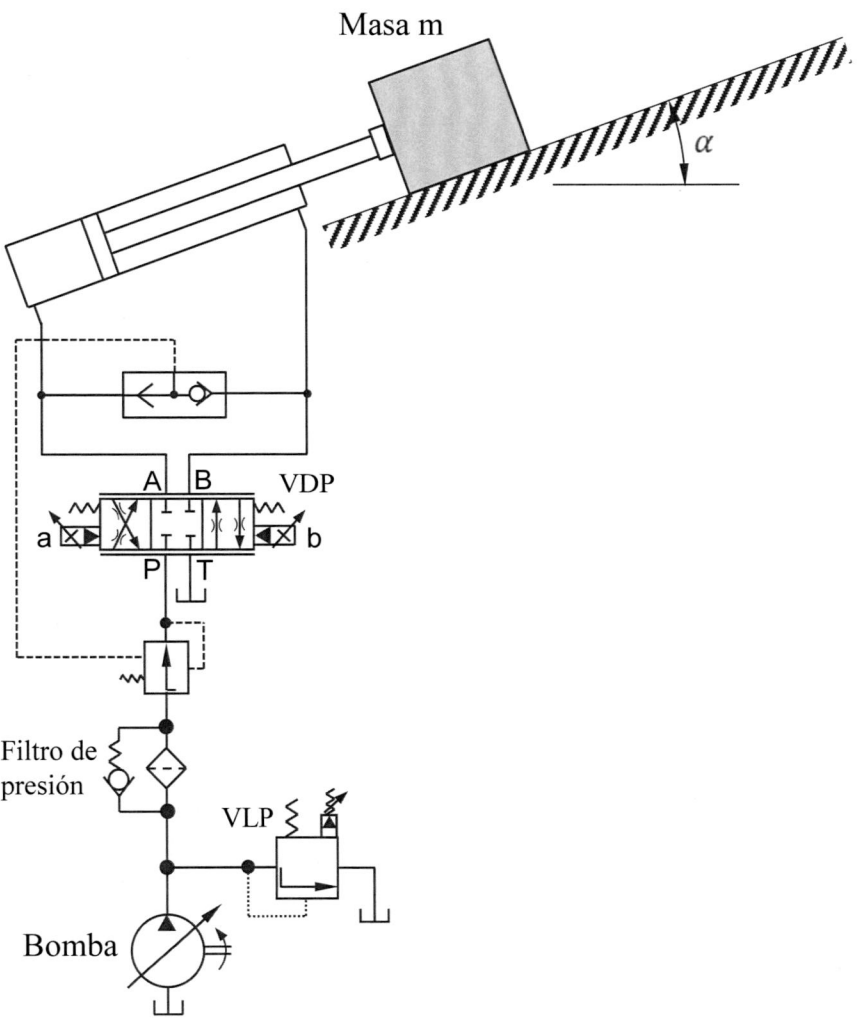

Figura 22.7. Válvula distribuidora proporcional, para desplazar una masa por un plano inclinado, con diagrama de velocidades impuesto. Disposición de un compensador de presión de dos vías.

Referencias de catálogos

[1] STAUFF. "Catalogue 9. Stauff filtration technology". Edition 02/2023. https://stauffwebshopassets.blob.core.windows.net/pdfcatalogs/en/STAUFF-Catalogue-9-STAUFF-Filtration-Technology-English.pdf

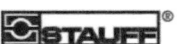

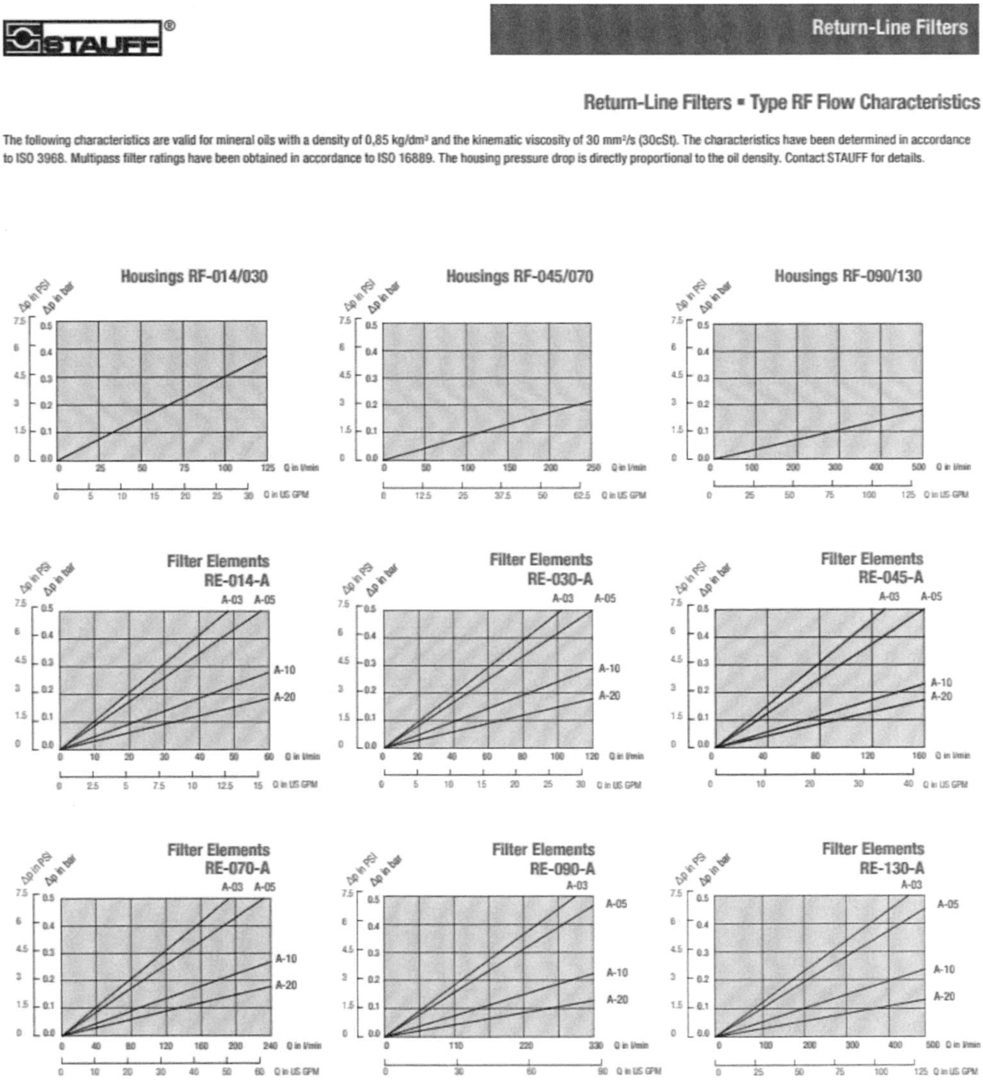
STAUFF®

Return-Line Filters

Return-Line Filters ▪ Type RF Flow Characteristics

The following characteristics are valid for mineral oils with a density of 0,85 kg/dm³ and the kinematic viscosity of 30 mm²/s (30cSt). The characteristics have been determined in accordance to ISO 3968. Multipass filter ratings have been obtained in accordance to ISO 16889. The housing pressure drop is directly proportional to the oil density. Contact STAUFF for details.

Housings RF-014/030
Housings RF-045/070
Housings RF-090/130
Filter Elements RE-014-A
Filter Elements RE-030-A
Filter Elements RE-045-A
Filter Elements RE-070-A
Filter Elements RE-090-A
Filter Elements RE-130-A
Δp in PSI
Δp in bar
Q in l/min
Q in US GPM
A-03
A-05
A-10
A-20

Options and Accessories

Valve

- Bypass valve
  (integrated in the
  filter element):

  Opening pressure 3 bar ± 0,3 bar / 43.5 PSI ± 4.35 PSI
  Other settings available on request

) **Filter Material**

Material	max. Δp*collapse	Micron ratings available	Code
Without filter element	-	-	0
Inorg. glass fibre	25 bar / 363 PSI	3, 5, 10, 20	G
Stainless fibre	30 bar / 435 PSI		A
Filter paper	10 bar / 145 PSI	10, 20	N
Stainless mesh	30 bar / 435 PSI	25, 50, 100, 200	S

Note: *Collapse/burst resistance as per ISO 2941. Other materials on request.

Caída de presión en los componentes de los filtros de retorno tipo RF.

Pressure Filters

High and Medium Pressure Filters • Type SF / SF-TM / SFZ / SFA

The following characteristics are valid for mineral oils with a density of 0,85 kg/dm³ and the kinematic viscosity of 30 mm²/s (30 cSt). The characteristics have been determined in accordance to ISO 3968. Multipass filter ratings have been obtained in accordance to ISO 16889. Contact STAUFF for details.

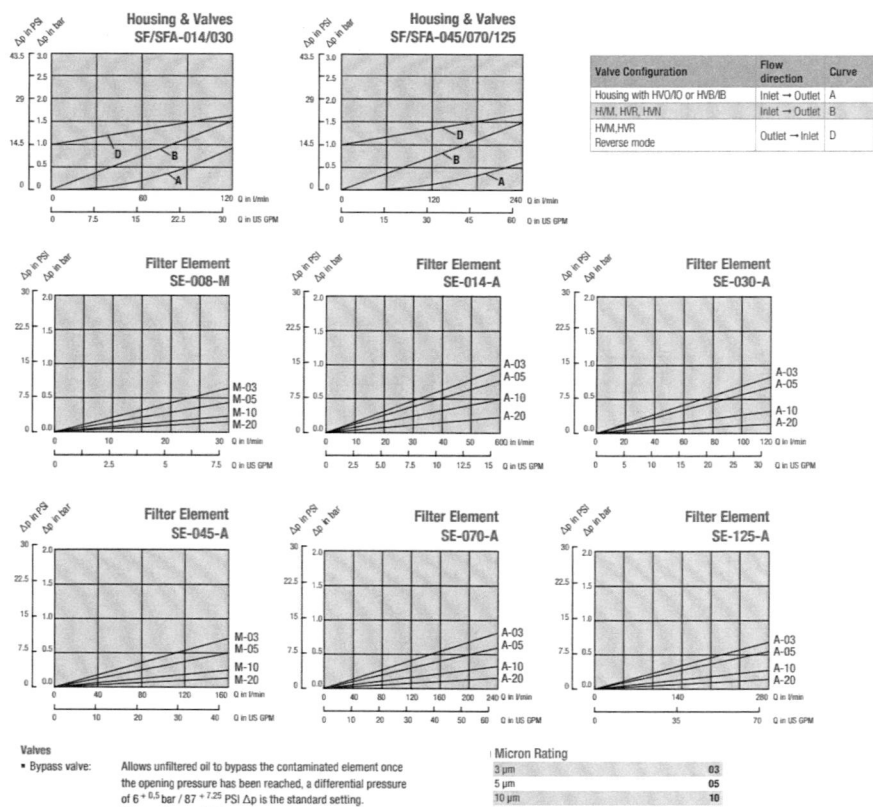

Caída de presión en los componentes de los filtros de presión tipo SE.

[2]   REXROTH. "Bomba a engranajes con dentado exterior High Performance AZPF. Tamaño nominal 4 … 28". Bosch Rexroth AG. RS 10089, edición 2021-11-24.

https://store.boschrexroth.com/Hidráulica/Bombas/Bombas-a-engranajes-con-dentado-exterior/BOMBA-HIDR-DE-ENGRANAJES_0510225008?cclcl=es_ES

Bomba a engranajes con dentado exterior High Performance | **AZPF**   9
Datos técnicos

Datos técnicos

Tabla de valores

Tamaño nominal				4	5	8	11	14	16	19	22
Serie				Serie 2x							
Cilindrada geométrica, por rotación		V_g	cm³	4	5,5	8	11	14	16	19	22,5
Presión en conexión de aspiración S [1]	absoluto	p_a	bar	0,7 … 3							
Presión continua máxima		p_1	bar	250	250	250	250	250	250	250	220
Presión intermitente máxima [2]		p_2	bar	280	280	280	280	280	280	280	250
Pico de presión máximo		p_3	bar	300	300	300	300	300	300	300	290
Velocidad de rotación mínima con	v = 12 mm²/s	p < 100 bar	n_{min}	min⁻¹	600	500	500	500	500	500	500	500
		p = 100 bar … 180 bar	n_{min}	min⁻¹	1200	1200	1000	1000	800	800	800	800
		p = 180 bar … p_2	n_{min}	min⁻¹	1400	1400	1400	1200	1000	1000	1000	1000
	v = 25 mm²/s	con p_2	n_{min}	min⁻¹	700	700	700	600	500	500	500	500
Velocidad de rotación máxima		con p_2	n_{max}	min⁻¹	4000	4000	4000	3500	3000	3000	3500	3500

Tamaño nominal				25	28
Serie				Serie 2x	
Cilindrada geométrica, por rotación		V_g	cm³	25	28
Presión en conexión de aspiración S [1]	absoluto	p_a	bar	0,7 … 3	
Presión continua máxima		p_1	bar	195	170
Presión intermitente máxima [2]		p_2	bar	225	200
Pico de presión máximo		p_3	bar	265	240
Velocidad de rotación mínima con	v = 12 mm²/s	p < 100 bar	n_{min}	min⁻¹	500	500
		p = 100 bar … 180 bar	n_{min}	min⁻¹	800	800
		p = 180 bar … p_2	n_{min}	min⁻¹	1000	1000
	v = 25 mm²/s	con p_2	n_{min}	min⁻¹	500	500
Velocidad de rotación máxima		con p_2	n_{max}	min⁻¹	3000	3000

Características de las bombas de engranajes exteriores, tipo AZPF, tamaño nominal 4 a 28.

[3]   REXROTH. "Adjustable vane pump, pilot-operated. Type PV7. Size 10 to 100". Bosch Rexroth AG. RE 10515, edition 2018-11.

https://store.boschrexroth.com/Hidráulica/Bombas/Bombas-a-paletas/ Bombas-variables/BOMBA-DE-PALETAS_R900506809?cclcl=es_ES

6   **PV7 Series 1X** | Adjustable vane pump, pilot-operated
Technical data

Technical data

Frame size		BG	10	10	16	16	25	25	40	40	63	63	100	100
Displacement	V_g	cm³	14	20	20	30	30	45	45	71	71	94	118	150
Speed	n	rpm					900 ... 1800							
Drive power (at n = 1450 rpm; $p = p_{max}$; v = 41 mm²/s)	P_{max}	kW	6.3	5.8	8.5	6.8	13.7	10.2	20.5	16.5	33	20.9	51.5	33
Maximum torque	T_{max}	Nm	90	90	140	140	180	180	280	280	440	440	680	680
Operating pressure, absolute														
Input	$p_{min-max}$	bar					0.8 ... 2.5							
Output	p_{min}	bar					20							
	p_{max}	bar	160	100	160	80	160	80	160	80	160	80	160	80
Leakage oil	p_{max}	bar					2							
Leakage flow at zero stroke (at p_{max})	q_{VL}	l/min	2.7	1.9	4	2.5	5.3	3.2	6.5	4	8	5.3	11	7.3
Maximum flow (at n = 1450 rpm; p = 10 bar; v = 41 mm²/s)	q_v	l/min	21	29	29	43.5	43.5	66	66	104	108	136	171	218
Change in flow (from one turn of flow adjusting screw n = 1450 rpm)	q_v	l/min	10	10	14	14	18	18	25	25	34	34	46	46
Change in pressure			From one turn of pressure adjusting screw (see page 5 pos. 15) approx. 19 bar											
Shaft load			Radial and axial forces cannot be absorbed.											
Weight (with pressure controller)	m	kg	12.5	12.5	17	17	21	21	30	30	37	37	56	56

Características de las bombas de paletas compensadas en presión, tipo PV7, tamaño nominal 10 a 100.

Adjustable vane pump, pilot-operated | **PV7 Series 1X**
Characteristic curves for frame size 16

Characteristic curves for frame size 16

▼ PV7/16-20

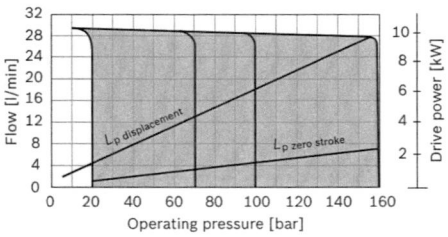

▼ PV7/16-30

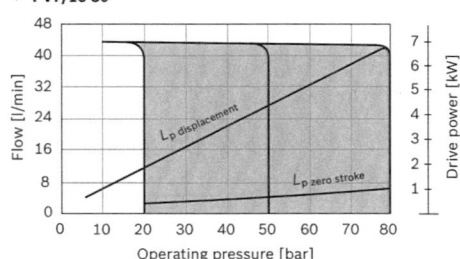

Characteristic curves for frame size 40

Adjustable vane pump, pilot-operated | **PV7 Series 1X**
Characteristic curves for frame size 40

▼ PV7/40-45

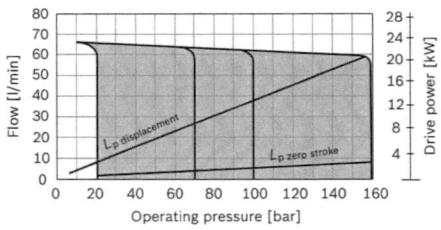

▼ PV7/40-71

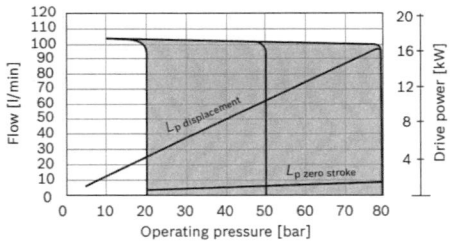

Characteristic curves for frame size 100

Adjustable vane pump, pilot-operated | **PV7 Series 1X**
Characteristic curves for frame size 100

▼ PV7/100-118

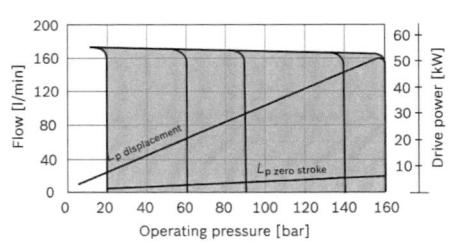

▼ PV7/100-150

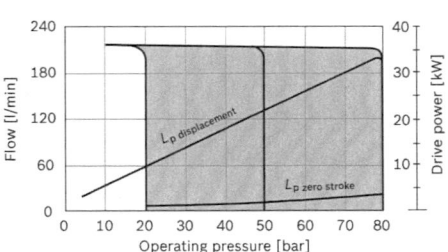

Características de las bombas de paletas compensadas en presión, tipo PV7.
Curvas características de las bombas PV7/16, PV7/40 y PV7/100.

[4]   REXROTH. "Bomba variable a pistones axiales A10VSO Serie 31. Tamaño nominal 18 a 100". Bosch Rexroth AG. RS 92711, edición 2021-05-17.

https://www.boschrexroth.com/es/es/media-details/6124d753-2c13-4e23-b6a8-b03bf2e032fe

8   **A10VSO Serie 31** | Bomba variable a pistones axiales
Datos técnicos, unidad estándar

Datos técnicos, unidad estándar

Tamaño nominal		NG		18	28	45	71	88	100
Cilindrada geométrica, por rotación		$V_{g\,max}$	cm³	18	28	45	71	88	100
Número de revoluciones máximo[1]	con $V_{g\,max}$	n_{nom}	min⁻¹	3300	3000	2600	2200	2100	2000
	con $V_g < V_{g\,max}$[2]	$n_{max\,zul}$	min⁻¹	3900	3600	3100	2600	2500	2400
Caudal	con n_{nom} y $V_{g\,max}$	$q_{v\,max}$	l/min	59	84	117	156	185	200
	con n_E = 1500 min⁻¹ y $V_{g\,max}$	$q_{vE\,max}$	l/min	27	42	68	107	132	150
Potencia	con n_{nom}, $V_{g\,max}$	P_{max}	kW	28	39	55	73	86	93
con Δp = 280 bar	con n_E = 1500 min⁻¹ y $V_{g\,max}$	$P_{E\,max}$	kW	12,6	20	32	50	62	70
Par con $V_{g\,max}$ y	Δp = 280 bar	M_{max}	Nm	80	125	200	316	392	445
	Δp = 100 bar	M	Nm	30	45	72	113	140	159
Resistencia a torsión de eje propulsor	S	c	Nm/rad	11087	22317	37500	71884	71884	121142
	R	c	Nm/rad	14850	26360	41025	76545	76545	–
	P	c	Nm/rad	13158	25656	41232	80627	80627	132335
Momento de inercia del accionamiento rotativo		J_{TW}	kgm²	0,00093	0,0017	0,0033	0,0083	0,0083	0,0167
Volumen de llenado		V	l	0,4	0,7	1,0	1,6	1,6	2,2
Masa **sin** arrastre (aprox.)		m	kg	12,9	18	23,5	35,2	35,2	49,5
Masa **con** arrastre (aprox.)				14	19,3	25,1	38	38	55,4

Determinación de los parámetros		
Caudal	$q_v = \dfrac{V_g \times n \times \eta_v}{1000}$	[l/min]
Par	$M = \dfrac{V_g \times \Delta p}{20 \times \pi \times \eta_{mh}}$	[Nm]
Potencia	$P = \dfrac{2\,\pi \times M \times n}{60000} = \dfrac{q_v \times \Delta p}{600 \times \eta_t}$	[kW]

Leyenda

V_g Cilindrada por rotación [cm³]
Δp Presión diferencial [bar]
n Número de revoluciones [min⁻¹]
η_v Rendimiento volumétrico
η_{hm} Rendimiento hidráulico-mecánico
η_t Rendimiento total ($\eta_t = \eta_v \times \eta_{hm}$)

▼ **Curva característica**

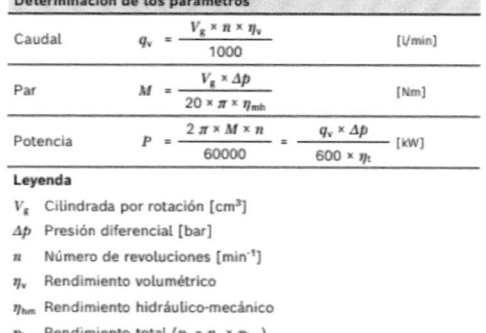
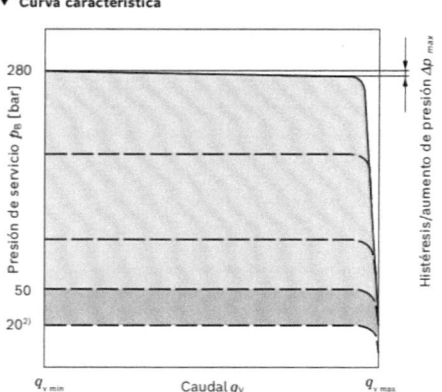

Características de las bombas de pistones axiales y plato inclinado, compensadas en presión, tipo A10VSO, serie 31, y tamaño nominal 18 a 100.

[5]   REXROTH. "Axial Piston Fixed Pump AA2FO". Bosch Rexroth AG. RA-A 91401/07.2014.

https://store.boschrexroth.com/Hidráulica/Bombas/Bombas-a-pistones-axiales/
Bombas-constantes/BOMBA-DE-EMBOLOS-AXIALES_R902230047?cclcl=es_ES

Technical data

Table of values (theoretical values, without efficiency and tolerances; values rounded)

Size		NG	10	12	16	23	28	32	45	56
Displacement geometric, per revolution	V_g	in³	0.63	0.73	0.98	1.40	1.71	1.95	2.78	3.42
		cm³	10.3	12	16	22.9	28.1	32	45.6	56.1
Speed maximum[1]	n_{nom}	rpm	3150	3150	3150	2500	2500	2500	2240	2000
	n_{max}[2]	rpm	6000	6000	6000	4750	4750	4750	4250	3750
Flow at n_{nom}	q_V	gpm	8.6	10.0	13.2	15.1	18.5	21.1	27.0	29.6
		L/min	32	38	50	57	70	80	102	112
Power at	Δp = 5100 psi P	HP	25	30	39	44	55	63	80	88
	Δp = 350 bar P	kW	19	22	29	33	41	47	60	65
	Δp = 5800 psi P	HP	30	34	45	51	63	71	91	100
	Δp = 400 bar P	kW	22	25	34	38	47	53	68	75
Torque[3] at V_g and	Δp = 5100 psi T	lb-ft	42	50	65	94	116	132	189	232
	Δp = 350 bar T	Nm	57	67	89	128	157	178	254	313
	Δp = 5800 psi T	lb-ft	48	56	75	107	131	150	214	263
	Δp = 400 bar T	Nm	66	76	102	146	179	204	290	357
Rotary stiffness	c	kNm/rad	0.92	1.25	1.59	2.56	2.93	3.12	4.18	5.94
Moment of inertia for rotary group	J_{GR}	lbs-ft²	0.0095	0.0095	0.0095	0.0285	0.0285	0.0285	0.0569	0.0997
		kgm²	0.0004	0.0004	0.0004	0.0012	0.0012	0.0012	0.0024	0.0042
Maximum angular acceleration	α	rad/s²	5000	5000	5000	6500	6500	6500	14600	7500
Case volume	V	gal	0.045	0.045	0.045	0.053	0.053	0.053	0.087	0.119
		L	0.17	0.17	0.17	0.20	0.20	0.20	0.33	0.45
Mass (approx.)	m	lbs	12	12	12	21	21	21	30	40
		kg	6	6	6	9.5	9.5	9.5	13.5	18

Size		NG	63	80	90	107	125	160	180	250
Displacement geometric, per revolution	V_g	in³	3.84	4.91	5.49	6.51	7.63	9.79	10.98	15.25
		cm³	63	80.4	90	106.7	125	160.4	180	250
Speed maximum[1]	n_{nom}	rpm	2000	1800	1800	1600	1600	1450	1450	1500
	n_{max}[2]	rpm	3750	3350	3350	3000	3000	2650	2650	1800
Flow at n_{nom}	q_V	gpm	33.3	38.0	42.8	44.9	52.8	61.2	69.0	99.1
		L/min	126	145	162	171	200	233	261	375
Power at	Δp = 5100 psi P	HP	99	113	127	134	157	183	205	295
	Δp = 350 bar P	kW	74	84	95	100	117	136	152	219
	Δp = 5800 psi P	HP	113	129	145	153	179	208	233	–
	Δp = 400 bar P	kW	84	96	108	114	133	155	174	–
Torque[3] at V_g and	Δp = 5100 psi T	lb-ft	260	331	372	442	517	664	746	1036
	Δp = 350 bar T	Nm	351	448	501	594	696	893	1003	1393
	Δp = 5800 psi T	lb-ft	295	377	422	500	586	752	845	–
	Δp = 400 bar T	Nm	401	512	573	679	796	1021	1146	–
Rotary stiffness	c	kNm/rad	6.25	8.73	9.14	11.2	11.9	17.4	18.2	73.1
Moment of inertia for rotary group	J_{GR}	lbs-ft²	0.0997	0.1708	0.1708	0.2753	0.2753	0.5221	0.5221	1.4475
		kgm²	0.0042	0.0072	0.0072	0.0116	0.0116	0.0220	0.0220	0.061
Maximum angular acceleration	α	rad/s²	7500	6000	6000	4500	4500	3500	3500	10000
Case volume	V	gal	0.119	0.145	0.145	0.211	0.211	0.291	0.291	0.660
		L	0.45	0.55	0.55	0.8	0.8	1.1	1.1	2.5
Mass (approx.)	m	lbs	40	51	51	71	71	99	99	161
		kg	18	23	23	32	32	45	45	73

Características de las bombas de pistones axiales y eje inclinado, caudal fijo, serie AA2FO.

[6]   REXROTH. "Hydraulic cylinder. Tie rod design. Series CDT3…Z". Bosch Rexroth AG. RE 17051, edition: 2022-10.

https://store.boschrexroth.com/Hidráulica/Cilindro/Cilindros-con-tirantes/ CD---Cilindro-diferencial/CILINDRO-HIDRAULICO_R900999T31?cclcl=es_ES

6/60   **Series CDT3** | Tie rod design

Technical data
(For applications outside these values, please consult us!)

Stroke velocity

See information on stroke length and stroke velocity, higher stroke velocity on request. If the extension velocity is considerably higher than the retraction velocity of the piston rod, drag-out losses of the medium may result. If necessary, please consult us.

Piston Ø	Piston rod Ø	Line connection "B / R"	Maximum stroke velocity	Line connection "S"	Maximum stroke velocity
ØAL in mm	ØMM in mm	EE	in m/s	EE	in m/s
25	12	G1/4	0.60	G3/8	0.90
25	18	G1/4	0.90	G3/8	1.40
32	14	G1/4	0.40	G3/8	0.50
32	22	G1/4	0.50	G3/8	0.80
40	18	G3/8	0.40	G1/2	0.80
40	22	G3/8	0.40	G1/2	0.90
40	28	G3/8	0.50	G1/2	1.20
50	22	G1/2	0.50	G3/4	0.70
50	28	G1/2	0.60	G3/4	0.80
50	36	G1/2	0.80	G3/4	1.10
63	28	G1/2	0.30	G3/4	0.50
63	36	G1/2	0.40	G3/4	0.50
63	45	G1/2	0.50	G3/4	0.70
80	36	G3/4	0.30	G1	0.50
80	45	G3/4	0.30	G1	0.50
80	56	G3/4	0.40	G1	0.70
100	45	G3/4	0.20	G1	0.30
100	56	G3/4	0.20	G1	0.40
100	70	G3/4	0.30	G1	0.50
125	56	G1	0.20	G1 1/4	0.30
125	70	G1	0.20	G1 1/4	0.40
125	90	G1	0.30	G1 1/4	0.50
160	70	G1	0.20	G1 1/4	0.20
160	90	G1	0.20	G1 1/4	0.20
160	110	G1	0.20	G1 1/4	0.30
200	90	G1 1/4	0.20	G1 1/2	0.20
200	110	G1 1/4	0.20	G1 1/2	0.20
200	140	G1 1/4	0.20	G1 1/2	0.20

Características de los cilindros diferenciales serie CDT3.

[7]   Factor de Carrera K de los cilindros hidráulicos

Fijación del cilindro	Esquema	Notación
Por patas		C1
Mediante brida trasera		C2
Mediante brida delantera		C3
Oscilante central		C4
Oscilante posterior		C5
Oscilante anterior		C6

Extremo del vástago	Esquema	Notación
Apoyado y guía no rígida		V1
Fijado y guía rígida		V2
Articulado y guía no rígida		V3
Articulado y guía rígida		V4

Combinación	C1 + V1	C1 + V2	C1 + V4	C2 + V1	C2 + V2	C2 + V4	C3 + V1	C3 + V2	C3 + V4
Factor K	2	0,5	0,7	4	1	1,5	2	0,5	0,7

Combinación	C4 + V3	C4 + V4	C5 + V3	C5 + V4	C6 + V3	C6 + V4
Factor K	3	1,5	4	2	2	1

Factor de carrera para vástagos de cilindros hidráulicos.

[8] REXROTH. "External gear motor High Performance AZMF. Size 8 to 28". Bosch Rexroth AG. RE 14028/2024-07-24.

https://store.boschrexroth.com/Hidráulica/Motores/Motores-a-engranajes-con-dentado-exterior/MOTOR-DE-ENGRANAJES_0511645601?cclcl=es_ES

Technical data

Operating conditions

Size					19	22	25	28
Series						Series 2x		
Displacement		V_g	cm^3		19	22.5	25	28
Motor inlet pressure	start up pressure	$p_{start\text{-}up}$	bar		50	50	50	50
	maximum continuous pressure	p_1	bar		250	220	195	170
	maximum intermittent pressure[2]	p_2	bar		280	250	225	200
	maximum pressure peak	p_3	bar		300	280	255	230
	minimum inlet pressure abs.[3]	p_{min}	bar		0.7	0.7	0.7	0.7
Motor output pressure for	bi-directional motors	p_A	bar		≤ continuous pressure			
	non-bi-directional motors absolute	p_A	bar		3	3	3	3
	upon start-up	p_A	bar		10	10	10	10
	Motors with proportional pressure relief valve max.	p_A	bar		40	40	40	40
Pressure in the drain port maximum[1]	absolute	p_L	bar		3	3	3	3
	upon start-up	p_L	bar		10	10	10	10
Minimum rotational speed at	ν 12 mm²/s	$p < 100$ bar	n_{min}	rpm	500	500	500	500
		$p = 100 \ldots 180$ bar	n_{min}	rpm	800	800	800	800
		$p = 180$ bar $\ldots p_2$	n_{min}	rpm	1000	1000	1000	1000
	ν = 25 mm²/s	at p_2	n_{min}	rpm	800	800	500	500
Maximum rotational speed	at p_2	n_{max}	rpm		3500	3500	3000	3000
Maximum rotational speed	at p_2 and 50% duty cycle	n_{max}	rpm		4000	4000	3500	3500

Características de los motores de engranajes externos, serie AZMF, tamaño nominal 8 a 28.

[9]   DIPRAX. "Actuadores de giro". Donostia (San Sebastián).
https://www.diprax.es/wp-content/uploads/DIPRAX-Actuadores-oleohidraulicos-de-giro.pdf

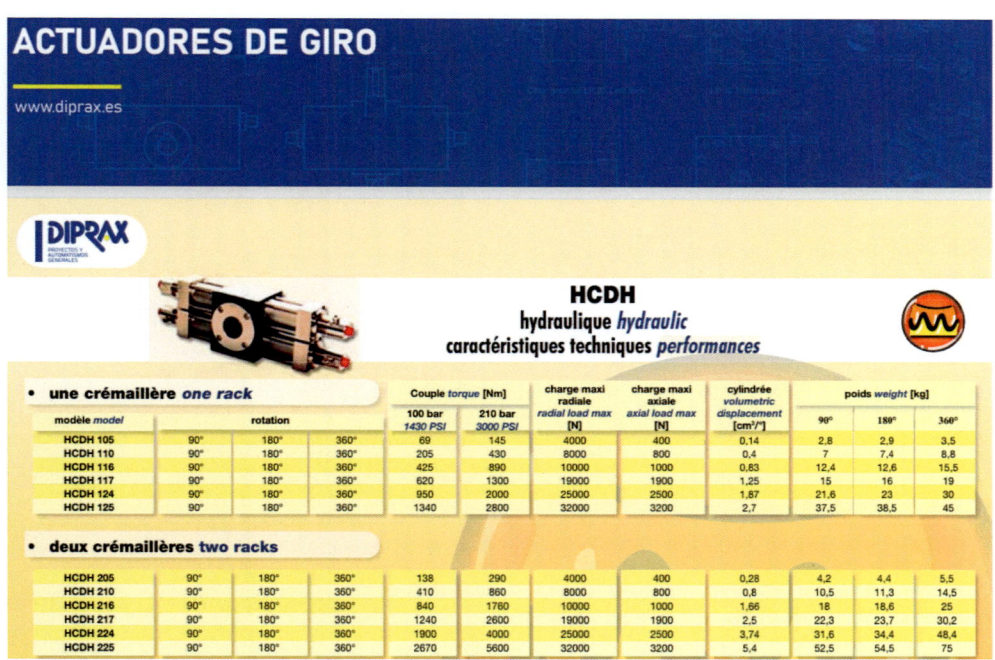

Características de los motores de giro limitado, o actuadores de giro, de cremallera.

[10] REXROTH. "Válvula direccional 4/3 y 4/2 vías con accionamiento manual por palanca. Tipo WMM. Tamaño nominal 16 a 32". Bosch Rexroth AG. RS 22371, edición 01.2008.
https://store.boschrexroth.com/Hidráulica/Válvulas/Válvulas-direccionales/Válvulas-direccionales-de-conmutación/VALV-DIRECCIONAL-CORREDERA_R900918059?cclcl=es_ES

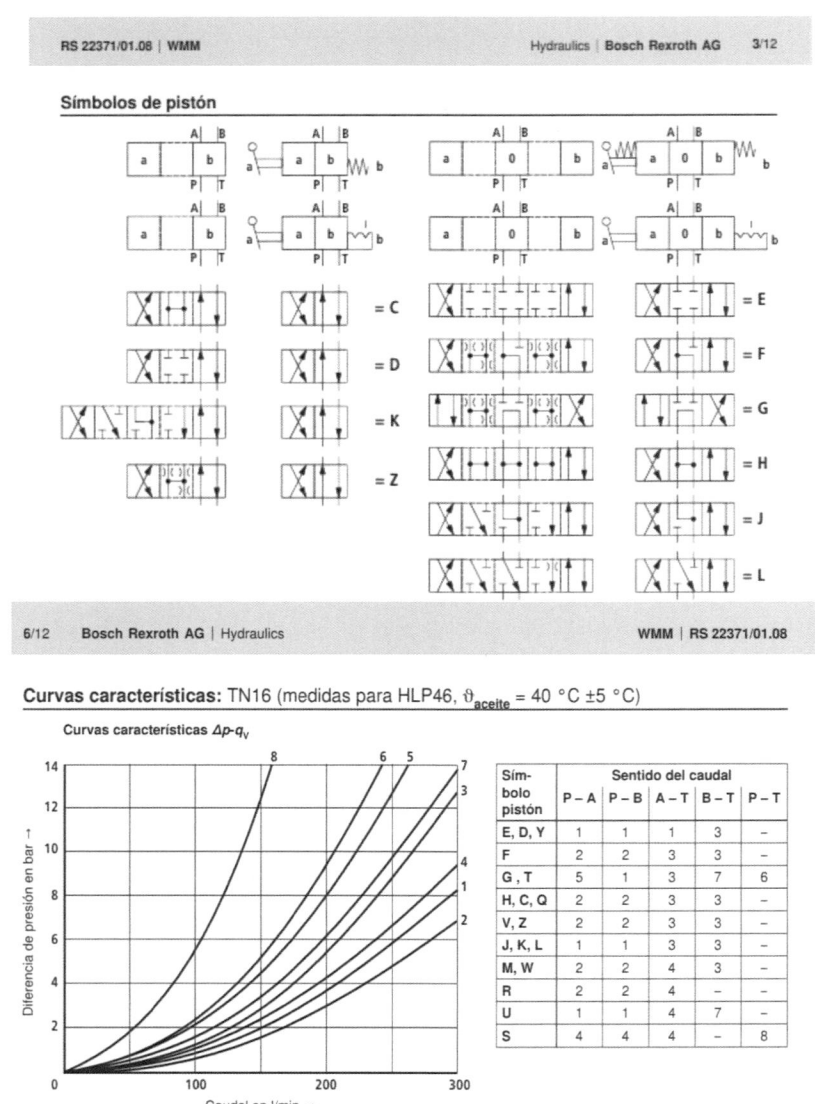

Curvas características de la válvula distribuidora tipo WMM, de 4/3 y 4/2 vías, accionamiento por palanca y retorno por muelles, tamaño nominal 16 y $Q_{máx} = 300$ l/min.

[11]   REXROTH. "Directional spool valves, direct operated, with solenoid actuation Type WE. Size 6". Bosch Rexroth AG. RE 23178, edition: 2019-01.

https://store.boschrexroth.com/Hidráulica/Válvulas/Válvulas-direccionales/ Válvulas-direccionales-de-conmutación/VALV-DIRECCIONAL-CORREDERA_ R900561180?cclcl=es_ES

Directional spool valve | **WE**   9/28

Symbols

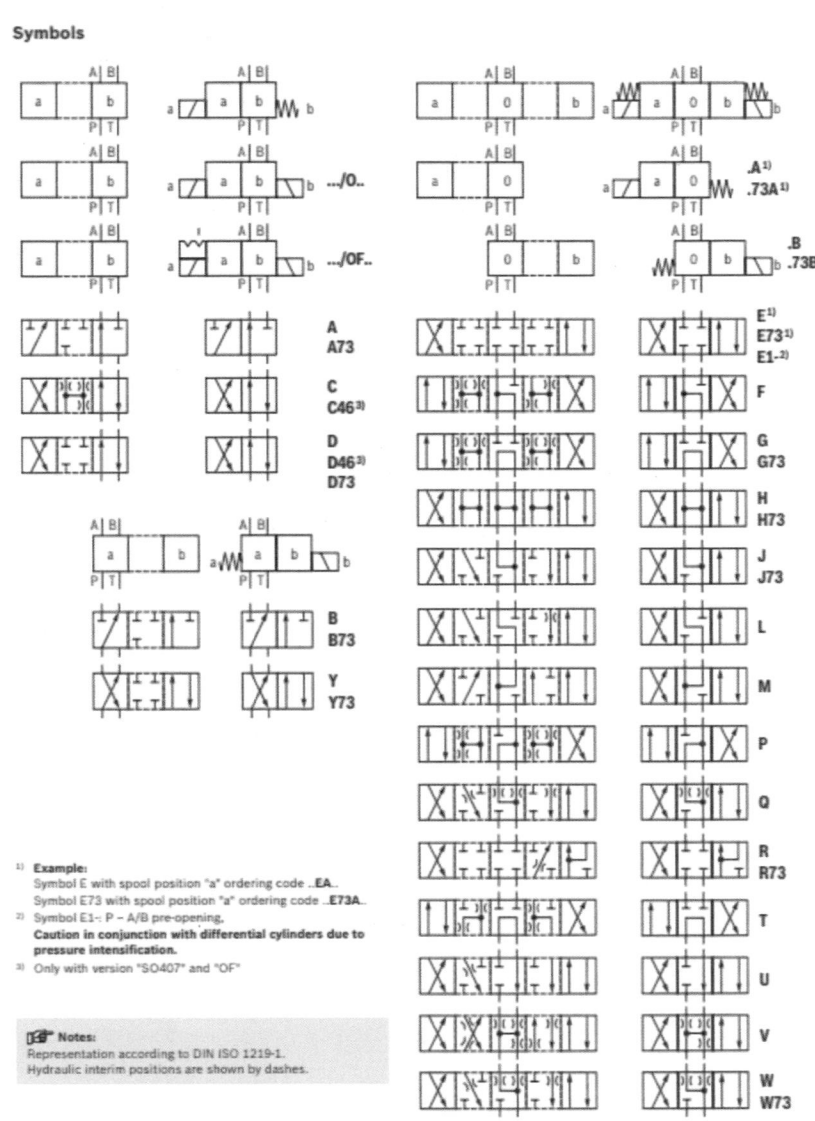

Nomenclatura de conexiones de las válvulas distribuidoras de cuatro orificios y tres posiciones de trabajo, con accionamiento eléctrico, tipo WE y tamaño nominal 6.

14/28   **WE** | Directional spool valve

Characteristic curves
(measured with HLP46, ϑ_{oil} = 40 ±5 °C [104 ±9 °F])

Δp-q$_v$ characteristic curves

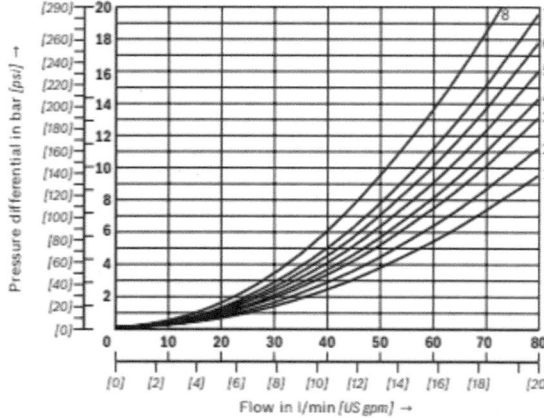

Symbol	Direction of flow			
	P – A	P – B	A – T	B – T
A; B	5	5	–	–
C; C46	3	3	5	3
D; D46; Y	6	6	5	5
E	5	5	3	3
F	3	5	3	3
T	8	8	4	4
H	2	1	2	2
J; Q	3	3	2	3
L	5	5	1	4
M	2	1	5	5
P	5	3	3	3
R	6	6	1	–
V	3	2	3	3
W	3	3	2	2
U	5	5	4	1
G	7	7	4	4

4   Symbol "H" in central position P – T
7   Symbol "R" in spool position B – A
8   Symbol "G" and "T" in central position P – T

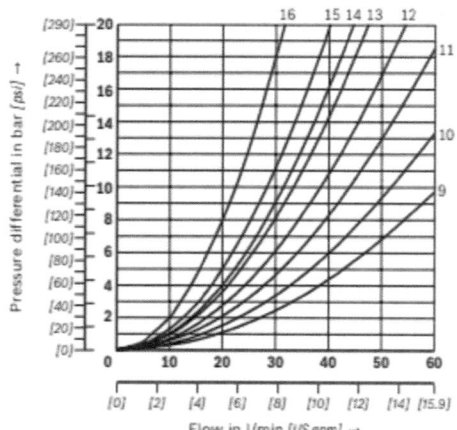

Symbol	Direction of flow					
	P – A	P – B	A – T	B – T	P – T	B – A
E73	11	11	11	11	–	–
J73	13	13	9	9	–	–
H73	11	11	11	11	12	–
A73; B73	15	15	–	–	–	–
D73; Y73	14	14	14	14	–	–
G73	16	16	16	16	12	
R73	10	15	10	–	–	15
W73	10	10	10	10	–	–

Curvas características de la válvula distribuidora tipo WE, tamaño nominal 6 y Q$_{máx}$ = 80 l/min.

[12]   REXROTH. "Directional spool valves, direct operated, with solenoid actuation Type WE. Size 10". Bosch Rexroth AG. RE 23340, edition: 2022-06.

https://store.boschrexroth.com/Hidráulica/Válvulas/Válvulas-direccionales/ Válvulas-direccionales-de-conmutación/VALV-DIRECCIONAL-CORREDERA_ R901278772?cclcl=es_ES

8/32   **WE** | Directional spool valve

Symbols

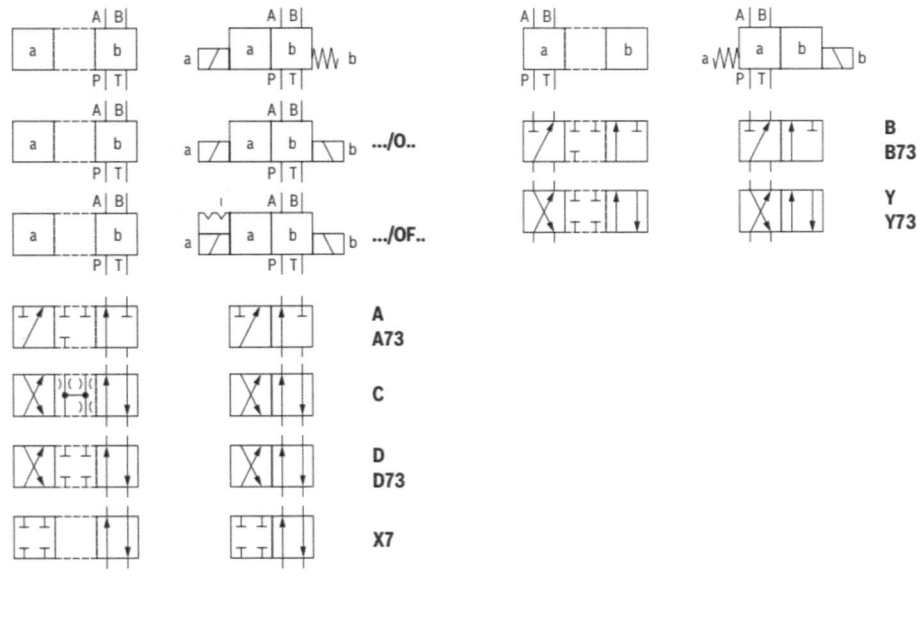

Nomenclatura de conexiones de las válvulas distribuidoras de tres o cuatro orificios y dos posiciones de trabajo, con accionamiento eléctrico y retorno por muelle, tipo WE y tamaño nominal 10.

Symbols

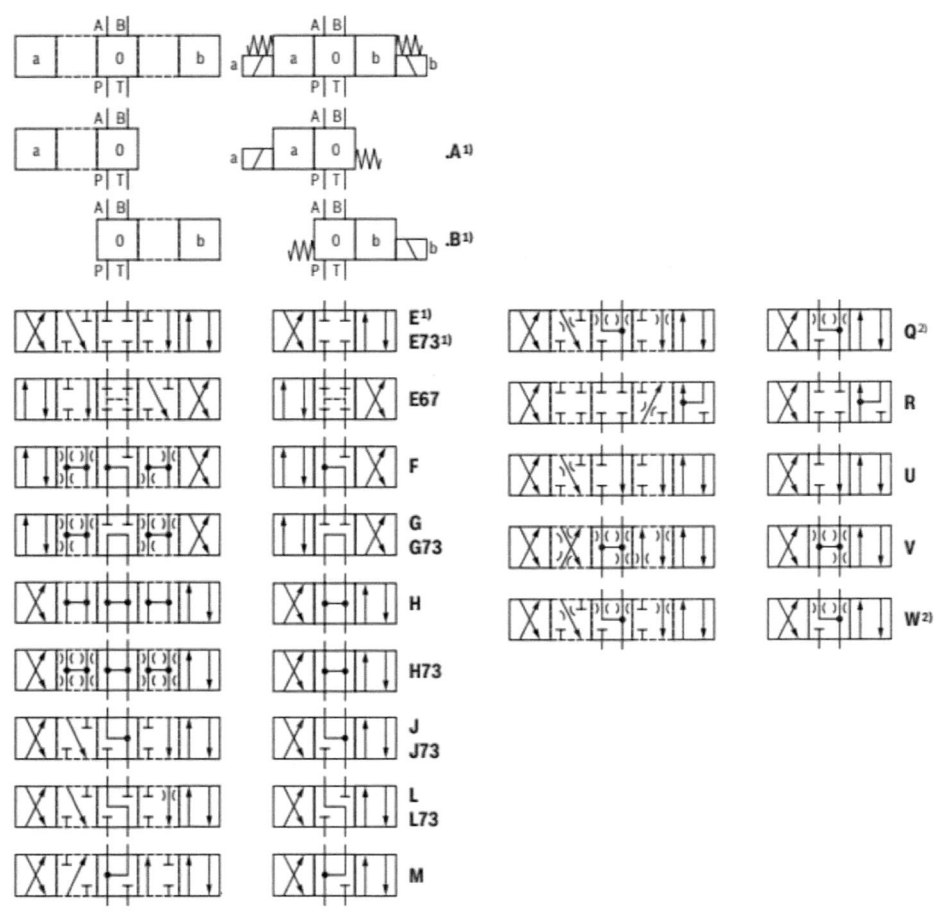

☞ **Notice:**
► Representation according to DIN ISO 1219-1.
  Hydraulic interim positions are shown by dashes.
► Other symbols upon request.

Nomenclatura de conexiones de las válvulas distribuidoras de cuatro orificios y tres posiciones de trabajo, con accionamiento eléctrico, tipo WE y tamaño nominal 10.

Problemas resueltos de automatización oleohidráulica

Characteristic curves
(measured with HLP46, ϑ_{oil} = 40 ±5 °C)

Δp-q_V characteristic curves

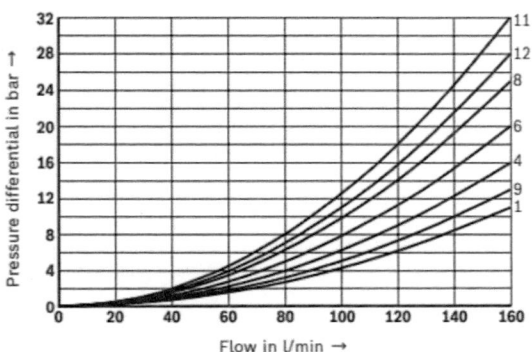

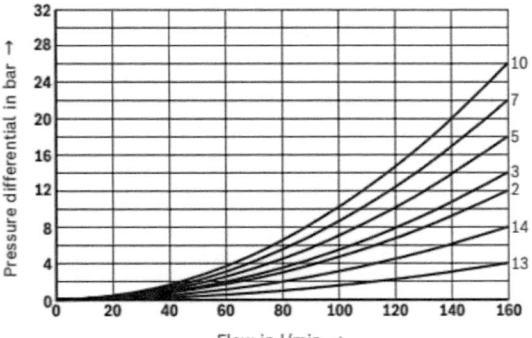

Symbol	Direction of flow			
	P – A	P – B	A – T	B – T
A; B	5	5	–	–
C	1	2	4	5
D	2	2	4	5
E	3	9	5	7
E67	4	4	12	11
F	2	3	7	10
G	4	4	11	11
H	1	1	7	7
J	3	3	7	12
L	3	3	7	7
M	1	1	5	5
Q	9	3	4	6
R	4	7	4	11
U	3	3	5	12
V	3	3	4	7
W	9	3	4	5
X7	2	–	–	6
Y	3	9	4	7

Central position:

Symbol	Direction of flow				
	P – A	P – B	B – T	A – T	P – T
H	13	13	14	14	2

Curvas características de la válvula distribuidora tipo WE, tamaño nominal 10 y $Q_{máx}$ = 160 l/min.

179

[13]   REXROTH. "Directional spool valves, pilot-operated, with electro-hydraulic actuation. Type H-4WEH…XE. Size 10 … 32". Bosch Rexroth AG. RE 24751-XE, edition: 2020-12.

https://store.boschrexroth.com/ccrz__ccPage?cclcl=es_ES&pageKey=LPDP&SKU=R900924874

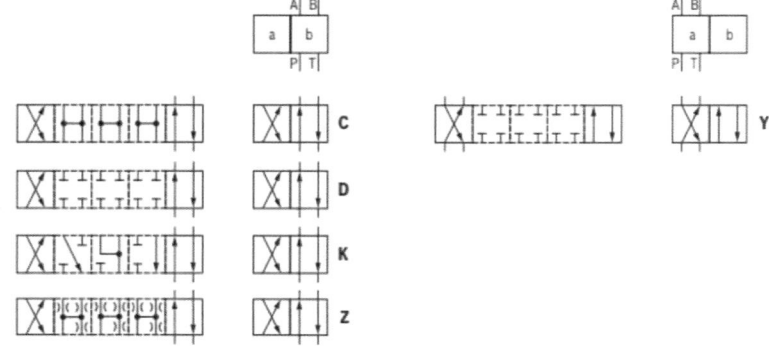

4/28   **H-4WEH …XD** | Directional spool valve

Symbols: 2 spool positions

	Ordering code	Type of actuation
Symbol	Control spool return	Type WEH (electro-hydraulic)
C, D, K, Z	../..	A|B| a·b·W·b P|T|
	..H../..	A|B| a·b·W·b P|T|
	..H../O	A|B| a·b·b P|T|
	..H../OF	A|B| a·b·b P|T|
Y	../..	A|B| a·W·a·b·b P|T|
	..H../..	A|B| a·W·a·b·b P|T|

Nomenclatura de conexiones de las válvulas distribuidoras de cuatro orificios y dos posiciones de trabajo, con accionamiento electrohidráulico, tipo H-4WEH y tamaño nominal 10 a 32.

Symbols: 3 spool positions

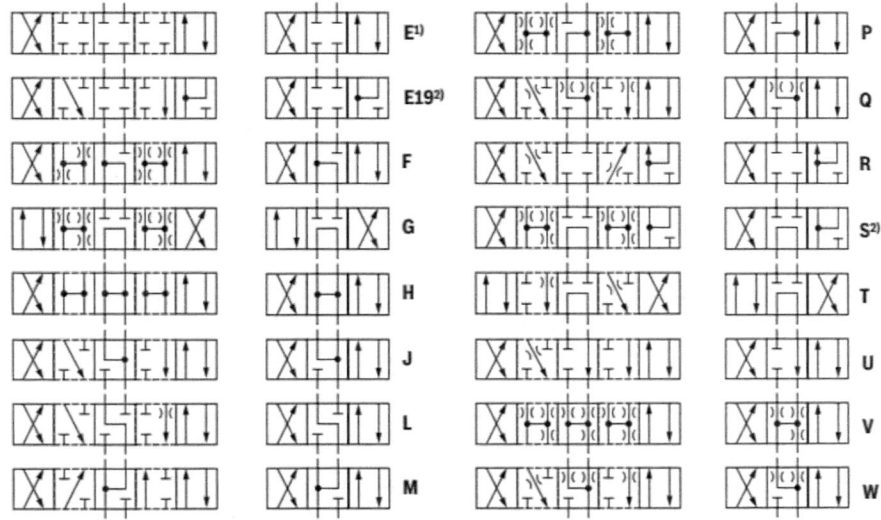

	Ordering code		Type of actuation
Symbol	**Actuating side**	**Control spool return**	**Type WEH** (electro-hydraulic)
E, E19, F, G, H, J, L, M, P, Q, R, S, T, U, V, W		../..	
	.A		
	.B		

[1] **Example:**
Symbol E with actuating side "a" → ordering code ..EA..
[2] For NG16 only

☞ **Notice:**
Representation according to DIN ISO 1219-1.
Hydraulic interim positions are shown by dashes.

Nomenclatura de conexiones de las válvulas distribuidoras de cuatro orificios y tres posiciones de trabajo, con accionamiento electrohidráulico, tipo H-4WEH y tamaño nominal 10 a 32.

Characteristic curves: NG16
(measured with HLP46, ϑ_{oil} = 40 ±5 °C)

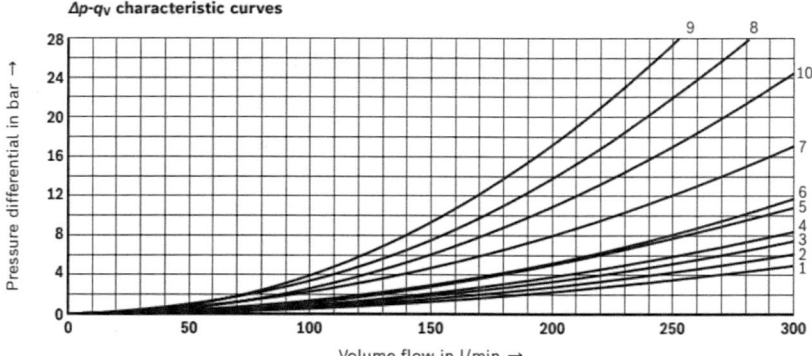

Δp-qv characteristic curves

Symbol	Spool position				Zero position			Symbol	Spool position				Zero position		
	P – A	P – B	A – T	B – T	P – T	A – T	B – T		P – A	P – B	A – T	B – T	P – T	A – T	B – T
D, E, Y	1	1	3	3				Q	1	1	6	6			
F	1	2	5	5	4	3	–	R	2	4	7	–			
G	4	1	5	5	7	–	–	S	3	3	3	–	9	–	–
C, H	1	1	5	6	2	4	4	T	4	1	5	5	7	–	–
K, J	2	2	6	6	–	3	–	U	2	2	3	4			6
L	2	2	5	4	–	3	–	V, Z	1	1	6	6	10	8	8
M	1	1	3	4				W	1	1	3	4			
P	2	1	3	6	5	–	–								

Curvas características de la válvula distribuidora de cuatro orificios y dos o tres posiciones de trabajo, tipo H-4WEH, tamaño nominal 16 y $Q_{máx}$ = 300 l/min.

16/28   **H-4WEH ...XD** | Directional spool valve

Characteristic curves: NG25
(measured with HLP46, ϑ_{oil} = 40 ±5 °C)

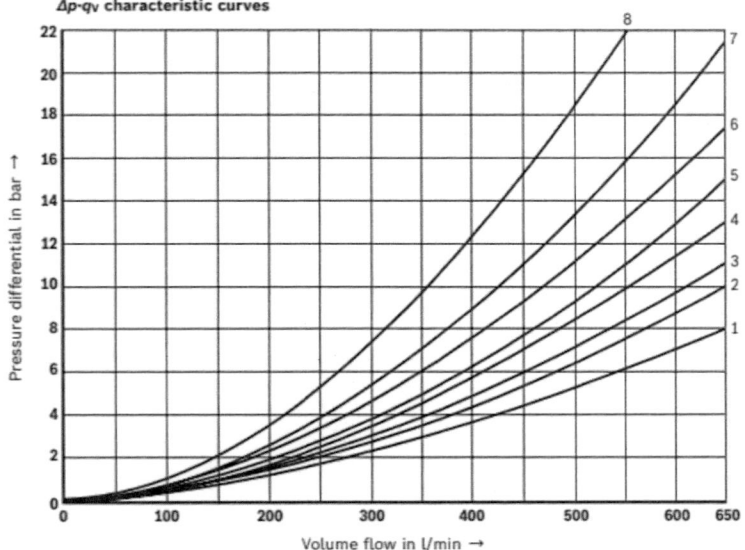

Δp-qv **characteristic curves**

Volume flow in l/min →

Symbol	Spool position				Zero position		
	P – A	P – B	A – T [1]	B – T [1]	A – T	B – T	P – T
E, Y, D	1	1	3	4			
F	1	1	2	4	2	–	5
G, T	1	1	2	5	–	–	7
H	1	1	2	5	2	2	4
C	1	1	2	5			
J	1	1	2	5	6	5	–
K	1	1	2	5			
L	1	1	2	4	5	–	–
M	1	1	3	4			
P	1	1	3	5	–	3	5
Q	1	1	2	3			
R	1	1	3	–			
U	1	1	2	5	–	5	–
V	1	1	2	5	8	7	–
Z	1	1	2	5			
W	1	1	3	4			

8 Symbol R, spool position B – A

Curvas características de la válvula distribuidora de cuatro orificios y tres posiciones de trabajo, tipo H-4WEH, tamaño nominal 25 y $Q_{máx}$ = 650 l/min.

[14] REXROTH. "Válvula proporcional direccional de 4/2, 4/3 vías, precomandada, sin retroseñal de posición eléctrica, sin/con electrónica integrada (OBE), con indicación de posición de conmutación. Tipo 4WRZ(E)M y 4WRHM. Tamaño nominal 10 hasta 25". Bosch Rexroth AG. RS 29117/08.13.
https://store.boschrexroth.com/Hidráulica/Válvulas/Válvulas-direccionales/Válvulas-direccionales-proporcionales/VALVULA-PROPORCIONAL_R901250242?cclcl=es_ES

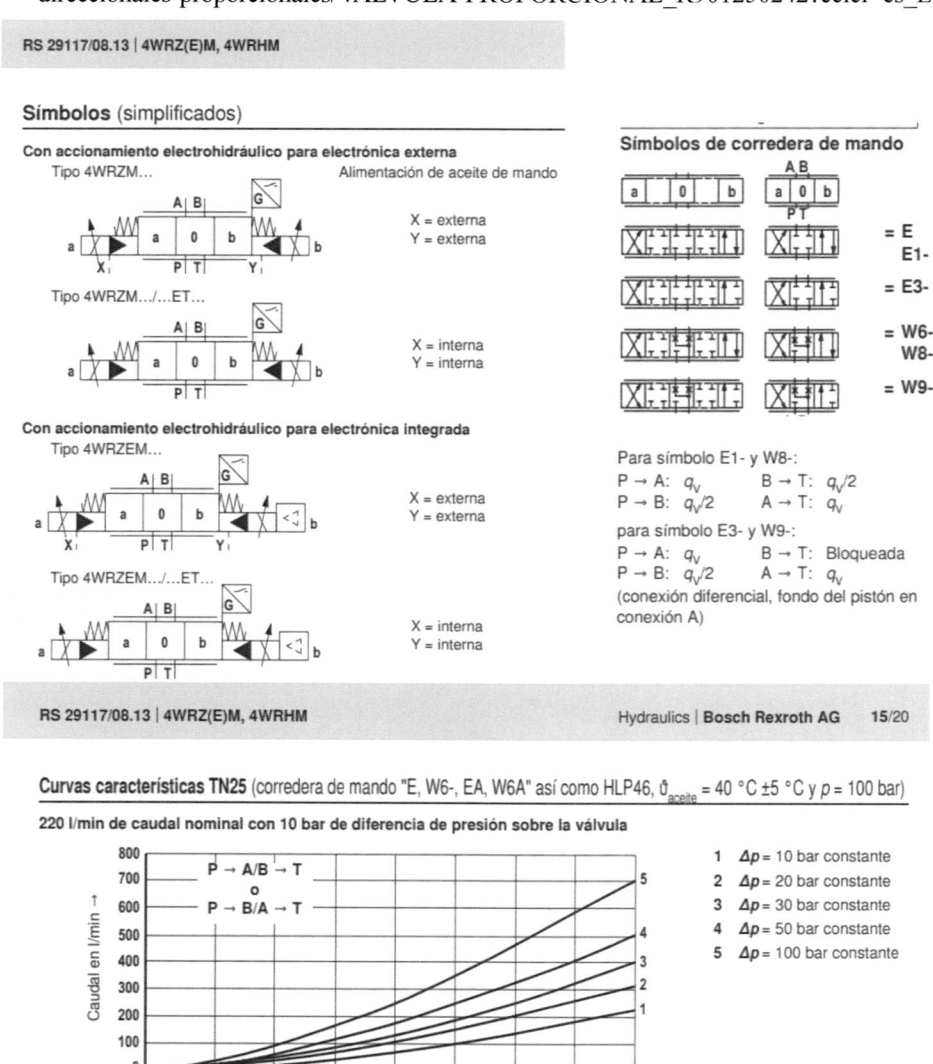

Curvas características de la válvula distribuidora proporcional 4WRZM, tamaño nominal 25, símbolos de corredera E1 y W8, y caudal nominal 220 l/min.

[15]   REXROTH. "Pressure relief valve, pilot-operated. Type ZDB and Z2DB. Size 6". Bosch Rexroth AG. RE 25751, edition: 2022-05.

https://store.boschrexroth.com/Hidráulica/Válvulas/Válvulas-de-presión/Válvulas-limitadoras-de-presión-mecánicas/VALV-LIMIT-PRESION-INTERMED_R900411315?cclcl=es_ES

6/12   **ZDB; Z2DB** | Pressure relief valve

Characteristic curves
(measured with HLP46, ϑ_{oil} = 40 ±5 °C)

1 VD (A to B)
2 VA
3 VB, VC
4 VP, VD

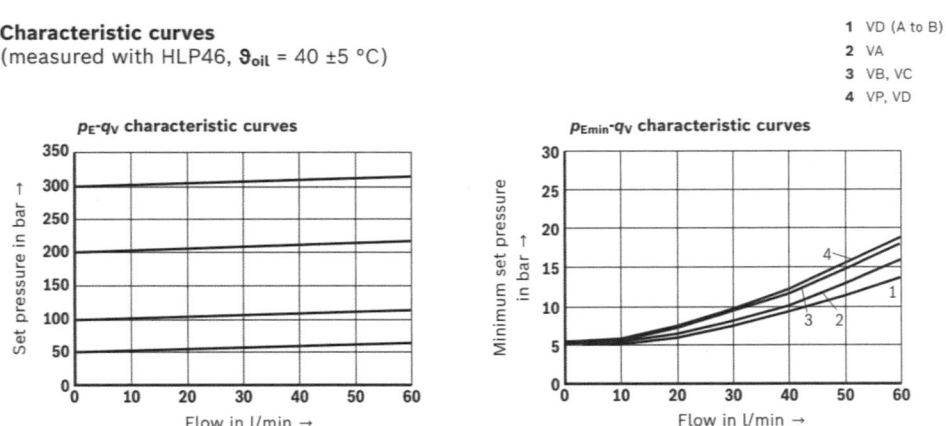

Curvas características de la válvula limitadora de presión tipo ZDB, tamaño nominal 6 y $Q_{máx}$ = 60 l/min.

[16]   REXROTH. "Pressure relief valve, pilot-operated. Type DB and DBW. Size 10 ...
32". Bosch Rexroth AG. RE 25802, edition: 2021-10.

https://store.boschrexroth.com/Hidráulica/Válvulas/Válvulas-de-presión/Válvulas-
limitadoras-de-presión-mecánicas/VALVULA-LIMITADORA-PRESION-HID_
R900505052?cclcl=es_ES

10/22   **DB; DBW** | Pressure relief valve

Characteristic curves
(measured with HLP46, ϑ_{oil} = 40 ±5 °C)

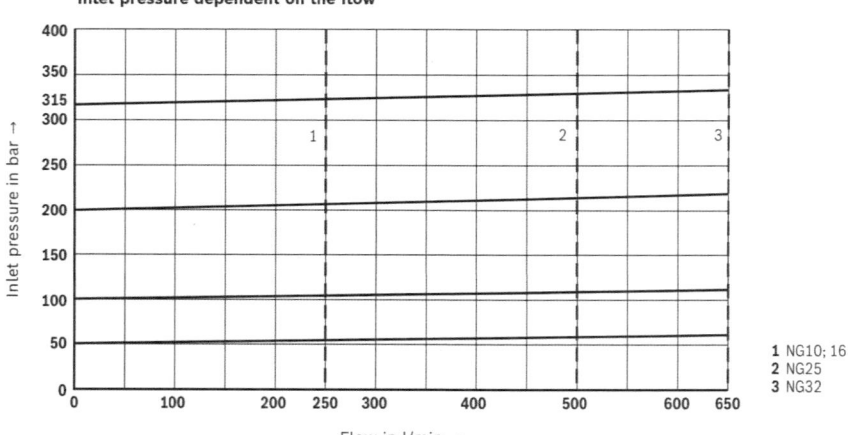

Curvas características de la válvula limitadora de presión tipo DB, tamaño nominal 10 a 32 y
$Q_{máx} = 650$ *l/min.*

[17]   REXROTH. "Pressure sequence valve, direct operated. Type ZDZ, Size 6". Bosch Rexroth AG. RE 26088, edition: 2018-01.

https://store.boschrexroth.com/Hidráulica/Válvulas/Válvulas-de-presión/ Válvulas-de-conexión-por-presión/VALV-SECUENCIA-INTERMEDIA_ R900441454?cclcl=es_ES

Pressure sequence valve | **ZDZ**   3/10

Symbols (① = component side, ② = plate side)

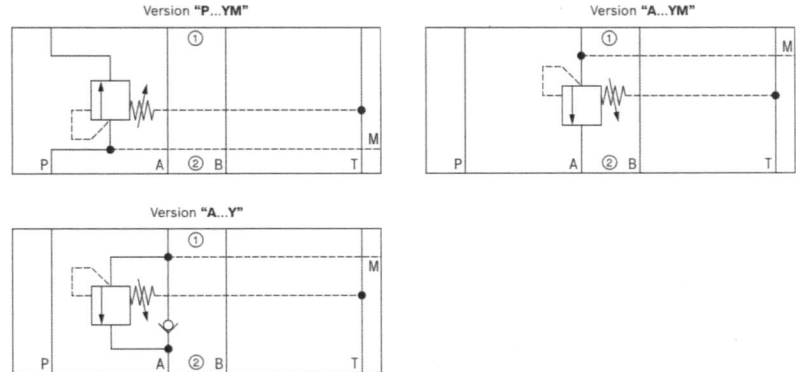

Símbolos de las válvulas de secuencia tipo ZDZ, de accionamiento directo y tamaño nominal 6.

6/10 · **ZDZ** | Pressure sequence valve

Characteristic curves
(measured with HLP46, ϑ_{oil} = 40 ±5 °C)

p-q_V characteristic curves

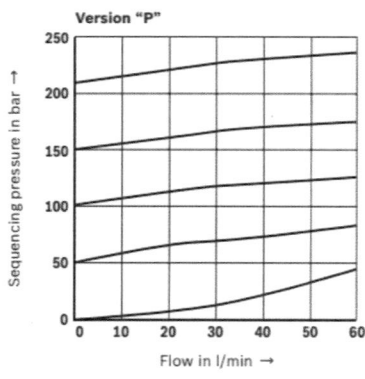

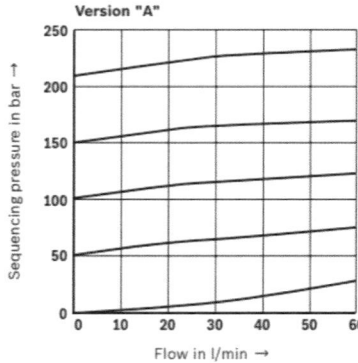

Δp-q_V characteristic curves

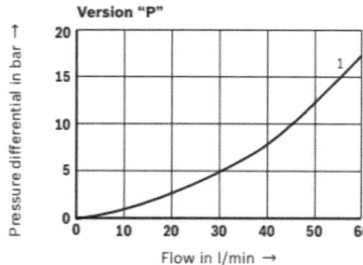

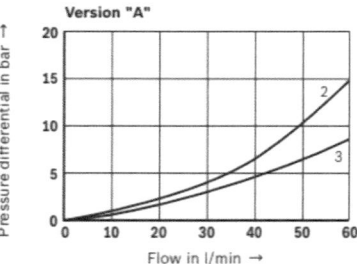

☞ **Notes:**
The characteristic curves apply to the pressure at the valve output p_T = 0 bar across the entire flow range.

1 P① to P②
2 A① to A②
3 A② to A①; flow only via check valve

Curvas características de las válvulas de secuencia tipo ZDZ, de accionamiento directo, tamaño nominal 6 y $Q_{máx}$ = 60 l/min.

[18] REXROTH. "Pressure sequence valve, pilot-operated. Type DZ, Size 10 ... 32". Bosch Rexroth AG. RE 26391, edition: 2019-10.

https://store.boschrexroth.com/Hidráulica/Válvulas/Válvulas-de-presión/Válvulas-de-conexión-por-presión/VALVULA-SECUENCIA_R900502897?cclcl=es_ES

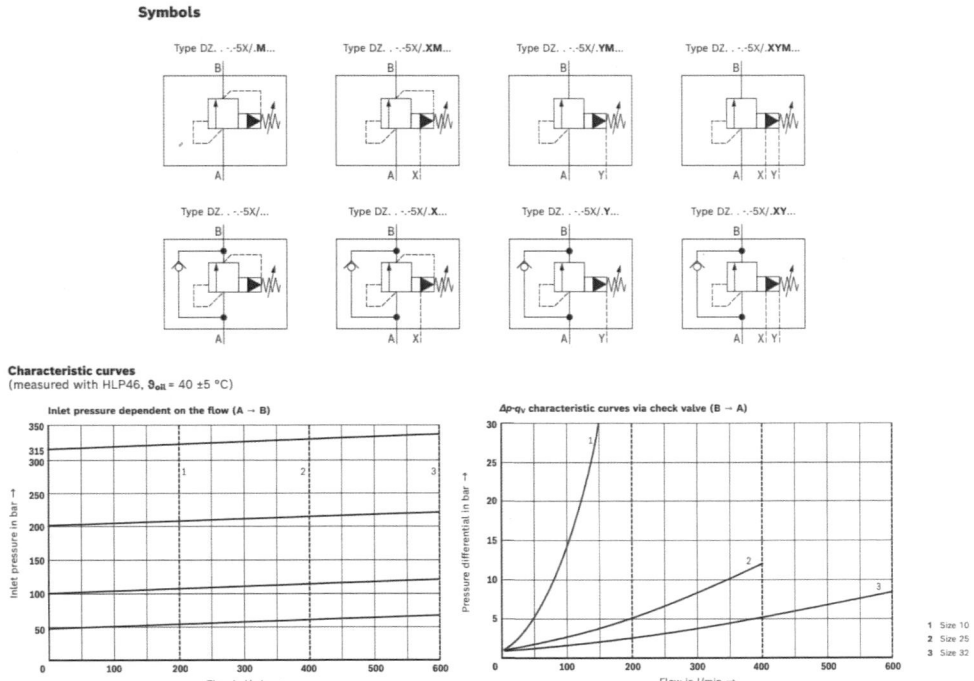

Curvas características de las válvulas de secuencia tipo DZ, de accionamiento indirecto, tamaño nominal 10 a 32 y $Q_{máx} = 600$ l/min.

[19]   REXROTH. "Pressure reducing valve, pilot-operated. Type DR, Size 10 … 32".
Bosch Rexroth AG. RE 26892, edition: 2019-09.

https://store.boschrexroth.com/Hidráulica/Válvulas/Válvulas-de-presión/Válvulas-reductoras-de-presión-mecánicas/VALVULA-REDUCTORA-PRES_R900597197?cclcl=es_ES

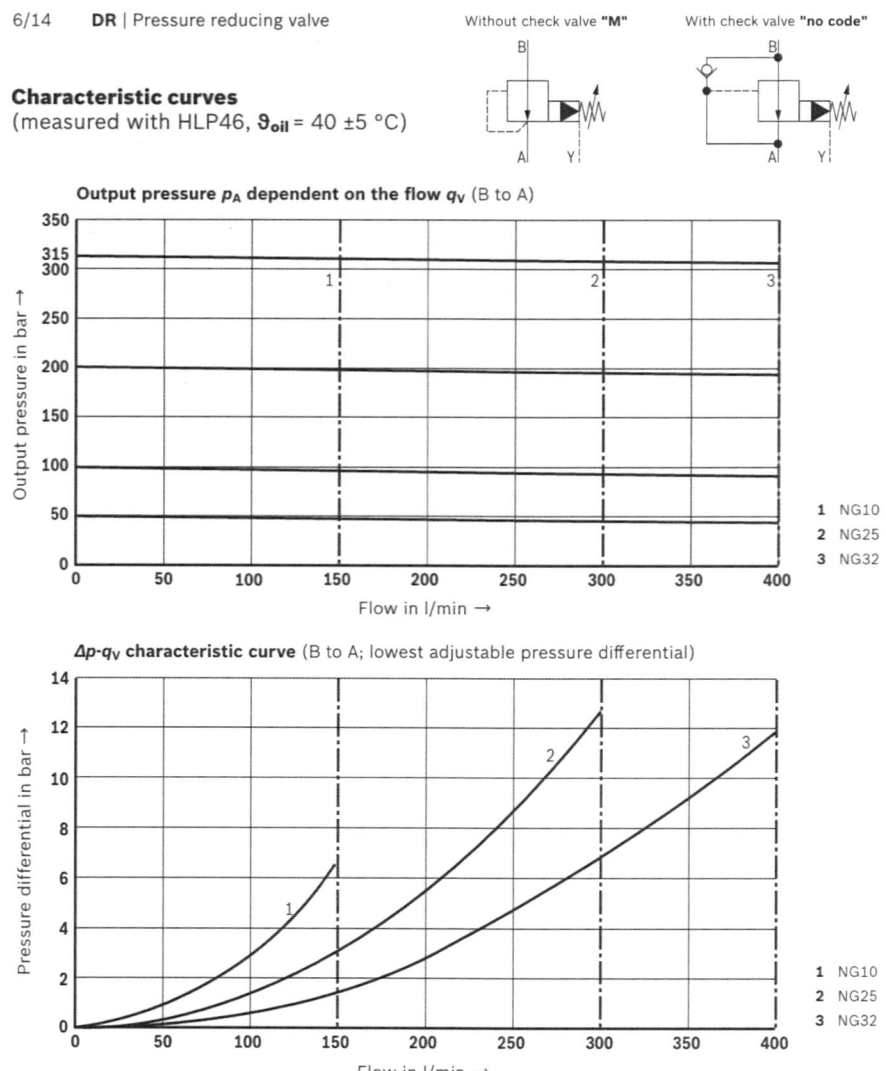

*Curvas características de las válvulas reguladoras de presión tipo DR, de accionamiento indirecto,
tamaño nominal 10 a 32 y $Q_{máx} = 400$ l/min.*

8/14   **DR** | Pressure reducing valve

Characteristic curves
(measured with HLP46, ϑ_{oil} = 40 ±5°C)

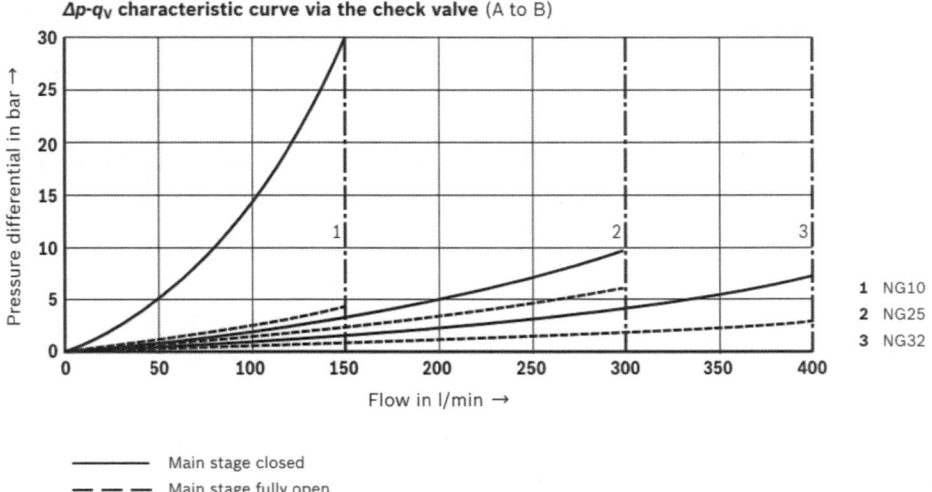

Curvas características del antirretorno de las válvulas reguladoras de presión tipo DR, de accionamiento indirecto, tamaño nominal 10 a 32 y $Q_{máx}$ = 400 l/min.

[20]   REXROTH. "2-way flow control valve. Type 2FRM, Size 10 and 16". Bosch Rexroth AG. RE 28389, edition: 2019-07.

https://store.boschrexroth.com/Hidráulica/Válvulas/Válvulas-de-caudal/Válvulas-reguladoras-de-caudal-mecánicas/VALVULA-REGULADORA-CAUDAL_R900420286?cclcl=es_ES

Flow control valve | **2FRM**   7/12

Characteristic curves: 2-way flow control valve
(measured with HLP46, ϑ_{oil} = 40 ±5 °C)

Flow control (A → B)

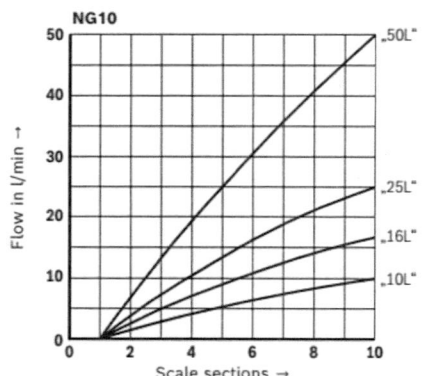
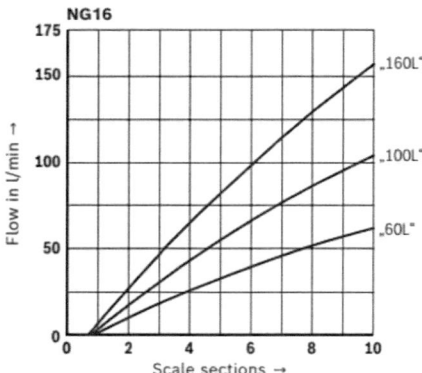

Free return flow (B → A)

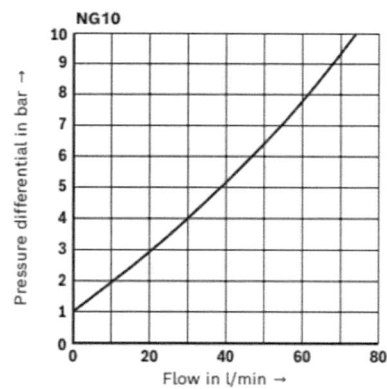
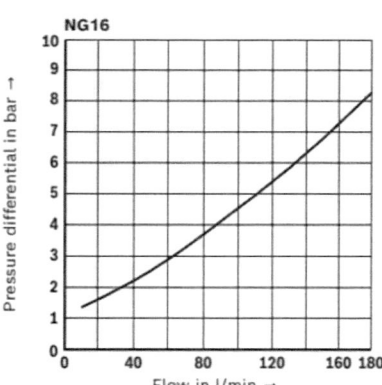

Curvas características del regulador unidireccional tipo 2FRM, tamaño nominal 10 y 16 y $Q_{máx}$ = 160 l/min.

[21] REXROTH. "Throttle check valve. Type Z2FS, Size 25". Bosch Rexroth AG. RE 27536, edition: 2018-04.

https://store.boschrexroth.com/Hidráulica/Válvulas/Válvulas-de-caudal/Válvulas-estranguladoras/VALV-RETENCION-Y-ESTRANG_R900466283?cclcl=es_es

Characteristic curves
(measured with HLP46, ϑ_{oil} = 40 ±5 °C)

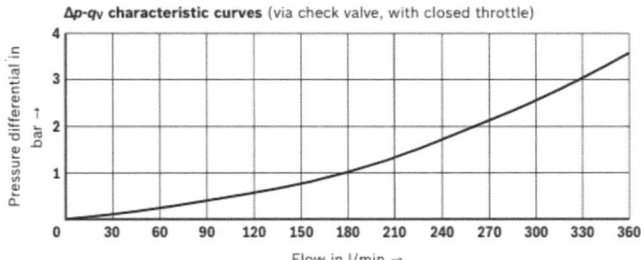

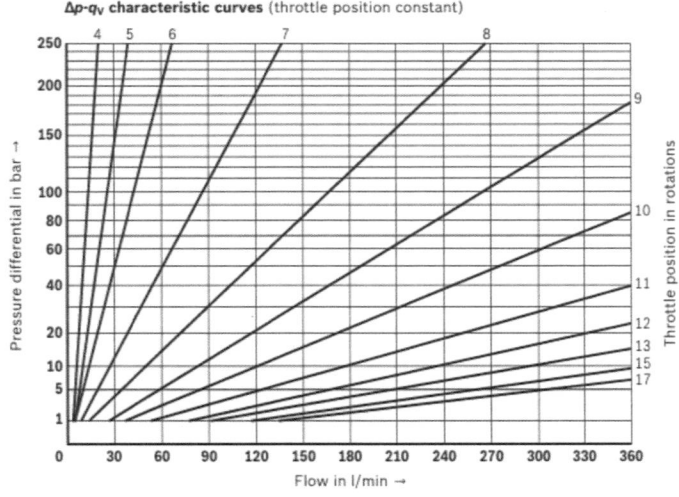

Symbols (① = component side, ② = plate side)

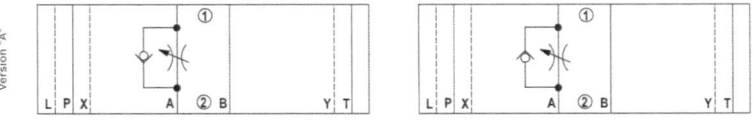

Curvas características del estrangulamiento tipo Z2FS, tamaño nominal 25 y $Q_{máx}$ = 360 l/min.

Problemas resueltos de automatización oleohidráulica

[22]   REXROTH. "Check valve, pilot operated. Type Z2S. Size 6". Bosch Rexroth AG. RE 21548, edition 2020-10.

https://store.boschrexroth.com/Hidráulica/Válvulas/Válvulas-de-bloqueo-y-selectoras/ Válvulas-antirretorno/VALV-ANTIRRETORNO-INTERMED_R900347495?cclcl= es_ES

Characteristic curves
(measured with HLP46, ϑ_{oil} = 40 ±5 °C, averages)

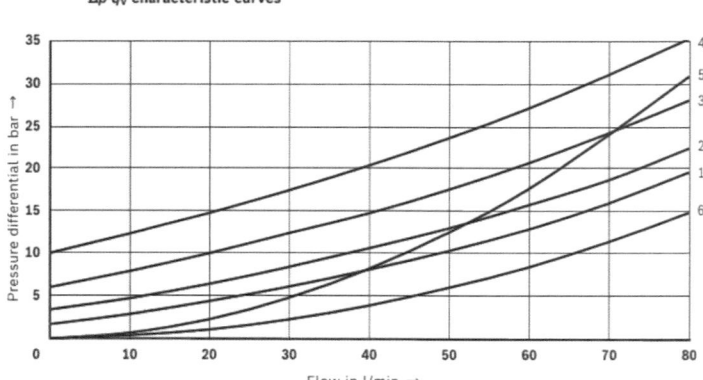

Cracking pressure:

1   1.5 bar

2   3 bar

3   6 bar

4   10 bar

5   Check valve controlled open via control spool

6   Free flow (without check valve use), version "A" and "B"

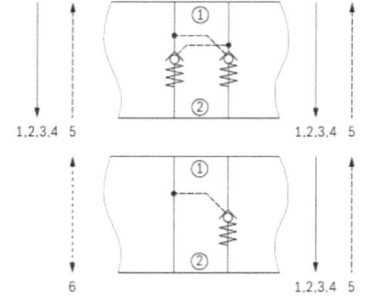

Symbols (① = component side, ② = plate side)

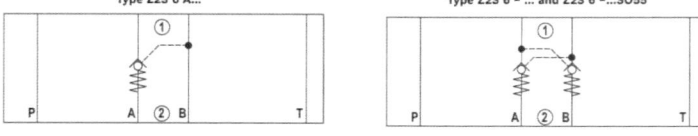

Curvas características del antirretorno pilotado tipo Z2S, tamaño nominal 6 y $Q_{máx}$ = 80 l/min.

[23]   REXROTH. "Check valve, pilot operated. Type Z2S. Size 10". Bosch Rexroth AG. RE 21553, edition 2021-01.

https://store.boschrexroth.com/Hidráulica/Válvulas/Válvulas-de-bloqueo-y-selectoras/Válvulas-antirretorno/VALV-ANTIRRETORNO-INTERMED_R900407394?cclcl=es_ES

Check valve | **Z2S**   7/12

Characteristic curves: Without spool position monitoring
(measured with HLP46, ϑ_{oil} = 40 ±5 °C, averages)

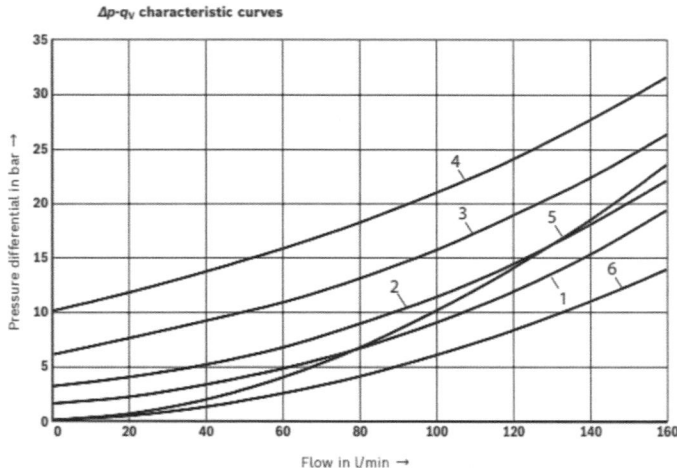

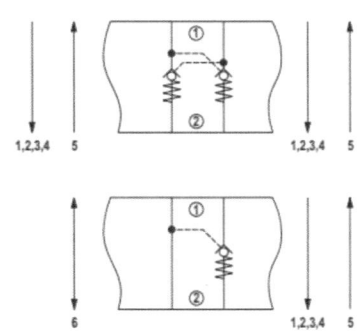

Cracking pressure:

1   1.5 bar
2   3 bar
3   6 bar
4   10 bar
5   Check valve controlled open via control spool
6   Free flow (without check valve use), version "A" and "B"

Symbols (① = component side, ② = plate side)

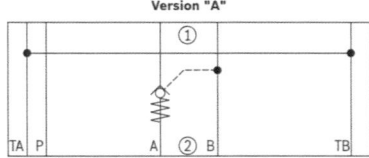

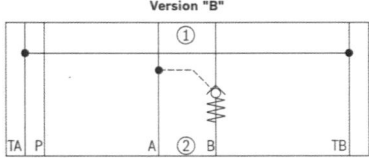

Curvas características del antirretorno pilotado tipo Z2S, tamaño nominal 10 y $Q_{máx}$ = 160 l/min.

[24] REXROTH. "Check valve, pilot operated. Type Z2S. Size 16". Bosch Rexroth AG. RE 21558, edition 2018-06.

https://store.boschrexroth.com/Hidráulica/Válvulas/Válvulas-de-bloqueo-y-selectoras/Válvulas-antirretorno/VALV-ANTIRRETORNO-INTERMED_R900328797?cclcl=es_ES

Check valve | **Z2S**   7/10

Characteristic curves
(measured with HLP46, ϑ_{oil} = 40 ±5 °C)

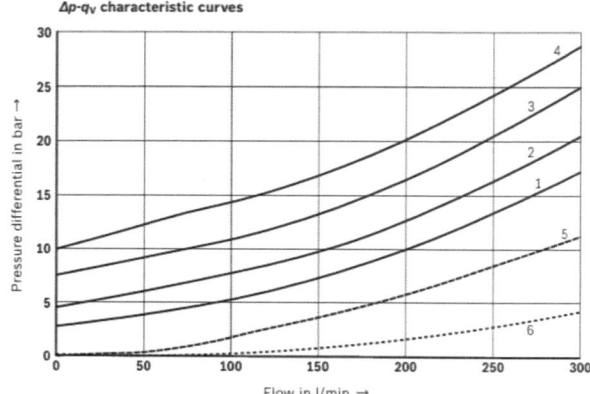

Cracking pressure:

1 3 bar
2 5 bar
3 7.5 bar
4 10 bar
5 Free flow (without check valve use), version "A" or "B"
6 Only housing

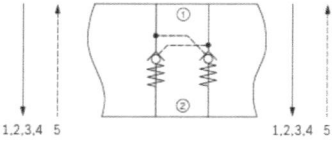

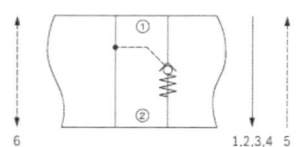

Symbols: Examples (① = component side, ② = plate side)

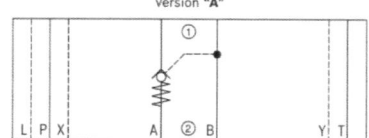

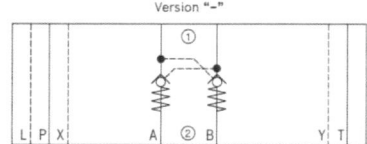

Curvas características del antirretorno pilotado tipo Z2S, tamaño nominal 16 y $Q_{máx}$ = 300 l/min.

[25] REXROTH. "Válvula antirretorno, desbloqueable hidráulicamente. Tipo Z2S. Tamaño nominal 25". Bosch Rexroth AG. RS 21564/04.10.

https://store.boschrexroth.com/Hidráulica/Válvulas/Válvulas-de-bloqueo-y-selectoras/Válvulas-antirretorno/VALV-ANTIRRETORNO-INTERMED_R900432915?cclcl=es_ES

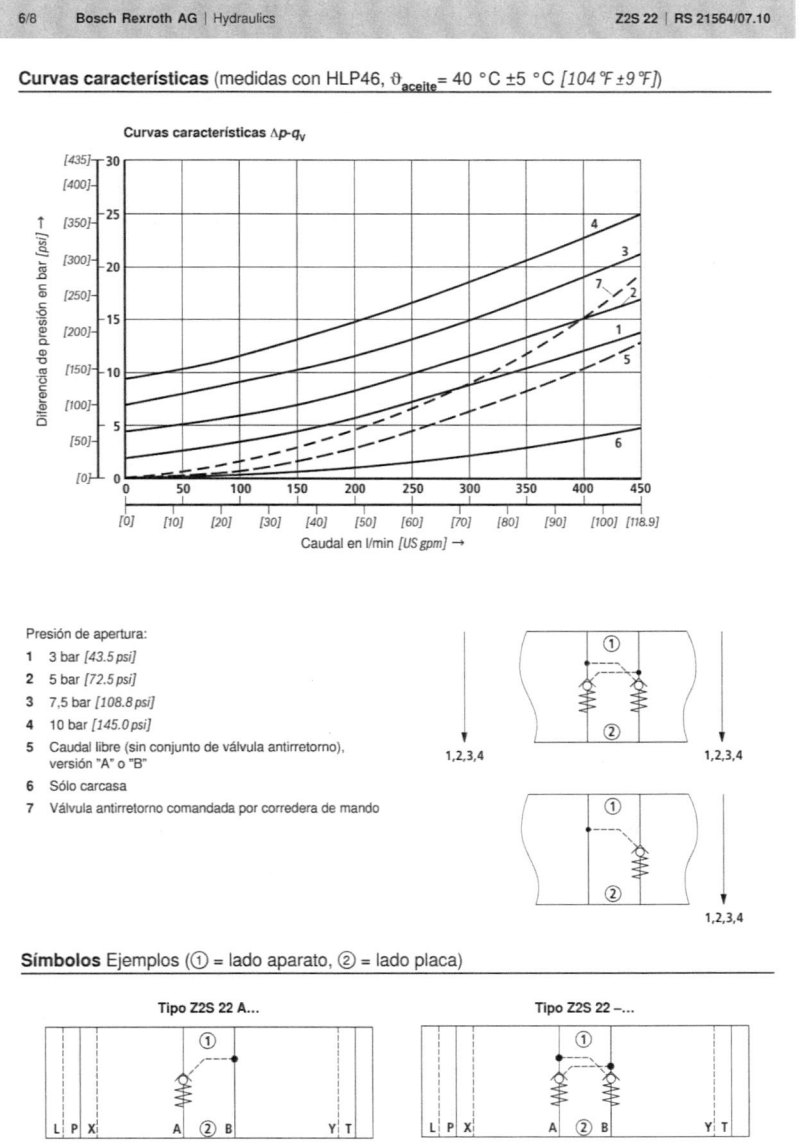

Curvas características del antirretorno pilotado tipo Z2S, tamaño nominal 22 y $Q_{máx}$ = 450 l/min.

[26] VIVOIL OLEODINAMICA VIVOLO. "Flow dividers with Valves – Group 3".
https://www.vivoil.com/products/hydraulic-flow-dividers/

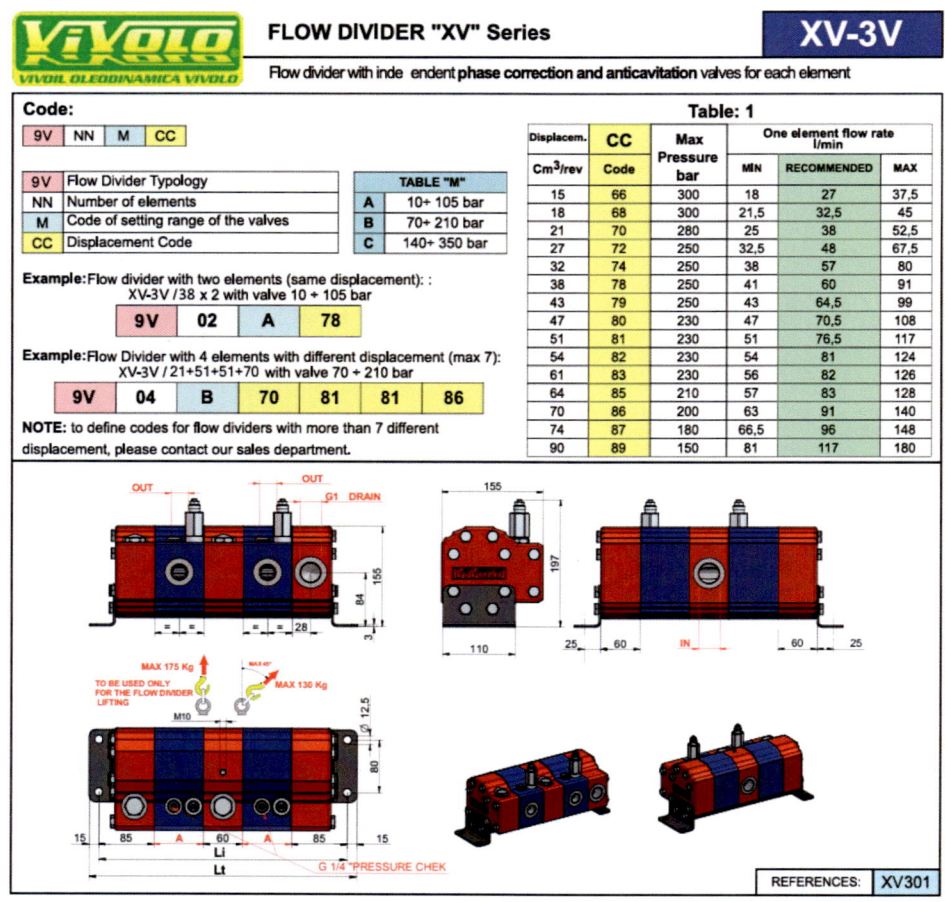

FLOW DIVIDER "XV" Series — **XV-3V**

Flow divider with inde endent **phase correction** and **anticavitation** valves for each element

Code:

| 9V | NN | M | CC |

9V	Flow Divider Typology
NN	Number of elements
M	Code of setting range of the valves
CC	Displacement Code

TABLE "M"

A	10÷ 105 bar
B	70÷ 210 bar
C	140÷ 350 bar

Example: Flow divider with two elements (same displacement): :
XV-3V /38 x 2 with valve 10 + 105 bar

| 9V | 02 | A | 78 |

Example: Flow Divider with 4 elements with different displacement (max 7):
XV-3V / 21+51+51+70 with valve 70 + 210 bar

| 9V | 04 | B | 70 | 81 | 81 | 86 |

NOTE: to define codes for flow dividers with more than 7 different displacement, please contact our sales department.

Table: 1

| Displacem. | CC | Max Pressure bar | One element flow rate l/min | | |
Cm³/rev	Code		MIN	RECOMMENDED	MAX
15	66	300	18	27	37,5
18	68	300	21,5	32,5	45
21	70	280	25	38	52,5
27	72	250	32,5	48	67,5
32	74	250	38	57	80
38	78	250	41	60	91
43	79	250	43	64,5	99
47	80	230	47	70,5	108
51	81	230	51	76,5	117
54	82	230	54	81	124
61	83	230	56	82	126
64	85	210	57	83	128
70	86	200	63	91	140
74	87	180	66,5	96	148
90	89	150	81	117	180

REFERENCES: XV301

Características de un divisor de caudal de engranajes con corrección de fase en cada módulo.

Bibliografía complementaria

Carnicer Royo, E. y Mainar Hasta, C. (2003). *Oleohidráulica. Conceptos básicos* (2ª ed.). Ed. Thompson Paraninfo.

Creus Solé, A. (2007). *Neumática e Hidráulica*. Marcombo ediciones técnicas.

González Pérez, J., Ballesteros Tajadura, R. y Parrondo Gayo, J.L. (2005). *Problemas de Oleohidráulica y Neumática*. Ediciones de la Universidad de Oviedo.

Mannesmann Rexroth (1986). *Training hidráulico, compendio 2. Técnica de válvulas proporcionales y de servoválvulas*. Ed. Mannesmann Rexroth GmbH.

Pomper, V. (1969). *Mandos hidráulicos en las máquinas herramientas* (2ª ed.). Ed. Blume.

Serrano Nicolás, A. (2002). *Oleohidráulica*. Ed. McGraw-Hill.

Speich, H. y Bucciarelli, A. (1968). *Oleodinámica. Principios, elementos componentes, circuitos*. Ed. Gustavo Gili, S.A.

Sullivan, J.A. (1989). *Fluid power. Theory and applications* (3ª ed.). Ed. Prentice Hall.

Valencia, E., Bergadà, J.M. y Ripoll, M. (2006). *Oleohidráulica. Problemas resueltos*. Edicions UPC. https://doi.org/10.5821/ebook-9788498802399

Vickers (1985). *Manual de oleohidráulica móvil*. Ed. Blume.